基本電學（上）
Introductory Electric Circuit Analysis

David E. Johnson & Johnny R. Johnson　原著

余政光、黃國軒　編譯

G· 全華圖書股份有限公司　印行

基本電學 (上)
Introductory Electric Circuit Analysis

David E. Johnson Johnny R. Johnson

INTRODUCTORY
ELECTRIC CIRCUIT ANALYSIS

David E. Johnson
and
Johnny R. Johnson
Department of Electrical Engineering
Lousiana State University

 Prentice-Hall International, Inc.

原　序

　　這是一本專門寫給電路初學者研讀的教科書，研讀此書不需先具有電學的知識。至於數學課程讀者僅需有代數的基礎卽可，如果有複數及三角的知識，於讀此書時，將會更爲容易，不過這些基本知識，並不一定需要具備，當需要時，會先在課文中加以解說。

　　此書適於作爲電路學一年的課程之用。全書分成兩個部份；上半部解說直流電路，而下半部則解說交流電路。前十章先對包含有電阻及電源的電路及電阻元件作一介紹。並應用歐姆定律及克希荷夫定律來解串聯，並聯，串並聯和一些通用的電阻電路。另以分壓定理、分流定理及網路理論來解電路。前半部最後討論直流電表，導體與絕緣體的一般性質。

　　從十一章到二十二章，主要是討論交流電路。首先介紹電容器和電感器及此兩元件電場及磁場之基本性質。爾後定義交流電流和採用相量（phasor）與阻抗來解交流電路。最後數章則分別討論穩態功率，三相電路、變壓器及濾波器。如果授課時間不足，則有關於三相電路及濾波器這兩章可以省略不上。

　　本書採用國際標準單位制度（SI），並強調使用掌上型電子計算器來解算問題。每章有很多的例題，及含有解答的練習題，並將一些比練習題深的習題擺在每章的後面，單數問題解答則擺在本書的最後面。

　　有很多人對此書提供了十分有價值的幫助及建議，在此特別要感謝許多廠商提供了他們公司產品的寶貴圖片，這些廠商名稱，將會在圖片中加以註明。最後特別感謝Marie　Jinse太太，以她純熟的打字技巧打符號的註脚。

DAVID　E.　JOHNSON

JOHNNY　R.　JOHNSON

譯　序

　　今日，原文書爲大學專校的教科書及參考書，對初學者而言，唸原文書不僅是新鮮而且刺激的挑戰，但我們的學生，爲了唸原文書，費盡心思，翻遍字典，對其內容乃是無法徹底瞭解其中的眞正含意，而喪失學習的興趣，故吾人着手將基本電學一書編譯成易讀易懂的中文書，盼有益於初學者的閱讀。

　　本書內容包括電學基本觀念，直流電路、磁場、交流電路……等。每章均有詳細說明及實物照片例題與習題、對電學初學者乃是不可多得的好書。

　　本書編譯過程中，乃將原書較爲煩雜部份，以簡單易懂而不失原意編譯而成，雖經嚴謹校正，但遺漏疏誤之處必所難免尙祈先進指正爲幸。

編譯者　謹識

編輯部序

　　「系統編輯」是我們的編輯方針，我們所提供給您的，絕不只是一本書，而是關於這門學問的所有知識，它們由淺入深，循序漸進。

　　本書係譯自" David E.Johnson & Johnny R.Johnson "原著的 "Introductory electric circuit analysis"，是針對電路初學者所寫。全書分為上、下兩冊，上冊敘述直流電路，下冊解說交流電路，循序漸進，由淺入深，脈絡清晰，引人入勝，各章都附有例題及習題，研讀此書時，並不需先具備電學知識，故為大專「基本電學」課程的最佳書籍，對一般欲自修者而言，也是相當合適的入門書。

　　同時，為了使您能有系統且循序漸進研習相關方面的叢書，我們以流程圖方式，列出各有關圖書的閱讀順序，以減少您研習此門學問的摸索時間，並能對這門學問有完整的知識。若您在這方面有任何問題，歡迎來函連繫，我們將竭誠為您服務。

相關叢書介紹

書號：0257101
書名：電工儀表(修訂版)
編著：游福照
20K/584 頁/420 元

書號：05756
書名：電機電子資訊基礎用語
　　　辭典
日譯：吳其政
20K/552 頁/550 元

書號：0247602
書名：電子電路實作技術
　　　(修訂三版)
編著：蔡朝洋
16K/352 頁/390 元

書號：0519503
書名：電子儀表(第四版)
編著：蕭家源
20K/368 頁/320 元

書號：0070602
書名：電子學實驗(修訂二版)
編著：蔡朝洋
16K/656 頁/500 元

書號：06296
書名：電子應用電路 DIY
編著：張榮洲.張宥凱
16K/192 頁/280 元

書號：0517001
書名：電子線路 DIY(第二版)
編著：張榮洲
20K/192 頁/250 元

◎上列書價若有變動，請
以最新定價為準。

流程圖

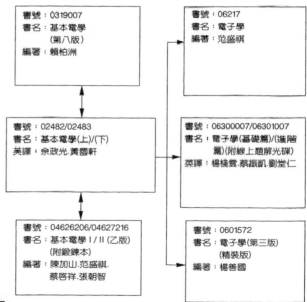

書號：0319007
書名：基本電學
　　　(第八版)
編著：賴柏洲

書號：06217
書名：電子學
編著：范盛祺

書號：02482/02483
書名：基本電學(上)/(下)
英譯：佘政光.黃國軒

書號：06300007/06301007
書名：電子學(基礎篇)/(進階
　　　篇)(附線上題解光碟)
英譯：楊棧雲.蔡振凱.劉堂仁

書號：04626206/04627216
書名：基本電學 I／II (乙版)
　　　(附鍛鍊本)
編著：陳加山.范盛祺.
　　　蔡啓祥.張朝智

書號：0601572
書名：電子學(第三版)
　　　(精裝版)
編著：楊善國

目　錄

第1章

導　論

電是一種能量，可以產生光、熱、動能以及很多的實際應用，它可以照亮，溫暖及涼爽我們的家，供我們煮東西，聽收音機、看電視、看電影、……等等用途。如果沒有電，就沒有像今天如此進步的社會，及科學化的工業。

電化器具之體積，有的小到可以放在口袋中，例如小型計算器，有的大到重好幾噸的發電機及電動機。例如圖1.1所示為西屋電氣公司所製造的巨型電動-發電機組重達11噸，以及圖1.2中超高壓變壓器，具有31呎高，31呎長，25呎寬，而重量超過了347噸。

另外如圖1.3所示為惠普公司所製造的HP-67型可程式掌上型計算器，右上角為磁卡片可輸入應用程式。圖1.4為HP-01型"腕上儀器"，右上角為積體電路，使得HP-01能知道今天的年，月，日，也可以當作計算器及馬錶使用，比數位錶具有更多的功能。

我們所關心的電路是什麼，如何分析及解答電路，即為本書的主要目的。及將一些數量與電路相結合，並決定電路中所用的單位及測量電路。本章主要是討論電的性質，並簡短介紹電的發展史。

圖1.1　巨型電動 —— 發電機組

圖 1.2　超高壓變壓器

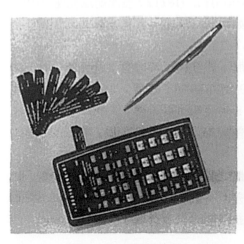

圖 1.3　HP-67型可程式掌上型計算器

圖 1.4　HP-01型腕上儀器

1.1 電學發展史（*HISTORY OF ELECTRICITY*）

一切物體的本質上都具有電的性質，因為所有的物質都是由原子所組成，而原子中又包含有電子。爾後我們可知道電子是電的基本要素。約在西元前600年，人們對電尚沒有任何知識，直到有一位古希臘人發現用布摩擦琥珀後，會吸引細小的羽毛或草等較輕的物體，而發現電的特性。實際上 electricity 是由希臘字中的 elektron（琥珀）演變而來。

從希臘人發現電的特性，一直到十八世紀，都沒有很大的進展，在這段時間內發現琥珀產生靜電，靜電可以使導線上或電路之電子流動。於西元1752年美國富蘭克林（Benjamin Franklin）完成了著名的風箏試驗，說明了空中閃電為電的特性，他以正（positive）及負（negative）來解釋兩種不同性質的帶電體。法國人庫倫（Charles Augustin de Coulomb）在1785年發現兩帶電體之間有作用力。而在1800年意大利一位物理學教授伏特（Alessandro Volta）製造了世界上第一個電池。

於1819年丹麥奧斯特（Hans Christian Oersted）發現電子在導線中流動，會使附近羅盤針產生偏移現象，得知電流會產生磁場效應之結果。同年法國科學家安培（Ander Maric Amper）發現了帶電流的兩導體彼此會互相吸引或排斥的現象，同時又測量出電流產生磁場的大小。於1831年英國法拉第（Michael Faraday）和美國亨利（Joseph Henry）在不同的試驗中，發現磁鐵在線圈上移動，線圈會產生電流的現象。到此人類已知道電會產生磁場，磁場會產生電。由於法拉第與亨利定理製造出發電機與變壓器。

十九世紀，德國赫芝（Heinrich Rudolph Hertz）發現能以光速運動的電磁波與無線電波，為現代的通信系統如電話、電報、電視及衛星通信舖了一條康莊大道。

到了二十世紀，電學有了快速的發展，於1907年發明了真空管，用它來作無線電波或信號的檢波及放大。於1920年發明了電視，1930年發明了雷達，1940年發明了電子計算機，1948年發明了電晶體，1960年發明了積體電路。由於微處理機的推出，使電的領域有了革命性的進展，電學的發展是無可限量的。

從真空管演進到電晶體，進步到積體電路，電子元件體積縮小了很多。圖1.5中真空管及積體電路體積有很大的差距，圖1.6為各種不同包裝的功率晶體。圖1.7為許多電晶體及其它元件所組成的運算放大器（Operational Amplifiers）。

圖1.5　眞空管及積體電路

圖1.6　各種不同包裝的功率晶體

圖1.7　兩個運算放大器

圖1.8為積體電路，是德州儀器公司所製造的"標準單晶片計算機"，包

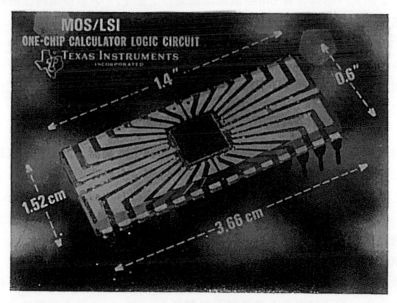

圖1.8　單晶片計算器電路

圖 1·9　已被焊在金屬結構上的積體電路

含了能完全執行八數值計算器所有的邏輯電路和記憶體。雖然只佔計算機的一小部份，但其內部却含有 6000 個電晶體元件。圖 1.9 中積體電路已經被焊在金屬結構上，從圖中可知晶片體積是如此之小。

　　由於有了積體電路，使學生都有計算機，不像以前用計算尺去做加、減、乘、除的運算，且此時三角函數表、指數表、對數表都變爲不需要。令人厭煩的算術運算幾乎一掃而空，且改進了運算的精確度。

1.2　電的性質（*NATURE OF ELECTRICITY*）

　　藉著電可以產生熱、光及運動，使一些如眞空吸塵器、電視機、電動機及照明設備能正常工作。當然這些都有共同的性質，至於照明與電視有什麼共同性呢？雖然它們具有不同的特性，但却都是由電荷（charge）或質點（particles）的運動而工作，這些電荷包含在原子中，且原子是所有物質的基本元素。

原子的結構

　　原子的體積很小，除非用極大倍數的電子顯微鏡之外無法看其面貌，例如一小水滴中含有超過100乘10億再乘10億個原子。在原子中有一原子核（nucleus），原子核中含有帶正電荷的質子（protons）及不帶電的中子（

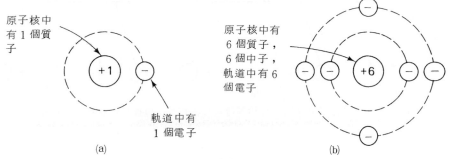

原子核中
有 1 個質
子

軌道中有
1 個電子

(a)

原子核中有
6 個質子，
6 個中子，
軌道中有 6
個電子

(b)

圖 1.10 (a)氫原子，(b)碳原子表示法

neutrons ），在原子核的外圍軌道中存有以極高速運動的電子（electrons ）。電子含有與質子相等但極性相反的負電荷，電子的質量幾乎等於零，僅有中子的一仟八佰三十六分之一而已。

構造最簡單的原子是氫原子，它的原子核中僅有一個質子，軌道上也僅有一個電子繞著它旋轉。圖 1.10(a)就是氫原子。碳的原子核有 6 個質子與 6 個電子，二個靠近原子核的內層軌道，四個在外層軌道。最複雜的原子是鈾238，有 92 個質子和146個中子，92 個電子分佈於 7 層軌道。

一般靠近原子核的第一層軌道最多不超過 2 個電子，第二層不超過 8 個電子，第三層不超過18個電子，第四層不超過 32 個電子，依此類推。

最外層的電子數決定原子對電的穩定性，由於最外層電子遠離原子核，故原子核對這些電子的約束力，遠不如內層的電子。如果外層電子數沒有添滿，也就是不穩定，此時電子就容易受外力或鄰近原子的作用，而脫離原來的軌道。例如銅原子中有 29 個電子，第一層有 2 個，第二層有 8 個，第三層有 18 個，剩下一個位於第四層，此單一個電子很容易在銅中從一個原子移動到另一個原子，因其容易脫離，稱之為自由電子（ free electron ）。這些移動的自由電子形成了電流，這些電流就是電特性的原理。

導體、絕緣體與半導體

如果一物質中的許多電子很容易從一個原子移動到另一個原子，則稱為導體（ conductor ）。金屬大部份都是導體，其中以銀的導電性最佳，銅次之。兩者最外層同樣只有一個電子，但是銅的價格較低。故現在一般均採用銅線，因價格因素，在商業上能與銅抗衡的只有鋁而已。

具有非常穩定原子的材料，電子不容易脫離軌道，且不容易導電者稱之絕緣體（ insulator ）或介質（dielectric ）。電流在導體中受到阻力非常小，但絕緣體為防止電流的通過，絕緣材料有空氣、橡膠、紙、玻璃、雲母、……

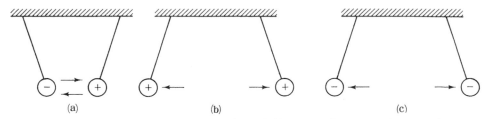

圖 1.11　兩電荷間力的表示，此兩電荷具有(a)相反，(b)都爲正及(c)都爲負極性

等等。

　　材料的導電能力介於導體與絕緣體之間者稱爲半導體（semiconductors），此材料旣不具有好的導電性，亦不具有好的絕緣性，但却是製造固態（solid-state）電子元件最重要的材料。如二極體、電晶體、積體電路。典型半導體原子有矽和鍺，這兩種原子最外層都是四個電子。

正電荷與負電荷

　　在穩定狀態下原子是中性不帶電，也就是帶正電質子數與帶負電電子數相等。如果銅原子中最外層一電子離開軌道而變成自由電子，此時質子比電子負電荷爲多，則原子變爲帶正電荷的質點，而此自由電子爲帶負電的質點。相反的，原子最外層的軌道獲得電子，則原子變成帶負電的質點。當原子失去電子或獲得電子後稱爲離子（ions）而形成正電荷及負電荷。

電荷所產生的作用力

　　在兩帶電體之間有一作用力，這是電的本質，兩質點如果帶相反極性的電荷，就會如圖 1.11 (a)中所示彼此互相吸引。如果兩質點帶相同極性的電荷，則互相排斥，如圖 1.11 (b)中兩個正電荷，與圖 1.11 (c)中兩個負電荷就是這種情況。例如把橡膠氣球和頭摩擦，使氣球產生負電荷，如把氣球和牆壁接觸，則因牆是中性而球帶負電彼此產生吸引力，使氣球黏在牆壁上。

1.3　定義（*DEFINITIONS*）

　　開始研讀任何課程之前先要定義一些名詞，及測量所需要用的單位。這些定義對電路分析十分有用。在本節先提出基本的定義，在下一節中則討論本書所用的單位。

電路與元件

　　電路或網路（network）是一些電氣元件以特殊方式所組合而成的，在以後將定義所有電氣元件。例如電阻器、電容器、電感器、電池、發電機等元件。這些元件都有兩個端點（terminals），一般都如圖 1.12 所示以長方形及

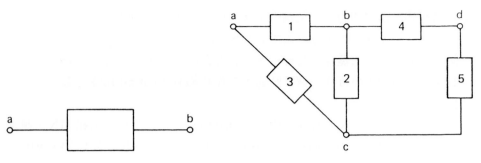

圖 1.12　一般兩端電氣元件　　　　　圖 1.13　電路的例子

a，b 兩端來表示一元件。還有其它有三個或更多端點等較為複雜的元件，如電晶體、真空管和運算放大器等。

電路是由元件和其它元件的端點連接組成的，圖1.13就是一個電路的例子。圖中使用導線把 $1,2,3,4,5$ 各元件的 a,b,c,d 端點連接組成的。只要有一元件是電源（如電池），則自由電子或電流會循著封閉路徑（closed paths）流動。例如包含 $1,2,3$ 元件的 $abcd$ 路徑就是封閉路徑。

電路分析

電氣元件需要一些諸如電流值，電壓值及功率值為多少。分析電路為本書之重點，目的在決定一元件或所有元件所具有前述之三數值或某一值。我們具有標準單位及測量方法來測量，就可完成電路分析。

1.4　單位制度（*SYSTEM OF UNITS*）

過去單位採用英磅、吋、呎及秒等英制單位，可是這種單位在科學應用上十分麻煩，因採用英制常要作單位的轉換。例如1呎等於 12 吋，1 碼等於 3 呎，一哩等於 5280 呎。如計算 25 哩等於多少碼將會比美國貨幣 25 美金等於多少分來得困難許多，因為美國貨幣採十進位制，例10分等於 1 角、10 角等於 1 元。

國際標準單位制度

現在有一受大部份技術人員及工程師樂於使用的單位制，此單位制就是以後我們採用的公制，名稱為國際標準單位制度，縮寫為 SI 。此制度在 1960 年國際度量衡會議（General Conference on Weights and Measures）中被國際上所採用。

功或能量由力乘以距離而得，SI 中基本單位為焦耳（ joule ，縮寫為 J ），是紀念英國物理學家焦耳。作一焦耳的功為加一牛頓的力在物體上，使移動一公尺距離所需要的功。英制中 1 呎 - 磅等於 1.356 焦耳。

功率（power）即作功的效率，於 SI 中單位為瓦特（watt，縮寫為 W）。是紀念製造第一部蒸氣機的蘇格蘭工程師瓦特而命名。一瓦特定義為 1 焦耳／秒，一瓦特的大小可從一個強壯的人工作時約有 25 至 50 瓦特的功率，而有個概念。

英制中溫度以華氏（fahrenheit，縮寫為 °F）為單位，而在 MKS 制及 CGS 制中則採用攝氏（celsius，縮寫為 °C），在 SI 中用凱氏（kelvin，縮寫為 K）為標準。將華氏轉換成攝氏用下列公式：

$$C = \frac{5}{9}(F - 32) \tag{1.1}$$

攝氏轉換成華氏為

$$F = \frac{9}{5}C + 32 \tag{1.2}$$

凱氏與攝氏間之關係為

$$K = 273.15 + C \tag{1.3}$$

水的冰點為 32°F，等於 0°C 或 273.15 K。而水的沸點在 212°F ＝ 100°C ＝ 373.15 K。在絕對零度時包括原子核外圍的電子在內所有活動完全停止，此溫度時 −459.7°F ＝ −273.15°C ＝ 0 K。

例 1.1：300 公里（km）等於多少碼（yd）？

解：因有 0.914 公尺／碼及 1000 公尺／公里的關係，所以碼的數量 N 為：

$$N = \frac{(300 \text{ 公里})(1000 \text{ 公尺／公里})}{0.914 \text{ 公尺／碼}}$$

$$= \frac{300 \times 1000}{0.914} \text{ 碼}$$

$$= 328,227.6 \text{ 碼}$$

注意：在前例中的步驟二除了所需的單位外，其餘的全部消除。

例 1.2：將 50°F 轉換為攝氏及凱氏溫度。

解：代入（1.1）公式得

$$C = \frac{5}{9}(50 - 32)$$

$$= \frac{5}{9}(18)$$

$$= 10°C$$

把 $C = 10$ 代入（1.3）公式得

$$K = 273.15 + 10$$

$$= 283.15 \text{ K}$$

1.5　科學表示法（*SCIENTIFIC NOTATION*）

　　SI 比英制之優點爲使用 10 的次方表示量的大小，由於採用 10 的次方使 SI 適合科學表示非常大及非常小的量。例如距離爲 2,136,000.0 公尺，使用科學表示法爲 2.136×10^6 公尺，是以左邊具有小數點的數乘以適當 10 的次方而得。在正次方時，10 的次方數爲由數的小數點向左數到新表示法所定小數點位置爲止有幾個位數即是 。 10 的次方定義如下：

$$1 = 10^0$$

$$10 = 10^1$$

$$100 = 10^2$$

$$1000 = 10^3$$

　　餘此類推

於 10 的負次方定義如下：

$$1/10 = \quad 0.1 = 10^{-1}$$

$$1/100 = \quad 0.01 = 10^{-2}$$

$$1/1000 = 0.001 = 10^{-3}$$

　　餘此類推

依此 0.002136 科學表示法爲 2.136×10^{-3} 負次方是從小數點向右數到新表示法所定小數點位置爲止有幾個位數即是 。

例 1.3 ：將(a) 2.3 百萬和(b) 0.00243 以科學表示法寫出 。

解：(a)　2.3百萬改爲2,300,000科學表示法爲

$$2,300,000. = 2.3 \times 10^6$$

注意此數小數點向左移六位。

(b)　0.00243的科學表示法爲

$$0.00243 = 2.43 \times 10^{-3}$$

因爲小數點向右移了三位。

使用科學表示法容易作乘、除運算，例如，把 10^a 與 10^b 兩數相乘，只需把次方 a 與 b 相加，這就是：

$$10^a \times 10^b = 10^{a+b}$$

除法運算時把次方相減卽可：

$$\frac{10^a}{10^b} = 10^{a-b}$$

例 1.4：完成下式的運算，並將結果以科學表示法來表示 N

$$N = \frac{(2.3 \times 10^4)(12 \times 10^{-14})}{2 \times 10^{-7}}$$

解：

$$N = \frac{2.3 \times 12 \times 10^{4-14+7}}{2} = 13.8 \times 10^{-3}$$

$$= 1.38 \times 10^{-2}$$

表 1·1

10的次方	詞　頭	縮　寫
10^{12}	兆	T
10^9	十　億	G
10^6	百　萬	M
10^3	仟	k
10^{-3}	毫	m
10^{-6}	微	μ
10^{-9}	毫　微	n
10^{-12}	微　微	p

SI的詞頭

在 SI 中採用詞頭（prefixes）可免除以 10 的次方來表示，一些標準的詞頭與它們的縮寫如表1.1所示。例如，2725 公尺＝2.725×10^3 公尺＝2.725 仟公尺（ km ），另一秒為短時間，它的分數如 0.1 秒或 0.01 秒，更是無法想像的時間。今日計算機應用上對秒是不實際的大單位，而常用到 1 微秒（ $1 \mu s$ 或 10^{-6} s ）或 1 毫微秒（ 1 ns 或 10^{-9} s ）。（ 註：符號 μ 是希臘字母 mu 的小寫字母 ）。

例 1.5：將(a) 2 百萬瓦（ MW ）轉換成瓦，(b) 26 微秒（ μs ）轉換成秒（ s ）。

解：(a)　　　　　　2 百萬瓦＝2×10^6 瓦＝2,000,000 瓦

　　　(b)　　　　　26 微秒＝26×10^{-6} 秒＝0.000026 秒

例 1.6：求加一 25 微牛頓（ μN ）的力於一物體上而產生 100 公尺（ m ）之位移，則所作的功為多少毫焦耳（ mJ ）。

解：因為 $25 \mu N = 25 \times 10^{-6}$ N，且功等於力乘以位移，以焦耳為功的單位。

　　　　　　（ 25×10^{-6} 牛頓 ）×（ 100 公尺 ）

　　　　　　＝$25 \times 10^{-6} \times 10^2$ 牛頓 - 公尺

　　　　　　＝2.5×10^{-3} 焦耳

因 10^{-3} 焦耳＝1 毫焦耳，故所作之功為 2.5 毫焦耳，這解答可由下列更簡潔的式子完成

　　　　　　功＝（ 25 微牛頓 ）×（ 100 公尺 ）＝2500 微焦耳

　　　　　　＝2.5 毫焦耳

在上式中應用了 1 微牛頓公尺＝1 微焦耳及 1000 微焦耳＝1 毫焦耳之關係式。微與毫取替 10 的次方表示法。

例 1.7：求一 25 毫牛頓的力加於一物體上而使其產生 2 公里位移所作之功。

解：　　　　　功＝（ 25 毫牛頓 ）×（ 2 公里 ）＝50 牛頓公尺

　　　　　＝50 焦耳

特別注意在相乘時毫（ milli ）與仟（ kil ）兩者互相消除，因其表示 10^{-3} 與 10^3 兩者相乘。

1.6 摘 要（*SUMMARY*）

電在西元前600年左右即被發現，具有很長的歷史，但到了十八、十九及二十世紀才有快速發展，在這段時間電學大部份都被發現。

電的本質是帶電體間有相互作用力存在，使另一帶電體移動而形成電流，典型負電荷是電子，典型正電荷是失去電子的原子。

銅、銀、鋁等是具有自由電子之原子所組成，都是電的良導體。具有很少自由電子的材料是絕緣體。既不是導體也不是絕緣體的材料爲半導體。

電路是由二個或更多的電氣元件所組合而成的，如電阻器、電容器、電感器、電池等。分析電路主要在決定元件之電壓值、電流值，及功率。採用國際標準單位制或 SI，電路中所有的量都以標準單位來度量，則分析電路能更容易完成。在 SI 中使用詞頭使科學表示法更容易使用。

練習題

1.4-1 求20公里等於多少哩？
圈：12.4274哩。

1.4-2 求加2磅的力使物體移動4碼所作的功爲多少呎‑磅？
圈：24呎‑磅。

1.4-3 將1.4-2題中答案以焦耳爲單位。（提示：使用1呎‑磅＝1.356焦耳）
圈：32.544焦耳。

1.4-4 將溫度68°F轉換成(a)攝氏，(b)凱氏。
圈：(a)20°C，(b)293.15K。

1.5-1 將(a)25,320,000與(b)0.0000101用科學表示法表示之。
圈：(a)2.532×10^7，(b)1.01×10^{-5}。

1.5-2 單位轉換：
(a)1250公克等於多少公斤？
(b)0.0136公斤等於多少公克？
(c)0.00517秒等於多少毫秒？
(d)0.00517秒等於多少微秒？
圈：(a)1.25，(b)13.6，(c)5.17，(d)5170。

1.5-3 求加一200微牛頓的力使一物體移動50毫公尺，則所作之功爲多少毫微焦耳。

圈：10,000 毫微焦耳。

習　題

1.1　找出圖 1.13 中所有的封閉路徑。

1.2　在圖 1.13 中，a，b 兩端點加入一新元件，並找出電路中所有的封閉路徑。

1.3　單位轉換：

(a) 1 公里等於多少哩？

(b) 1 哩等於多少公里？

(c) 50 毫焦耳等於多少呎 - 磅？

1.4　單位轉換：

(a) 10 仟牛頓等於多少磅？

(b) 10 磅等於多少牛頓？

(c) 0.002 呎 - 磅等於多少微焦耳？

1.5　單位轉換：

(a) 70°F 等於攝氏幾度？

(b) 50°C 等於華氏幾度？

(c) 60°F 等於凱氏幾度？

1.6　求加 100 微牛頓的力於一物體移動 (a) 20 毫公尺及 (b) 100 英吋所作的功爲多少微焦耳？

1.7　解 1.6 題，將題中的力改爲 50 毫微牛頓（nN）。

1.8　單位轉換：

(a) 0.02 秒等於多少微秒？

(b) 0.02 秒等於多少毫秒？

(c) 50 毫公尺等於多少公里？

(d) 50 毫公尺等於多少微公尺？

1.9　完成下列式子的運算，並將結果用科學表示法表之：

(a)　$\dfrac{(10^{-6})(10,000)(500)}{0.002}$

(b)　$\dfrac{(100)^3(20)}{10^{12}}$

(c)　$\sqrt{10,000} = 10,000^{1/2}$

(d) $\dfrac{\sqrt{1000}}{0.001}$

1.10 如同1.9題完成下列運算：

(a) $\dfrac{(200)^2(100)}{10^8}$

(b) $\dfrac{(2000)^3(10^{-4})}{2 \times 10^2}$

(c) $(0.01)^2(4000)(0.2)^3$

(d) $\dfrac{(50)(0.002)(10^{-3})}{(0.0002)^3}$

第2章

電路元件、電流、
電壓、電功率

　　典型的兩端點元件是電阻器、電容器、電感器及電壓源，各有不同的大小形狀。元件各別的尺寸，小的如圖2.1中的小電阻及圖2.2的小電容。大的像圖2.3高壓電容器，高度超過1呎，其它更大元件如圖1.1的電動發電機組及圖1.2的變壓器。

　　將在以後各章中專門討論電阻器、電容器、電感器，本章將討論電壓源。特別在2.5節中對電池詳細說明，本章目的在對兩端元件的相關量作簡短的討

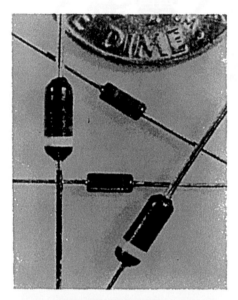

圖 2.1　錫氧化膜電阻器

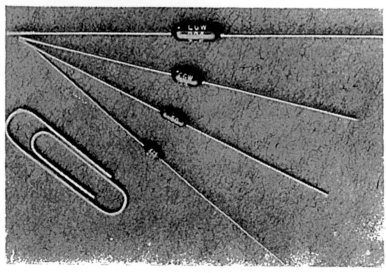

圖 2.2　陶質電容器

圖 2.3　高壓電容器

論。如電流值、電壓值、功率值。這些值彼此的關係對研究電路十分重要。

2.1　電荷與電流（*CHARGE AND CURRENT*）

在第一章中已說明，電流是由電荷的移動所形成。本節將正式定義這些量及 SI 單位，並討論電路所通過之電流。

庫　倫

電荷單位為庫倫（coulomb，縮寫 C）是紀念法國科學家庫倫而命名。以後將以 Q 或 q 作為電荷符號，如下：

$$Q = 2 \text{ 庫倫}$$

代表一正電荷帶有 2 庫倫的電量。使用時大部份 Q 代表靜態（steady）或定值的電量，而 q 代表電量隨時間改變的瞬間值（instantaneous）。

一個電子帶有約 1.6×10^{-19} 庫倫的負電荷，也就是 1 庫倫電荷含有 $1 \div (1.6 \times 10^{-19}) = 6.25 \times 10^{18}$ 個電子，這數值由美國物理學家米理肯（Robert A Millikan）的油滴試驗所證實。一個電子的電量與 2 庫倫所具有電子數相比較，顯得那麼小，但這數值在電路應用電量時有一個量的觀念。電荷實際上需要幾十億個電子所組成，假設有 4 毫庫倫的電量，則約等於 25 仟兆（ 10^{15} ）個電子所帶電量之總和。

例 2.1：一正電荷含有 25×10^{18} 個電子，則正電荷有多少庫倫？

解：

$$Q = \frac{25 \times 10^{18} \text{ 個電子}}{6.25 \times 10^{18} \text{ 個電子／庫倫}}$$

$$= \frac{25}{6.25} \text{ 庫倫}$$

$$= 4 \text{ 庫倫}$$

電　流

　　電路最主要供給電荷移動所需的路徑，在導體中（如一小段銅線）如不加外力，內部電子將不規則的從一原子移動到另一原子。當加外力時（如由電池供應），自由電子將如同水在管中流動依照定義的方向流動。電荷的移動稱為電流（ current ），電流符號以 I 或 i 表示，是從法文字" intensite "的字首命名之。

　　電流的定義是"電荷的流動率"，因此如某一段時間 t ，在導體中某一點所通過的電荷量 Q 時，則所通過電流定義為：

$$I = \frac{Q}{t} \tag{2.1}$$

（此處 Q 為一常數，如果 Q 隨時間變化而變化，則採 q 來表示，以獲得對電流正確的度量。）

　　如果 Q 的單位為庫倫，而 t 為秒，電流單位為庫倫／秒（ C／s ），又稱為安培（ ampere ，縮寫為A ）是紀念法人安培而命名，因此 1 安培＝ 1 庫倫／秒。

例 2.2：在導體中某點每秒通過 10 庫倫之電荷，求通過導體的電流 I 為多少？

解：由（ 2.1 ）公式求得 I ，因 $Q = 10$ 庫倫， $t = 1$ 秒。

$$I = \frac{Q}{t} = \frac{10 \text{庫倫}}{1 \text{秒}} = 10 \text{ 安培}$$

例 2.3：在例題 2.2 中，若電荷通過的時間由 1 秒改為 0.1 秒求 $I =$ ？

解：再使用（2.1）公式得

$$I = \frac{Q}{t} = \frac{10 \text{庫倫}}{0.1 \text{秒}} = 100 \text{安培}$$

電子流與習慣電流

　　前敍中電流為導體中自由電子流動所形成的，因此電路電流是由負電荷移動所組成，此種導體電流稱為電子流（electron current）。但在電路分析上一般都想像電流由正電荷移動所組成，這種習慣是導源於富蘭克林所作風箏試驗，認為電是由正往負方向流動，這種電流與電子流有區別，稱之為習慣電流（conventional current）。在本書中將採用習慣電流，不過須注意，習慣電流方向與電子流相反。

　　當然也有正電荷移動所形成的電流，如正離子可以在某些介質（如液體或氣體）中移動，同樣在半導體中稱為電洞（hole）或電洞荷，這些電洞荷極性與電子相反為正電荷，當一個電子離開原子去填滿其它電洞，而形成新的電洞，這和電洞移動或正電荷移動效果一樣。

　　為什麼在外加力之下，電流在導體中流通的效果和水在水管中流動的效果相似。令導體的一端比另一端為正時，靠近負端的正電荷因受吸引而向負載移動，正電荷離開留下空位形成負電荷，這負電荷又吸引正電荷往負端移動，所有正電荷移動很快，可視為導體中的電荷同時在移動，與水從高壓端流低壓處一樣。

　　可得一結論，電子流是電子在導體中移動形成的，而習慣電流是正電荷移動所形成的。圖2.4說明了這種電流，I_e 代表電子流，是從負平面往正平面移動。而習慣電流 I_c 的方向與 I_e 相反，由正往負方向流動。

　　無論是電子流或是習慣電流，相反方向的電流一定是原來方向的負電流，如圖2.5(a)中所設方向有2安培電流通過，而在2.5(b)中相同的電流，由於方

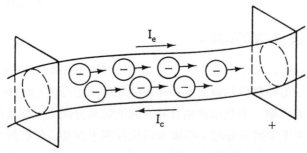

圖2.4　同一導體中的電子流和習慣電流

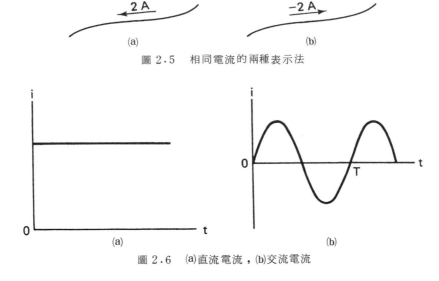

圖 2.5　相同電流的兩種表示法

圖 2.6　(a)直流電流，(b)交流電流

向相反，故電流爲－2安培。

直流電

　　如圖2.4中所加外力極性保持固定不變，則電流的方向便保持同一方向。若外力大小不變，則電流大小維持定值。如外力極性不變，大小隨時間改變，則電流方向不變，但大小隨時間改變。電流大小固定者稱爲直流（direct current）簡稱爲DC，圖2.6(a)爲直流電的例子。

交流電

　　電流方向作週期性改變者稱爲交流電（alternating current）簡稱爲AC。此種電流極性連續的改變，大小由零值昇到峯值，再降到零值，爾後從零值依另一方向達到峯值。圖2.6(b)爲典型交流電的圖形，圖中由 $t=0$ 到 $t=T$ 的圖形連續重複出現，稱爲一週期（cycle）。每秒鐘的週期數稱爲頻率（frequency），頻率的單位赫芝（hertz縮寫爲 Hz），是紀念德國物理學家赫芝而命名的。美國家庭中所用的 60 赫芝電流就是交流電的例子。

2.2　電　壓（*VOLTAGE*）

　　前節所述使電流在元件流動的外力稱爲電動勢（electromotive force，縮寫爲emf），電動勢供給跨於元件兩端的電壓或電位差（potential difference）使電流流動。當把兩個結合在一起的電荷分開（不同極性），必須加一外力，只要兩電荷維持分開，必須有電位存在來作功。如把外力取消，則兩電荷會彼此相互吸引，試圖重新結合在一起。此種現象就如同搬石頭上山一樣

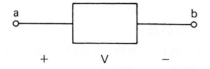

圖 2.7　習慣電壓之極性

，在過程中需作功而把位能儲存在這移動的石頭，如果石頭在山上不同高度，則石頭間就有位差存在。

伏　特

　　如電壓跨接在元件兩端就產生作功，把電荷從元件的一端移動到另一端，電壓的單位伏特（volt，縮寫為 V），是紀念發明電池的意大利物理學家伏特而命名。圖 2.7 為元件標示電壓的方式，代表元件兩端的電壓為 V 伏特，＋，－表示極性 a 點比 b 點電位高，也就是 a 端比 b 端高出 V 伏特之電位。

　　因為伏特是 1 庫倫電荷作一焦耳的功，故可定義 1 伏特是 1 焦耳／庫倫，即

$$1 \text{伏特} = 1 \text{焦耳／庫倫} \tag{2.2}$$

　　例如，2 庫倫電荷通過一元件作了 12 焦耳的功，則跨於元件兩端的電壓值為：

$$V = \frac{12 \text{焦耳}}{2 \text{庫倫}} = 6 \text{焦耳／庫倫} = 6 \text{伏特}$$

等效電壓表示法

　　如剛才說明電壓極性表示法，圖 2.8 為兩種相同電壓的表示方法。圖 2.8 (a) 中 a 端點比 b 端點的電位高＋6 伏特，而圖 2.8 (b) 中 b 點比 a 點高－6 伏特（或比 a 點低＋6 伏特）。我們將使用雙下標符號 V_{ab} 表示 a 點對 b 點的電位

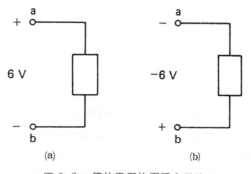

(a)　　　　　(b)

圖 2.8　等效電壓的兩種表示法

差。如此，在圖 2.8 (a) 中 $V_{ab} = 6$ 伏特。使用這種符號，具有 $V_{ba} = -V_{ab}$ 的關係，則 $V_{ba} = -6$ 伏特，從圖 2.8 (b) 中可看清楚。

以後在電路分析時，可能不知道那一端爲高電位，此時只需簡單標示兩端電壓 V。眞正極性只要解出 V 爲正或負值就可得到解答。

2.3 功 率（*POWER*）

由公式（2.2）中發現與電路元件有關另一個重要的量，如圖 2.9 中一電壓 V 跨於元件兩端，且還有一電流 I 通過這元件。當把 V，I 相乘時，單位是什麼呢？因爲依據公式（2.2）V 的單位爲焦耳／庫倫，而電流 I 的單位爲庫倫／秒，因此 VI 單位爲（焦耳／庫倫）×（庫倫／秒），把庫倫消去得焦耳／秒的單位。因此 VI 是能量（焦耳）所消耗的比率，被定爲功率，以 P 或 p 來表示。一般以

$$P = VI \qquad\qquad (2.3)$$

即元件的功率可由兩端電壓乘以通過的電流而得之。V 的單位爲伏特，I 的單位爲安培，則 p 的單位爲瓦特（W），如 V 和 I 不是固定值。則公式（2.3）改寫成

$$p = vi$$

此處 v 與 i 爲可變電壓和電流，而 p 爲瞬間功率（在某一瞬間所供給的功率）。

例 2.4：設有一 12 伏特的電壓源（如電池）在電路中產生 2 安培電流，試求出電源所產生功率爲多少？

解：利用公式（2.3）功率爲
$$P = VI = 12 \times 2 = 24 \text{ 瓦特}$$

例 2.5：一電燈泡接到 120 伏特電源，取得 0.5 安培的電流，請問使用了多少功率？

解：再利用公式（2.3）得
$$P = 120 \times 0.5 = 60 \text{ 瓦特}$$

吸收功率或供給功率

上述例中一個元件提供功率，另一個使用功率，兩者間有差異。在例 2.4

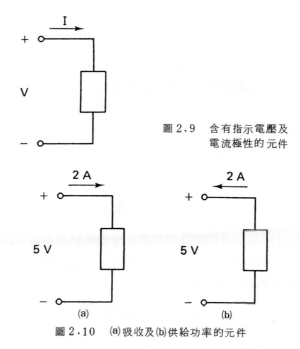

圖2.9 含有指示電壓及
電流極性的元件

(a)   (b)

圖2.10 (a)吸收及(b)供給功率的元件

中電源提供功率或供給功率（delivers power），外面的電路稱為負載（load），在例2.5中電燈泡就是吸收功率（absorbing power）。這功率是從電源 emf 所提供。圖2.9為元件吸收了 VI 功率，電流由元件正端流入。如果 V 或 I 之極性改變，則電流由負端進入從正端流出，此時元件變成供給 VI 功率給外部電路，這元件就如同有 emf 的電源。

如圖1.10(a)中電流從正端進入，故此元件吸收了 $p = 5 \times 2 = 10$ 瓦特的功率。而圖2.10(b)中電流由負端進入（從正端流出）。故此元件供給 10 瓦特功率給外部電路。同樣的圖2.10(b)可以說電流從正端流入 $I = -2$ 安培，則元件吸收的功率為：

$$P = (5)(-2) = -10 \text{ 瓦特}$$

因為負值，故元件是提供 +10 瓦特功率給外部電路。

例 2.6：一元件接到 12 伏特線上，並吸收 30 瓦特的功率，求通過元件電流大小及方向。

解：由公式（2.3）得

$$I = \frac{P}{V}$$

因此電流值

$$I = \frac{30}{12} = 2.5 \text{ 安培}$$

元件爲吸收功率，故電流方向由正端流入。

馬　力

在英制中功率的單位爲馬力（horsepower， hp），1馬力等於550呎-磅／秒，而馬力與瓦特的關係如下：

$$1 \text{ 馬力} = 746 \text{ 瓦特} \tag{2.4}$$

功率的應用範圍可從衞星通信的幾個微微瓦特到供給城市電力所需數百萬瓦特。家中所使用的功率單位爲仟瓦（1000瓦特），比瓦特還實用，因1瓦特＝0.001仟瓦，從公式（2.4）可得：

$$1 \text{ 馬力} = 0.746 \text{ 仟瓦}$$

因此1馬力約等於¾仟瓦。

2.4　能　量（*ENERGY*）

因功率爲作功或消耗功率的比率，所以必須經過一段時間才能獲得或損失能量，當長時間的使用功率，則能量的消耗也隨著增加。

如電動機在時間 t 秒內提供 P 瓦特的功率，則所做的功或能量 W 以焦耳爲單位，以下式表示之：

$$W = Pt \tag{2.5}$$

而得功率的公式：

$$P = \frac{W}{t} \tag{2.6}$$

功率的單位爲焦耳／秒。

從公式（2.5）中可知焦耳在SI中單位爲瓦特秒（WS），在實用上瓦特秒的單位太小。如家中測量電量就太小了，因此採用仟瓦小時（kilowatt-hour，縮寫爲kWh）爲實用單位，如圖2.11爲測量仟瓦的仟瓦小時錶。

圖 2.11　仟瓦小時錶

例 2.7：一個 500 瓦的電燈泡使用 3 小時，求消耗多少仟瓦小時的能量？

解：因 500 瓦＝0.5 仟瓦，所以

$$W = P_t =（0.5 仟瓦）（3 小時）＝1.5 仟瓦小時。$$

例 2.8：有一元件從 120 伏特電源獲取 10 安培，試求(a)功率為多少仟瓦？(b) 如果吸收功率時間為 45 分鐘，則消耗多少仟瓦小時的能量？

解：(a)　功率為

$$P = VI = 120 \times 10 = 1200 瓦 = 1.2 仟瓦$$

(b)　因 45 分為 $\dfrac{3}{4}$ 小時，故電能為

$$（1.2 仟瓦）\left(\dfrac{3}{4} 小時\right) = 0.9 仟瓦小時$$

2.5　電壓源 ── 電池（*VOLTAGE SOURCES—BATTERIES*）

電壓源為兩端元件，且兩端點可維持一特定電壓。電壓值可以為穩定電壓

，如電池電壓。也可以隨時間而改變，如交流發電機。圖2.12為電壓源標準符號，圖中極性表示 a 端電位比 b 端高 V 伏特。因此如果 V 是正值（ $V>0$ ）表示 a 端比 b 端電位高，如果 V 是負值（ $V<0$ ），則 b 端電位比 a 端高。

電　池

最常用的直流電壓源為電池，電池電壓是化學反應所產生的，可由圖2.13中伏特電池（ voltaic cell ）來說明，是由不同的兩種材料或稱電極（ electrode ）再加入電解液所組成。而電解液是由酸、鹽所組成的化合物，置於溶液中便分解成正離子和負離子，由於化學反應使新溶液的電荷分離出來，使正電荷附在陽極上（ anode ），負電荷則附在陰極上（ cathode ）。如果電流從電極流到負載，則化學反應繼續產生，以維持端電壓 V 為定值。

電池組是許多單體電池組合成的，其總電壓為個別電池電壓的總和。電路中含有 V 伏特電壓的典型電池符號如圖2.14(a)所示，說明電池由多個個別電池所組成。而圖2.14(b)為單一電池所組成的。如果了解圖中長線為正極，短線為負極，則正負符號可略去不標示。最普遍的為充電鎳鎘電池，不僅手上計算器使用，尚有多種器具使用。

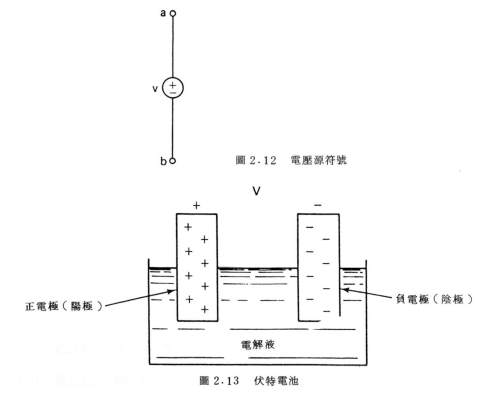

圖2.12　電壓源符號

圖2.13　伏特電池

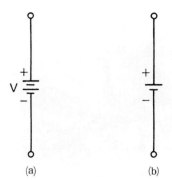

(a) (b) 圖 2.14 (a)電池和(b)單體電池

比 重

鉛酸電池的使用情形，可由測量電解液的比重（specific gravity）而獲得，比重爲電解液的重量和同體積水的重量之比值，濃硫酸的重量爲同體積水重的 1.835 倍，所以它的比重爲 1.835。在充滿電的電池，其電解液在室溫下比重約爲 1.280，而完全放電電池比重降爲 1.150 左右。

我們可用電池液體比重計來檢驗電池，此裝置有指針指示比重之大小，通常把小數點省略。如果比重計讀數爲 1250，則表示比重爲 1.250，此時電池約只充電一半。

爲了符合各種不同裝置的設計與使用，如電算器、照相機、收音機、電子錶、……等設備，而製造各種不同大小形狀及電壓的電池。一些電池的例子如圖 2.15 及圖 2.16 中所展示的鹼性、水銀和氧化銀電池。

原電池與繼電池

電池與單體電池可區分爲原電池（primary）和繼電池（secondary）。繼電池爲可再充電之電池，把電流充入電池，使溶液比重重新建立，電位與原來不同。碳鋅電池是原電池的例子，其陰極爲碳（混合二氧化錳），陽極是鋅，電解液爲氯化銨溶液。一般繼電池用於汽車及電子計算機，圖 2.17 爲卡車用典型 6 伏特鉛酸電池的剖面圖，汽車電池爲"濕式"，而閃光燈電池爲"乾式"。圖 2.18 爲提燈電池是另一充電電池的例子。

電池的壽命

電池的容量以安培－小時（Ah）來測試，典型 12 伏特汽車用電池在輸出 3.5 安培下，其壽命爲 70/3.5＝20 小時，計算電池壽命爲：

$$壽命（小時）＝\frac{安培－小時（Ah）}{輸出安培值（A）} \tag{2.7}$$

圖 2.15　各種不同型式的電池

圖 2.16　其它型式的電池

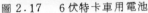

圖 2.17　6 伏特卡車用電池　　　　圖 2.18　可再充電的提燈電池

例 2.9：求具有 70 安培 - 小時容量的電池，當固定輸出 2 安培電流時壽命為
　　　　多少？

解：代入公式（2.7）得

$$壽命 = \frac{70\,安培 - 小時}{2\,安培} = 35\,小時$$

2.6　其他產生電動勢之電源（*OTHER SOURCES OF EMF*）

　　除了電池外還有很多能產生電動勢的電源，這些電源都有共同的原理，就
是能量轉換，例如機械能，及熱能轉換成電能，電池為將化學能轉換成電能。

發電機

　　法拉第及亨利試驗中說明如使線圈在磁鐵附近移動會產生電流及電壓。使
導線在磁場中移動，則導線兩端會感應電壓。如果把導線繞在旋轉圓柱體或轉
子（rotor）上，再放於磁場中旋轉，導線兩端將產生電壓。如果導線按照指定
的接法使電壓相加，就形成了發電機（generator），圖1.1就是發電機的例
子。

　　交流電壓為連續改變轉子的位置而產生的，而直流電壓則利用換向器（
commutator）使每一輸出電壓轉到另一半週時改變電壓的極性而產生。此時

圖 2.19　實驗室小型手搖發電機

這種旋轉圓柱體稱為電樞（ armature ），而把交流變為直流的程序，稱為整流。如圖 2.19 為小型實驗室用的發電機，可用手搖而產生交流電壓，發電機磁場由一線圈外接電池所產生（圖中沒有展示）。

於討論交流電壓時，將對發電機作較詳細的討論，此時只簡單提示。而電壓源的符號如圖 2.12 所示，為了加強是交流發電機，有時加一交流週期在符號中，如圖 2.20 。

其他電壓源

電池及發電機是目前使用最廣泛的電壓源，但還有多種電壓源存在，如光伏特電池（photovoltaic）或太陽電池（ solar ），另一例子是應用熱放射，把熱加在材料上，而釋放出電子。最後提供實驗室中最常用直流電源為電源供

圖 2.20　交流發電機的符號

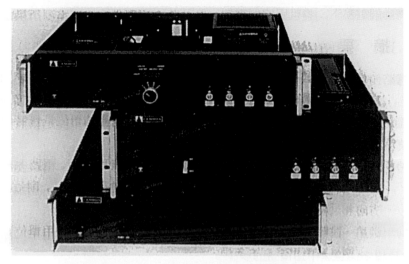

圖 2.21　安裝有電源供給組件的轉接器架

應器，將交流整流成直流電壓。圖 2.21 為實驗室中所用的電源供應器。

電流源

　　電流源（ current source ）是一種能維持定值電流流出其端點的二端元件。像電壓源，其電流可能為定值亦可能隨時間變化。圖 2.22 (a)為電流源的標準符號，箭頭所指方向，不論外接任何負載，永遠指示電流所流的方向。而交流電流源的符號如圖 2.22 所示。

　　電流源不像電壓源直接由原始元件所構成，而需以一電壓源來構成電流源。例如在電池或發電機接一電阻器，使在任何工作下，獲得近似定值的電流。另如把一電晶體，三個電阻器和一個電池作適當配合，可組成一個端點電流為 2 毫安，而端電壓可從 −6 伏特變成 30 伏特的定電流源。

　　在實驗室中需要一些電流源的電源供應器，如圖 2.21 所示的裝備，可在

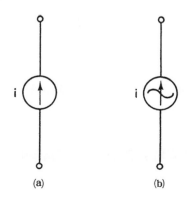

(a)　　　　　　(b)

圖 2.22　(a)標準電流源及
　　　　　(b)交流電流源的符號

廣泛變動端電壓下，提供固定的電流。當然基本電源是由交流電源所供給。

2.7　摘　要（*SUMMARY*）

電路元件兩端有其不同之量，如電流和電壓，電流是電荷的流動率，單位是安培，為每秒鐘通過一庫倫電量為一安培。電子流是電子流動所形成，而習慣電流為正電荷移動所形成，是以後所通稱的電流。電壓的單位是伏特，因它作功使電荷通過元件，故一伏特等於一焦耳／庫倫。

功率是作功或消耗能量的比率，單位為瓦特，即焦耳／秒。電路元件端電壓為 V，通過電流為 i，則功率為 Vi 的乘積。當 i 從正端進入，則元件吸收功率。i 方向相反時，元件為放出功率。

功率供給一段時間時為能量，單位為焦耳，即瓦特秒。較實用單位為仟瓦小時，是用來測量家中用電量的多少。

電動勢的來源可能是電壓源或電流源，電壓源在其兩端提供固定電壓，而電流源供給固定電流。在理想狀況下，電源是不受負載的影響。典型電壓源如電池、發電機、太陽能電池等，而典型電流源為電壓源結合其它元件所構成的。

練習題

2.1-1　如果在導體任一點每半秒鐘通過 18.75×10^{18} 個電子，求通過多少安培的電流？

　　　　圉：6 安培。

2.1-2　求 100,000 個電子所帶的電量為多少微微庫倫？

　　　　圉：0.016 微微庫倫。

2.1-3　當導體所通過的電流為 4 安培時，求(a) 10 秒，(b) 0.1 秒通過任一點的電荷為多少庫倫？

　　　　圉：(a) 40，(b) 0.4 庫倫。

2.2-1　如果 4 庫倫的電荷通過元件作了 12 焦耳的功，求跨於元件兩端的電壓為多少？

　　　　圉：3 伏特。

2.2-2　當元件兩端跨接 12 伏特電壓，作了 48 焦耳的功使 Q 通過元件，則 Q 為多少？

　　　　圉：4 庫倫。

2.3-1　在圖 2.9 中 $V=12$ 伏特，$I=4$ 安培，求元件的功率為多少？此功率是供給功率或吸收功率。

　　　　　圉：吸收 48 瓦特。

2.3-2　如 $I = -4$ 安培時，重做 2.3-1 練習題。

　　　　　圉：供給 48 瓦特。

2.3-3　當一元件通過 3 毫安的電流，並吸收 0.012 瓦特的功率，求跨於元件兩端的電壓爲多少？

　　　　　圉：4 伏特。

2.3-4　將 2.3-1 練習題的答案轉換爲馬力。

　　　　　圉：0.0643 馬力。

2.4-1　求一 1200 瓦特的烤麵包機，每使用 20 分鐘所消耗的電力爲多少仟瓦小時？

　　　　　圉：0.4 仟瓦小時。

2.4-2　求一 5,100 瓦特的乾衣機，每使用 20 分鐘所消耗的電能爲多少仟瓦小時？

　　　　　圉：1.7 仟瓦小時。

2.4-3　一個 200 瓦特的電視機需要使用多久才消耗 4 仟瓦小時的能量？

　　　　　圉：20 小時。

2.5-1　一個容量爲 100 安培小時的電池，則理論上連續 20 小時可供給多大的電流？

　　　　　圉：5 安培。

2.5-2　電池容量受放電率，或流出電流的影響。假設一電池在 3.5 安培時容量爲 70 安培小時。在 15 安培時容量爲 60 安培小時，求放電電流爲 (a) 3.5 安培，(b) 15 安培時電池的壽命爲多少？

　　　　　圉：(a) 20 小時，(b) 4 小時。

2.5-3　溫度也會影響電池的容量，在 2.5-2 練習題中，假設電池於 80°F 時，在 3.5 安培下容量爲 70 安培小時，如果溫度降爲 30°F 時，容量降低 20%，求在 30°F 時放電 3.5 安培的電池壽命。

　　　　　圉：16 小時。

2.5-4　試求 (a) 2.5-1 練習題中電池供給的功率，(b) 假設電池端電壓爲 12 伏特，求工作 20 小時後供給多少能量？

　　　　　圉：(a) 60 瓦特，(b) 1.2 仟瓦小時。

2.6-1　有一電流源其端電壓由 2 伏特變至 20 伏特時，可維持 2 毫安的定電流，求負載電壓 15 伏特時電源供給負載多少功率？

　　　　　圉：30 毫瓦特。

2.6-2 試求2.6-1練習題中近似定電流值時，所能供應的最大功率及最小功率？

圖：40毫瓦，4毫瓦。

習 題

2.1 求(a) 90 秒，(b) 3 分鐘內導線通過 1,800 庫倫電荷的電流值？

2.2 求導線中每 2 秒鐘通過 25×10^{18} 個電子時，其電流為多少安培？

2.3 如果導體電流為 6 安培，試求(a)25秒，(b)0.01秒內導體任一點所通過的電荷為多少庫倫？

2.4 在導體某點每 2 秒通過 100,000 個電子，求通過多少微安培的電流。

2.5 如 20 毫安培電流連續流 5 分鐘，請問流過多少庫倫之電荷。

2.6 某元件端電壓 20 伏特，使 4 庫倫電荷通過該元件，所作之功為多少？

2.7 如果 4 庫倫電荷通過元件，作了 50 焦耳的功，求元件兩端之電壓。

2.8 電池端電壓為 1.5 伏特，如移動 Q 電荷需供給 15 焦耳能量，求 Q 為多少庫倫？

2.9 12 伏特電池供給電路 3 安培，則電池供給功率為多少？

2.10 1.5 伏特電池供給 60 毫瓦的功率，則供給電流為多少？

2.11 在 20 秒內作 48 焦耳的功，而使元件通過 30 毫安培的電流，求元件的端電壓。

2.12 元件端電壓為30伏特，在40秒內作功60焦耳，求通過元件的電流值？

2.13 電流通過元件的流率為100庫倫／分，吸收能量為40焦耳／分，求元件端電壓。

2.14 某元件端電壓為60伏特，而通過3.73安培的電流，求吸收多少馬力的功率？

2.15 如果習題 2.14 中元件吸收功率時間為 100 秒，則供給多少焦耳的能量？

2.16 將習題 2.15 中的答案轉換為仟瓦。

2.17 一元件從12伏特電源中取用5安培的電流，作功 20 小時。求(a)吸收的功率為多少，(b)吸收了多少仟瓦小時的能量？

2.18 一個1200瓦特烤麵包機，需使用多久才會消耗6仟瓦小時的能量？

2.19 在理論上容量為100安培小時的電池供給 4 安培電流可使用多少小時？

2.20 一電池在3.5安培下容量為70安培小時，在15安培下壽命為3小時求(a)如果放電率為3.5安培，則壽命為多少，(b)在15安培放電時，其容量為多少安培小時？

2.21　一電池在額定電流工作下，容量為 100 安培小時壽命為 40 小時，求(a)電池端電 12 伏特時，在額定電流下電池所供給之功率，(b)在上述情形下其壽命內所供給的能量為多少？

2.22　一 6 安培電流源供給一元件 0.1 仟瓦的功率 20 分鐘，求其電壓值。

第3章

電　阻

　　電阻器是最簡單、最常用的電路元件，導線就是一個好例子。當兩端加上電壓，電子移動形成電流，電子在導體內相互碰撞，產生熱及對電流之阻力（resistance）。因此電阻是用來測量電阻器抗拒電流的程度，並可當作對電的摩擦力一樣。在固定電壓下，如電阻高則電流小，反之則電流較大。當銅加上電動勢時，電子很容易移動，所以銅具有低電阻特性。而碳的自由電子很少，因此碳為高電阻。

　　本章將討論電阻器的性質，如電阻單位，及對電壓電流的關係，功率與能量的關係，和電阻器之實體，色碼等構造。在第四章中將利用電阻器知識分析電阻電路，此電路僅包含電阻器及電源兩種元件。

3.1　歐姆定律（*OHM's LAW*）

　　電阻器定義為一種電壓與電流直接成比例的兩端元件，標準符號如圖3.1，圖中標示了電壓V與電流I。其比率關係如下：

$$V = RI \tag{3.1}$$

式中R為一比率常數，即為電阻器之電阻值。

　　公式（3.1）為著名的歐姆定律，為德國物理學家歐姆所發表的重要定律，電阻R可以下式表示之：

$$R = \frac{V}{I} \tag{3.2}$$

它的單位為伏特／安培，定義為歐姆，也就是1歐姆等於1伏特／安培。

電阻符號

　　代表歐姆的符號為希臘字母Ω（omege），因此：

$$1\,\Omega = 1\,伏特／安培 \tag{3.3}$$

圖3.2為電阻值5Ω之電阻器。

圖3.1　電阻器的電路符號
　　　　（包含電壓、電流
　　　　與電阻R）

圖3.2　5歐姆的電阻器

例3.1：烤麵包機是電阻器，有電流通過時會產生熱，如所加電壓為120伏特
　　　，通過電流為5安培，求它的電阻值。

解：代入公式（3.2）得

$$R = \frac{V}{I}$$

$$= \frac{120}{5}$$

$$= 24 \ \Omega$$

電阻器的電流

　　公式（3.1）可用來解電流值，結果是：

$$I = \frac{V}{R} \tag{3.4}$$

因此1安培等於1伏特／歐姆，（1A＝1V／Ω），在固定電壓下，電阻愈高
，則電流愈小，反之則電流愈大。

例3.2：電阻器端電壓為12伏特，求當電阻值為(a) 3歐姆，(b) 1仟歐姆之電
　　　流值。

解：利用（3.4）公式

(a)
$$I = \frac{V}{R} = \frac{12\,伏特}{3\,歐姆} = 4\,安培$$

(b)
$$I = \frac{12\,伏特}{1\,仟歐姆} = \frac{12}{10^3} = 12 \times 10^{-3}\,安培 = 12\,毫安$$

其他單位

　　在例3.2中電阻值，如同其它數值，可能是一大數值，可採用 SI 詞頭。
在很多應用上，伏特，安培及歐姆都是實用單位。但在其它方面，如固態電子
零件，毫安培，仟歐姆（kΩ），百萬歐姆（MΩ）則為較常用的實用單位。

歐姆定律與極性的結合

　　把公式（3.1）使用於圖3.1中，電流由正端進入。如把電壓或電流的極
性改變，此時電流由負端進入，如圖3.3所示，與改變（3.1）式中 *I* 或 *V* 之

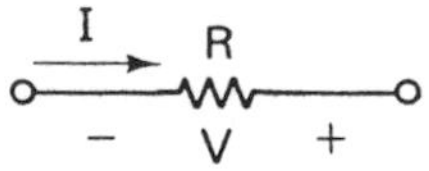

圖 3.3 具有相反電壓極性的電阻器

符號一樣，歐姆定律變爲：

$$V = -RI \qquad (3.5)$$

由上述公式及圖知電流是從高電位往低電位流，如石塊從山的高處往低處掉一樣。電阻 R 是正數，在圖 3.1 中當 I 是正值，V 也是正值，則 I 由高電位往低電位流。另一方面，在圖 3.3 中，如 I 爲正值，則 V 爲負值，電流 I 仍然由高電位往低電位流。

線性電阻

　　電阻器因（3.1）式中電壓及電流關係爲一直線，故稱爲線性電阻，亦卽 V，I 爲一次方，故 V/I 是定值 R。若 V/I 比值不是定值，則爲非線性（nonlinear），如白熾燈就是非線性電阻。

　　實際上所有的電阻，都是非線性，因導體的電氣特性受溫度等環境的影響。然而仍有許多材料在工作範圍內，趨近於理想的線性電阻，以後考慮的電阻都是線性電阻。

3.2 電 導 (*CONDUCTANCE*)

　　另一與電阻有關的數值爲電導，符號以 G 來表示，它與 R 之關係爲：

$$G = \frac{1}{R} \qquad (3.6)$$

可知電導爲電阻之倒數，當加電壓於電阻器時，如電導高，卽電阻值低，則流過電流大。電導單位爲姆歐（mho），符號爲歐姆之倒寫 ℧。例如 $10\,\Omega$ 之電阻器其電導爲 $0.1\,℧$，電導單位有時使用稱爲 Siemens 的單位。

對 偶

　　使用電導時，歐姆定律 $V = IR$，利用（3.6）式可改寫爲：

$$I = GV \qquad (3.7)$$

因此可得 $G = I/V$，所以 $1\,℧ = 1$ 安培／伏特。

　　上述（3.7）式表示法中，I 取代 V，V 取代 I，G 取代 R，所以（3.7式表示法與（3.1）式歐姆定律成對偶。故 V 與 I 爲對偶，R 與 G 亦爲對偶（

dual）。

例 3.3：一電阻器 $G = 2$ 毫姆歐，所通過電流為 6 毫安，求兩端之電壓為多少？

解：利用（3.7）式

$$V = \frac{I}{G} = \frac{6 \times 10^{-3} \text{ 安培}}{2 \times 10^{-3} \text{ 姆歐}} = 3 \text{ 伏特}$$

例 3.4：求例 3.3 中電阻值。

解：由（3.6）式得

$$R = \frac{1}{G} = \frac{1}{2 \times 10^{-3} \text{ 姆歐}} = 0.5 \times 10^3 \text{ 歐姆} = 0.5 \text{ 仟歐姆}$$

或

$$R = \frac{1}{G} = \frac{1}{2 \text{ 毫姆歐}} = 0.5 \text{ 仟歐姆}$$

3.3 電阻器所吸收的功率
(*POWER ABSORBED BY A RESISTOR*)

　　前述電流在電阻器中產生熱，是移動電子和其它電子碰撞產生的，因此電流將電能轉換成熱能。所以電阻器吸收了功率或散逸了功率，散逸功率是好的解說，因熱量散失在週圍的空氣中，不能重返電路中。此種熱的損失對我們是很有用的，它可使燈泡發出亮光，及從電熱器或熨斗得到暖和，或電流太大時，把保險絲熔斷。但有時候熱是不希望產生的。不管是希望或不希望，熱的產生是存在的。

與功率的關係

　　在第二章知道供給任何元件電壓 V 及電流 I 所產生的功率：

$$P = VI \tag{3.8}$$

在電阻器中用歐姆定律取代上式為：

$$P = I^2 R \tag{3.9}$$

另一種形式將 V/R 取代 I 得：

$$P = \frac{V^2}{R} \tag{3.10}$$

上述中 V 的單位為伏特， I 的單位為安培， R 為歐姆，則功率單位為瓦特。

例3.5：一50歐姆電阻通過4安培的電流，以公式（3.8）至（3.10）的三種方法求散逸功率為多少？

解：應用歐姆定律：

$$V = RI = (50)(4) = 200 \text{ 伏特}$$

應用（3.8）式得

$$P = VI = (200)(4) = 800 \text{ 瓦特}$$

應用（3.9）式得

$$P = I^2R = (4)^2(50) = 800 \text{ 瓦特}$$

應用（3.10）式得

$$P = \frac{V^2}{R} = \frac{(200)^2}{50} = 800 \text{ 瓦特}$$

額定功率

在電熱器中，都有一額定功率值，其值為在正常工作電壓下所定。如一燈泡在120伏特工作電壓下額定功率為300瓦，在120伏特電壓時，燈泡電流 I 為：

$$I = \frac{P}{V} = \frac{300}{120} = 2.5 \text{ 安培}$$

而電阻 R 為：

$$R = \frac{P}{I^2} = \frac{300}{(2.5)^2} = 48 \text{ 歐姆} \qquad (3.11)$$

亦可用（3.10）式求出：

$$R = \frac{V^2}{P} \qquad (3.12)$$

同樣的可從（3.9）式及（3.10）式導得：

$$I = \sqrt{\frac{P}{R}} \qquad (3.13)$$

和

$$V = \sqrt{RP} \qquad (3.14)$$

能 量

在第二章中，如電路元件在 t 秒內吸收固定 P 瓦特的功率，則元件使用全部能量以焦耳爲單位是

$$W = Pt \qquad (3.15)$$

於電阻器 R，所通過電流 I，轉換成熱量爲：

$$W = I^2 Rt \qquad (3.16)$$

同樣的，如 $V = IR$ 跨於電阻兩端，則（3.15）式可改寫爲：

$$W = \frac{V^2 t}{R} \qquad (3.17)$$

例 3.6：有一烤麵包機具有 24 歐姆的電阻，工作於 120 伏特電壓下，使用 20 秒，求使用多少能量？

解：應用（3.17）式可得

$$W = \frac{V^2 t}{R} = \frac{(120)^2(20)}{24} \text{ J} = 12 \text{ 仟焦耳}$$

3.4 實際的電阻器（*PHYSICAL RESISTORS*）

實際上，電阻器是由很多不同材料所製成，且有很多不同的型式、數值及外觀。由圖 3.4 至圖 3.6 可看出一二，那些電阻可能從幾分之一歐姆到數佰萬歐姆，散逸功率從幾分之一瓦到數佰瓦之間。

電阻的特性

電阻器有兩種特性，一是電阻值，另一是額定瓦特數或額定功率。一般電阻值以數值或色碼在電阻上面標出，而正確電阻值會在某一特定數值間改變，也就是有誤差（tolerance）存在。例如標示 1000 歐姆，誤差爲 ±5％，此時實際值可能在 1000 上下 5％的偏差，或是

$$(0.05)(1000) = 50 \text{ 歐姆}$$

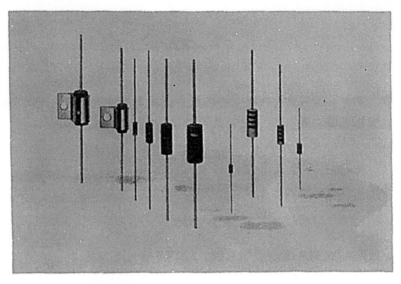

圖 3.4　各種不同型式的碳合成電阻器

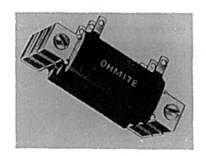

圖 3.5　三個一體的薄電阻器

圖 3.6　高電流、低電阻的電阻器

因此實際值可能在 $1000-50=950$ 歐姆至 $1000+50=1050$ 歐姆之間。

　　額定瓦特數爲不損壞電阻器所能散逸的最大瓦特數，如有一100歐姆，額定瓦特數爲¼瓦的電阻器，在安全狀況下所通過的最大電流爲：

$$100 \times I^2 = 0.25$$

得　　　　　　　　　　$I=0.05$ 安培 $=50$ 毫安培

碳合成電阻器

　　碳合成電阻器是兩種最常用電阻器之一，圖3.7爲碳合成電阻器，是由碳粒與絕緣材料以適當比例混合熱壓而製成所希望電阻值的電阻器。電阻材料包裝在塑膠容器中，兩端有兩條引線形成了兩端點，如圖3.4中就是碳合成電阻器。

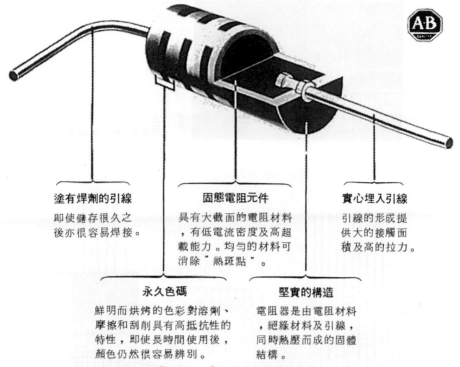

塗有焊劑的引線	固態電阻元件	實心埋入引線
即使儲存很久之後亦很容易焊接。	具有大截面的電阻材料，有低電流密度及高超載能力。均勻的材料可消除" 熱斑點 "。	引線的形成提供大的接觸面積及高的拉力。

永久色碼	堅實的構造
鮮明而烘烤的色彩對溶劑、摩擦和刮削具有高抵抗性的特性，即使長時間使用後，顏色仍然很容易辨別。	電阻器是由電阻材料，絕緣材料及引線，同時熱壓而成的固體結構。

圖3.7　碳合成電阻器的結構

碳膜電阻器

另一常用電阻爲碳膜（carbon-film）電阻器，它是將碳粉附著在絕緣材料上，包裝方法與碳合成電阻相似。由於它們是最常用的，所以是最便宜的。然而因溫度變化，使其電阻值有很大的變動，爲其缺點。使很多用途上不被採用，而用較昂貴的電阻。碳電阻值範圍從 2.7Ω 至 $22M\Omega$，瓦特數從⅛瓦至2瓦特。

線繞電阻器

在使用上需要高性能，及考慮溫度因素時，需要使用較好的線繞型電阻器。圖3.8即爲線繞電阻器。將金屬線（通常是鎳鎘合金）繞在瓷管上而製成，具有低溫度係數，其精確度爲±1％至0.001％的精密電阻器。瓦特數從5瓦特至數百瓦特之間，其值在幾分之一歐姆至數仟歐姆之間。

金屬膜電阻器

另一使用有十分價值的電阻器爲金屬膜（metal-film）電阻器，是將薄金屬膜附著於絕緣材料上。其精確度和穩定性可比美線繞型電阻器，電阻值可比線繞型還高。

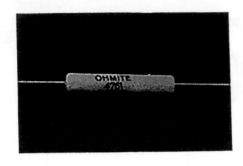

圖 3.8　線繞電阻器

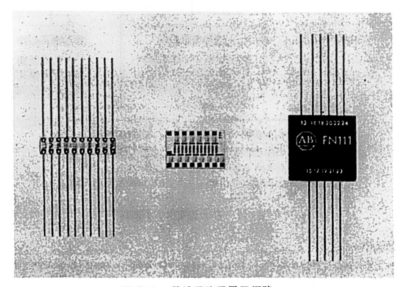

圖 3.9　積體電路電阻器網路

積體電路電阻器

　　前述均為分立電阻器，與其相對的為積體電路型電阻器。積體電路是在單晶片半導體上所組成，晶片上可能有大量的電阻器安置在上面。一個⅛平方吋的晶片上，可包含有數佰個電阻器。圖3.9為包含多數電阻器三個積體電路的例子。

3.5　可變電阻器（*VARIABLE RESISTORS*）

　　在3.4節中都是固定電阻，也就是電阻值固定，不能由使用者改變。而可變電阻可藉著調整旋軸、移動滑頭，或螺絲起子將電阻值由 0 改變到所需的電阻值。兩端點可變電阻器或變阻器的符號，如圖3.10所示。

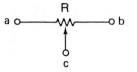

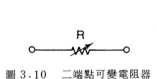

圖 3.10　二端點可變電阻器　　　　圖 3.11　電位器符號
　　　　或變阻器

電位器

　　電位器（potentiometer）是有三端點的可變電阻器，圖 3.11 為電位器的符號。中間接頭 c 可在 a ， b 間移動，而提供 a 點和 c 點間的 k 值電阻。參數 k 從 0 變至 1 ，它表示 a ， c 間之電阻值 R_{ac} 是全部可利用電阻值的分數。因此中間接頭在 a 點時，則 $k = 0$ ，且 $R_{ac} = 0$ 。如中間接頭在 b 點時，則 $k = 1$ ，且 $R_{ac} = R$ ，在此狀況下 $R_{ac} = kR$ 。

　　一電位器若 b 點開路不使用，可視為變阻器，與圖 3.12 中所示相同。當把中間接頭由 a 移到 b 時，在 a ， c 兩端之電阻值，將從 0 變成 R 值。

　　藉著控制中間接頭 c 位置改變來改變 V_{ac} 與 V_{cb} 之電壓，故稱為電位器。如圖 3.13 所示 V 為輸入電壓，跨接於 a 、 b 兩端，如果輸出端 d 、 c 、 e 沒有電流時，如同分壓定理。則：

$$V_{ac} = kV \tag{3.18}$$
$$V_{cb} = (1 - k)V \tag{3.19}$$

例 3.7：如圖 3.13 中的電位器，輸出電壓 V_{ac} 是 V_{cb} 的兩倍時決定 k 值，及求 V_{ac}/V 之比值。

解：從公式（3.18）及（3.19）得

$$\frac{V_{ac}}{V_{cb}} = \frac{kV}{(1 - k)V} = \frac{k}{1 - k}$$

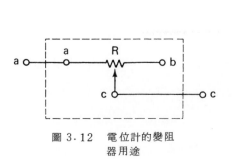

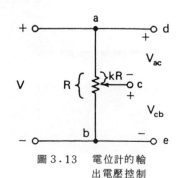

圖 3.12　電位計的變阻　　　　圖 3.13　電位計的輸
　　　　器用途　　　　　　　　　　　出電壓控制

因 $V_{ac} = 2\,V_{cb}$ ，所以變爲

$$2 = \frac{k}{1-k}$$

得 $k = \dfrac{2}{3}$ ，利用（3.18）式得

$$\frac{V_{ac}}{V} = k = \frac{2}{3}$$

圖3.14爲變阻器，它的電阻決定於滑頭在線圈上的位置，圖3.15展示五種不同型式的電位器。

十進位電阻箱

另一種可變電阻爲十進位電阻箱，圖3.16及圖3.17爲十進位電阻箱的例子。因爲電阻箱的電阻值是號碼盤上數值乘以 10 的次方總和，故稱爲十進位電阻箱。如此則圖3.17不是眞正的十進位電阻箱，而是替換電阻箱（substitation）。它可用的都是標準電阻值，當一些電阻器被擱置時，可用此電阻箱來取代，反之亦然。

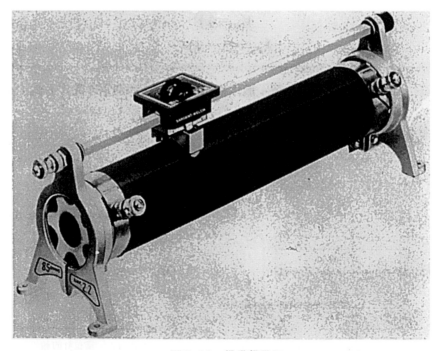

圖3.14 滑動變阻器

圖 3.15　五種電位器的型式

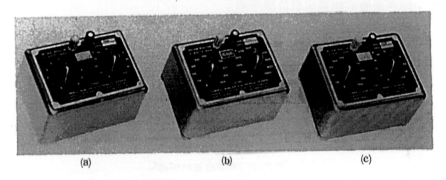

(a) (b) (c)

圖 3.16　十進位電阻箱(a) 1 至 110 Ω (b) 10 kΩ 至 1.1 MΩ (c) 1 至 11 kΩ

圖 3.17　電阻替換箱

　　在圖 3.16 及 3.17 中任一電阻箱都有兩個號碼盤，一為低電阻範圍，另一為高電阻範圍。以圖 3.16(a)為例，設定左號碼盤（個位數號碼盤）在 5 的位置，右號碼盤（十位數）在 2 的位置，此時可獲得 25 Ω 之電阻值。而在圖 3.17 中可設定開關在 LO 位置，使電阻值在低範圍，如設定在 HI 位置則使電阻箱在高電阻範圍。

3.6　電阻之色碼(*RESISTOR COLOR CODING*)

　　因碳電阻體積很小，有時無法將電阻值以數字標示在電阻器上，因此有一套標準色碼用來取代數字標示電阻值。

色　帶

　　圖 3.18 為典型碳電阻器，標有四條色帶 *a*，*b*，*c* 及百分誤差，印在電阻器之一端，指示出電阻值。*a*，*b*，*c* 為標示值之資料，而百分誤差提供誤差百分比，這誤差值可能高或低於標示值。

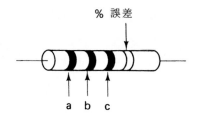

图 3.18　碳電阻器

表 3.1　碳電阻器的色碼

a，*b*，*c* 色帶			
顏色	數值	顏色	數值
銀[a]	− 2	黃	4
金[a]	− 1	綠	5
黑	0	藍	6
棕	1	紫	7
紅	2	灰	8
橙	3	白	9
	誤差色帶		
金	± 5 %		
銀	± 10 %		

[a]　這些顏色僅使用於 *c* 色帶。

表3.1是色碼的數值，根據此數值找出電阻的數值，最靠近電阻器一端的 a 色帶，為第一個數位的數值。b 色帶為第二個數位的數值，c 色帶為 a ，b 兩位數所乘 10 的幾次方數值。例如 a 色帶是紅色（查表得2），b 色帶為紫色（查表得7），c 色帶為橙色（表示3或乘以 10^3），則電阻值為 27×10^3 Ω 或 27 kΩ。

電阻值之計算公式

若 a ，b ，c 為各自色帶所定的數值，則標示電阻值可依下列公式求得：

$$R = (10a + b) \times 10^c \qquad (3.20)$$

在上述例子中 $a = 2$ ，$b = 7$ ，$c = 3$ ，以（3.20）式得標示電阻為：

$$R = [10(2) + 7] \times 10^3$$
$$= 27 \times 10^3 \ \Omega \qquad (3.21)$$
$$= 27 \ k\Omega$$

誤 差

如前述中實際電阻值與標示值有差值存在，而最大允許偏差以誤差色帶來表示。如表3.1所示誤差帶顏色可能是金色（±5%之誤差），或銀色（±10%之誤差）。例如在（3.21）式中誤差色帶為銀色，則電阻值可能上下改變 27kΩ 的 10%，或 2.7kΩ，因此實際電阻值在 27−2.7＝24.3 和 27＋2.7 ＝29.7kΩ 之間。

低於10Ω之電阻值

從表3.1中可知 c 色帶可能為銀色或金色，這提供了負次方，10^{-2} ＝ 0.01（銀色），10^{-1} ＝ 0.1（金色），用來標示低於 10Ω 之電阻器。如假設 a 為綠色，b 為藍色，而 c 為金色，可查得 $a = 5$ ，$b = 6$ ，$c = -1$ ，而電阻值為：

$$R = 56 \times 10^{-1} = 5.6 \ \Omega$$

其他電阻器的標示法

線繞電阻器及金屬膜電阻器，因體積足夠大，可將電阻值及誤差直接印在電阻器上。如圖3.8中在編號下，印有 10Ω 數值。在某些情況下，小型線繞電阻器也應用色碼，不過為了與碳電阻器有所區別，第一條色帶為其它色帶寬度的兩倍。

表 3．2　電阻器常用的標準值

歐姆 (Ω)					仟歐姆 (kΩ)		佰萬歐姆 (MΩ)	
0.10	1.0	10	100	1000	10	100	1.0	10.0
0.11	1.1	11	110	1100	11	110	1.1	11.0
0.12	1.2	12	120	1200	12	120	1.2	12.0
0.13	1.3	13	130	1300	13	130	1.3	13.0
0.15	1.5	15	150	1500	15	150	1.5	15.0
0.16	1.6	16	160	1600	16	160	1.6	16.0
0.18	1.8	18	180	1800	18	180	1.8	18.0
0.20	2.0	20	200	2000	20	200	2.0	20.0
0.22	2.2	22	220	2200	22	220	2.2	22.0
0.24	2.4	24	240	2400	24	240	2.4	
0.27	2.7	27	270	2700	27	270	2.7	
0.30	3.0	30	300	3000	30	300	3.0	
0.33	3.3	33	330	3300	33	330	3.3	
0.36	3.6	36	360	3600	36	360	3.6	
0.39	3.9	39	390	3900	39	390	3.9	
0.43	4.3	43	430	4300	43	430	4.3	
0.47	4.7	47	470	4700	47	470	4.7	
0.51	5.1	51	510	5100	51	510	5.1	
0.56	5.6	56	560	5600	56	560	5.6	
0.62	6.2	62	620	6200	62	620	6.2	
0.68	6.8	68	680	6800	68	680	6.8	
0.75	7.5	75	750	7500	75	750	7.5	
0.82	8.2	82	820	8200	82	820	8.2	
0.91	9.1	91	910	9100	91	910	9.1	

標準電阻值

　　標準電阻值之電阻器，大量被製造出來，這些與允許誤差一齊選出的標準值，包含了分數歐姆至數百萬歐姆的電阻值。表 3.2 指出從 0.1 Ω 到 22 MΩ 的標準電阻值。

　　表 3.2 中電阻器，所有的誤差爲 5%。誤差爲 10% 者只有 10，12，15，18，22，27，33，39，47，56，68，82 等乘以 10 的次方者。例如 6800 Ω ＝ 68×10² 誤差爲 10% 的標準電阻器，但 16 Ω 僅適用 5% 之誤差，不適用 10% 之誤差。

3.7　摘　要(*SUMMARY*)

　　電阻器爲最常用的電路元件，它由電阻值決定其特性，並以歐姆來度量，而與電壓，電流之關係則以歐姆定律 $V = IR$ 來說明。其它實用單位爲當電壓爲伏特，I 爲毫安時 R 爲 kΩ，I 爲微安時 R 爲 MΩ。

　　電導的定義爲電阻之倒數，它的單位爲姆歐，如以電導表示，歐姆定律可改寫成：

$$I = GV$$

電阻器的散逸功率爲：

$$P = I^2 R = \frac{V^2}{R}$$

當電阻器通過電流時所散逸的功率，將電能轉換成熱能，在不損壞電阻器下之功率稱爲額定瓦特數。

電阻器有各種不同標準值，而實際值可能是標示值再考慮百分比誤差後才能獲得。最便宜有較大誤差者爲碳合成電阻器及碳膜電阻器。高品質的爲線繞或金屬膜電阻器。具有變值的電阻器也常使用，包含了變阻器、十進位電阻箱及電位器。

碳電阻之阻值及誤差，可從電阻器上之色碼而得知，色碼位於電阻器一端的四條色帶所組成，每一色帶代表一個數值。

練習題

3.1-1　當 $20\,\Omega$ 電阻器端電壓爲 $100\,V$，求通過之電流。

　　　圏：5安培。

3.1-2　當 $2\,k\Omega$ 電阻器通過 $6\,mA$ 之電流，則端電壓爲多少伏特？

　　　圏：12伏特。

3.1-3　如圖 3.3 中，電阻 $R = 10\,\Omega$，電流 $I = 4\,A$，求電壓。

　　　圏：－40伏特。

3.2-1　求(a) $R = 5\,\Omega$，(b) $R = 2\,k\Omega$ 之電導。

　　　圏：(a) 0.2姆歐，(b) 0.5毫姆歐。

3.2-2　加 10 伏特電壓於(a) $2\,\Omega$，(b) $2\,m\Omega$ 之電阻器，求通過之電流。

　　　圏：(a) 20安培，(b) 20毫安培。

3.3-1　當 100 伏特電壓供給電阻 4 安培電流時，求(a)散逸功率，(b)電阻值。

　　　圏：(a) 400瓦特，(b) 25歐姆。

3.3-2　一烤麵包機在 120 伏特工作電壓下，額定功率爲 600 瓦特，求(a)正常下所取用電流，(b)電阻值。

　　　圏：(a) 5安培，(b) 24歐姆。

3.3-3　$20\,\Omega$ 電阻散逸 $180\,W$ 之功率，求通過之電流。

　　　圏：3安培。

3.3-4　電擊是將電流通過人體，減少肌肉痛苦的方法。但電流達到 $20\,mA$ 卻會致人於死，如果人體典型電阻爲 $25\,k\Omega$，求加於人體能承受 $20\,mA$

電流之電壓。

答：500伏特。

3.3-5 練習3.3-4題中，求電源所供給之功率。

答：10瓦特。

3.4-1 有一電阻標示820Ω，誤差±10％，求實際電阻值可能變化之範圍。

答：738Ω至902Ω。

3.4-2 有100Ω碳電阻，通過0.1安培的電流，當安全因素為2時（即額定瓦特數之兩倍），求額定瓦特數。

答：2瓦特。

3.4-3 有100Ω碳電阻，額定功率為1瓦特，(a)求加於兩端的最大安全電壓，(b)當安全因素為2時，求最大電壓值為多少？

答：(a)10伏特，(b)7.07伏特。

3.5-1 在圖3.13電位器中當V_{ac}是(a)V_{cb}的3倍，(b)V_{cb}的½倍時，求其k值。

答：(a)¾，(b)⅓。

3.5-2 在圖3.13中若V_{cb}是電壓V的½時，求k值。

答：0.5伏特。

3.6-1 當碳電阻a，b，c及％誤差色帶分別為：

(a)黃，橙，紅，金。

(b)棕，綠，黑，銀。

(c)灰，紅，金，銀

時，求其實際電阻值的範圍及標示值。

答：(a)4300Ω，由4085至4515Ω。

(b)15Ω，由13.5至16.5Ω。

(c)8.2Ω，由7.38至9.02Ω。

3.6-2 找出(a)0.43Ω，(b)5100Ω，(c)24kΩ，(d)10MΩ，具有5％誤差電阻器之色碼。

答：(a)黃，綠，銀，金。

(b)綠，棕，紅，金。

(c)紅，黃，橙，金。

(d)棕，黑，藍，金。

習 題

3.1　如電阻值爲(a) 20Ω，(b) 20kΩ，端電壓爲 10 伏特，求流過電阻器之電流。

3.2　當通過電阻器(a) 4kΩ，(b) 600Ω，(c) 1MΩ 之電流爲 2mA 時，求其端電壓各爲多少？

3.3　有 20Ω 電阻器流過 6A 之電流，試求(a)電導值，(b)端電壓，(c)散逸功率。

3.4　如流過電阻器電流爲 5 mA，求端電壓爲(a) 1 伏特，(b) 100 伏特時的電阻值及吸收功率爲多少？

3.5　有一電池接上 2 kΩ 之電阻，流過 10 mA 之電流，如果跨接於 400 Ω 之電阻，則流過之電流爲多少？

3.6　有 100 伏特的電源，接於 2 kΩ 之電阻，試求(a)電流，(b)如果電阻爲原來的兩倍，則電流爲多少？

3.7　求習題 3.6 中兩種狀況的散逸功率。

3.8　10Ω 電阻器通過 2A 之電流，求(a)散逸功率，(b)如電流加倍時之功率爲多少？

3.9　試求通過 2 kΩ 電阻器之電流，當其消耗(a) 0.8 瓦，(b) 320 瓦。

3.10　試求電阻器之電流及吸收功率，當其端電壓爲 12 伏特及電導爲(a) 6 姆歐及(b) 4 毫姆歐時。

3.11　當定電流通過 10Ω 電阻器時，則其消耗 1 仟焦耳時需要多少時間？

3.12　當 12 Ω 電阻消耗 192 瓦的功率，求其所通過之電流。

3.13　一個 120 伏，150 瓦的電燈泡，其電阻及額定電流各爲多少？

3.14　一台 3000 瓦，240 伏之乾衣機，試求其電阻及額定電流爲多少？

3.15　一個 10kΩ，¼瓦電阻器，求其安全電流值。

3.16　一個 100Ω 電阻器，最大安全電流爲 100 mA，求其額定瓦特數爲多少？

3.17　求圖 3.13 中電位計 a-c 端電壓 V_{ac}，當 $V_{ac}/V_{cb}=4$ 和 $V=50$ 伏特時。

3.18　如圖 3.13 中 c-b 端電壓 V_{cb} 爲全部有效電壓的 0.4 倍，試求 k 值爲多少？

3.19　碳電阻器 a，b，c 及%誤差色帶分別爲：
　　　(a)橙，黑，橙，銀
　　　(b)紅，黃，銀，金。
　　　時，試求標示值及實際電阻值之範圍。

3.20 找出(a) 82Ω，(b) 4700Ω，(c) 18 MΩ，具有10％誤差電阻器上的色碼
（ 依 *a* ， *b* ， *c* ，％誤差之順序 ）。

第4章

簡單之電阻電路

我們定義電路是電路元件，電壓、電流所連結而成，並將討論電壓源，電流源及應用歐姆定律去解電阻器之電流、電壓及功率之問題。現在只有歐姆定律，無法分析電路，所以尚需很多定律來分析電路。

本章將討論兩個重要定律，那就是克希荷夫電流定律（Kirchhoff's current law）及克希荷夫電壓定律（Kirchhoff's voltage law）。為德國物理學家克希荷夫所導出。將此兩定律與歐姆定律結合時，將可分析任何電阻電路。以後將討論僅有電阻器及電源之簡單電阻電路，可能只需一個克希荷夫定律即可表示，這些簡單電路可分為串聯電路，是將元件的端點串接在一起而形成一簡單的環路。另一為並聯電路，是將元件端點一對一對的連接在一起。以後並將討論可能串聯和並聯電路，及很多電阻組合成單一等效電阻，與許多電源組合成單一等效電源。利用此等效原理及歐姆定律就可分析電路。

4.1 克希荷夫電流定律（*KIRCHHOFF'S CURRENT LAW*）

尚未討論克希荷夫定律之前，需要考慮節點（node）與環路（loop）之觀念。節點就是兩個或更多電路元件接在一起的接點，如圖 4.1(a) 中 2Ω 電阻之兩端 a 與 b 就是節點，a 點也是 6 V 電源的端點，而 b 點也是 4Ω 電阻器和 3 A 電流源的共同接點，在圖 4.1(a) 中只有 3 個節點。因 c 點與 d 點不是分開的節點，可從圖 (b) 中虛線包圍的共同點看出，並從重畫圖 (c) 中等效電路可看更清楚。

環路是元件的封閉路徑，如圖 4.1(a) 中的 $abcda$ 路徑，此路徑由 2Ω，4Ω，6 V 電源所組成。另一環路則由 2Ω，3 A 電流源，6 V 電壓源所組成的外環路。

克希荷夫電流定律（KCL）的敘述為：**進入任何節點電流的代數和等於零**。圖 4.2 中所示的節點，連接了四個元件，元件電流 i_1，i_2，i_3，i_4，如圖所示，由 KCL 可知

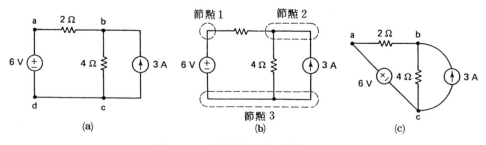

圖 4.1　三節點電路的三種表示法

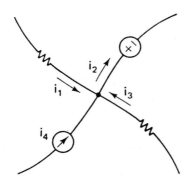

圖 4.2　電流流入一節點

$$i_1 + (-i_2) + i_3 + i_4 = 0 \qquad (4.1)$$

於圖中 i_2 從節點離開，其等效爲 $-i_2$ 電流進入節點，這就是（ 4.1 ）式中的 $-i_2$ 項。KCL 也可用電流是電荷流動率說明，因節點沒佔據任何體積，故沒有空間可疊積電荷，因此電流的淨流動率或總電流之和等於零。如果將（ 4.1 ）式乘以 -1 ，可得同樣正確表示式。

$$-i_1 + i_2 - i_3 - i_4 = 0$$

因 $-i_1$ ， i_2 ， $-i_3$ ， $-i_4$ 都是離開節點，所以總和爲零，這是KCL另一等效形式，文字敍述爲：

**　　離開任何節點電流的代數和等於零 。**

將（ 4.1 ）式重新安排爲：

$$i_1 + i_3 + i_4 = i_2 \qquad (4.2)$$

（4.2）式是將（4.1）式的 $-i_2$ 移到等號右邊的，重新參考圖4.2，則（4.2）式仍是 KCL 另一種正確的形式可敍述爲：

**　　流入任何節點電流之和等於流出該節點電流之和 。**

例 4.1 ：求圖4.3中電流 i 爲多少？

解：將進入節點的電流相加，可得

$$3+(-2)+i+6=0$$

得 $\qquad\qquad i = -7$ 安培

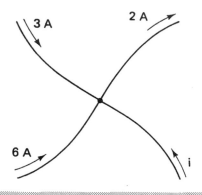

圖 4.3　KCL 的範例

此處 −7 安培進入節點是等於 +7 安培離開節點，因此假設進入之未知電流，實際上是離開節點 7 安培之電流，故解電路不需事先猜電流的正確方向，只需將正確的解答寫出卽可。

例 4.2：以 KCL 的第三種形式求解例題 4.1 之問題。

解：由流入電流之和等於流出電流之和，可得

$$3+i+6=2$$

和以前一樣　　　　　　$i=-7$ 安培

4.2　克希荷夫電壓定律（*KIRCHHOFF'S VOLTAGE LAW*）

克希荷夫電壓定律（KVL）文字敍述爲：

環繞任何環路的電壓代數和等於零。

爲了證明此定律，可從所給的電位上任一點出發，再循著環路回到出發點及電位之處，此時電位差或環路的淨電壓必等於零。

程　序

爲決定環路電壓符號，可在環路上選擇一點，依所給方向循環路前進，在所碰元件第一端點標示極性。例如圖 4.4 中的 *abcda* 環路，從 *a* 點開始，依順時鐘方向在環路碰到 V_1，V_2，V_3 及 V_4。決定正負符號是第一次碰到元件的標示符號爲準，因此 KVL 爲：

$$v_1 + v_2 + v_3 - v_4 = 0 \tag{4.3}$$

KVL 的應用與環繞的方向沒有關係，如圖 4.4 環路中，依逆時鐘方向而

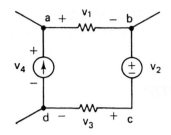

圖 4.4 環繞一環路的電壓

進行，由 a 點開始，依 KVL 可得：

$$v_4 - v_3 - v_2 - v_1 = 0$$

這結果與（4.3）式等效，是將（4.3）式乘以 -1 而得。

例 4.3：應用 KVL 解圖 4.5 中電壓 V 。

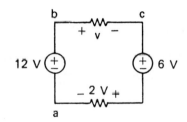

圖 4.5 KVL 的範例

解：以 a 點為起點依順時鐘方向前進，可得：

$$-12 + v + 6 + 2 = 0 \tag{4.4}$$

可得 $V = 4$ 伏特。

電壓昇及電壓降

　　如圖 4.5 中從 c 點到 b 點有 4 V 的電壓昇產生，如把 KVL 方程式的負號項全部移到等號的另一邊，可得 KVL 之等效敘述為：

環繞任何環路上電壓昇之和等於電壓降之和。

例如可將（4.4）式改寫成下式：

$$v + 6 + 2 = 12 \tag{4.5}$$

此方程式是將（4.4）式的負號項移到等號的右邊，說明了電壓昇的和為 12 伏特，等於電壓降 $V + 6 + 2$ 之和，此種 KVL 形式當電路僅含有一電壓源及一些

電阻時特別有用，此時把電阻器極性標為電壓降，使得電壓昇的電源等於所有
電阻器電壓降之和。此電壓降稱為 RI 壓或 IR 壓降，因電阻器壓降 $V = IR$ 之
故。例如在練習 4.1-1 題中 3Ω 的 IR 壓降為 $3 \times 1 = 3$ 伏特。

4.3　串聯電路（*SERIES CIRCUITS*）

　　最簡單的電路型式為將所有元件連續連結在一起，一元件一端點和另一元
件的端點連接。而此元件別一端再和另一元件的一端點連結，依此方法將所有
元件連結在一起，使用 KCL 知在電路中僅有一電流通過所有元件。元件以此
方式連結在一起稱為串聯元件或稱為以串聯方式連結。一電路是由簡單環路的
串聯連接元件所組成的稱為串聯電路。圖 4.6(a)為串聯電路實例，把一個電池
和兩個電阻以串聯方式連結在一起。圖 4.6(b)是電路的簡圖，在大部分的情況
下均採用簡圖。另一相似的例子是前述的圖 4.5 中的電路，此電路較複雜，是
由兩個電壓源和兩個電阻器串聯結合而成。

串聯電路之分析

　　分析串聯電路只需求出每一元件的共同電流即可，有了此知識後，還必須
求解電路其它特性。如提供電壓之電壓源，而電阻器電壓為電流與電阻相乘求
得。為解說如何分析串聯電路，將圖 4.7 中的電流 I 和電阻器電壓 V_1 及 V_2 之
值求出，利用 KVL 可得

$$V_1 + V_2 = 12 \tag{4.6}$$

利用歐姆定律求得 IR 壓降

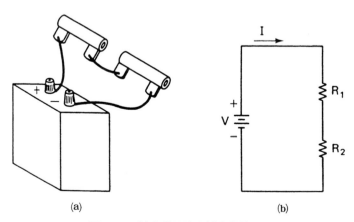

(a)　　　　　　　　　　　　　　(b)

圖 4.6　(a)串聯電路及(b)它的簡圖

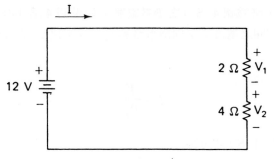

圖 4.7　含有兩個電阻的串聯電路

$$V_1 = 2I$$

$$V_2 = 4I$$

將此二式代入（4.6）式得

$$2I + 4I = 12$$

或　　　　　　　　　　　$$6I = 12$$

可得電流爲　　　　　　　$$I = 2 \text{ 安培}$$

兩電阻器串聯電路之一般狀況

圖 4.8(a)爲一電壓源和兩個電阻器之串聯電路，應用 KVL 及歐姆定律令電壓源等於所有 IR 壓降之和，可得下式：

$$V = V_1 + V_2 = R_1 I + R_2 I$$

或　　　　　　　$$V = (R_1 + R_2)I$$

電流 I 爲　　　　　$$I = \frac{V}{R_1 + R_2} \tag{4.7}$$

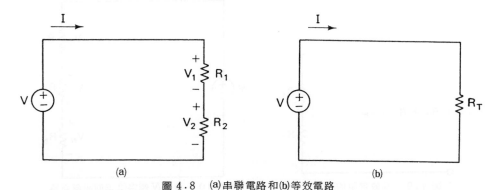

圖 4.8　(a)串聯電路和(b)等效電路

圖4.8(b)的電路為圖4.8(a)之等效電路，如果圖4.8(b)中 R_T 在相同電壓 V 時，兩電路有相同之電流 I ，則兩電路稱為等效電路。圖4.8(b)中的電流 I 為

$$I = \frac{V}{R_T} \tag{4.8}$$

比較（4.7）式和（4.8）式可得

$$R_T = R_1 + R_2 \tag{4.9}$$

之關係式，而 R_T 為 R_1 和 R_2 串聯之等效電阻，其值只需將串聯電阻相加即可。

例4.4：求圖4.7中串聯電路之等效電阻，並使用這結果去求解電流 I 。

解：利用（4.9）式得

$$R_T = 2 + 4 = 6 \ \Omega$$

利用（4.8）式得電流

$$I = \frac{V}{R_T} = \frac{12}{6} = 2 \ \text{安培}$$

兩串聯電阻 R_1 與 R_2 之等效電阻 R_T ，是表示圖4.9中兩電阻之和，箭頭表示 R_T 是從這兩端看入的電阻。

等效電阻之一般狀況

由圖4.9中兩個電阻之串聯可擴展至任何數目電阻器之串聯電路。如圖

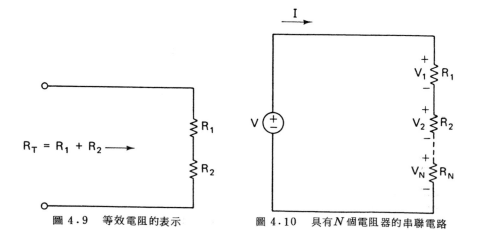

圖4.9　等效電阻的表示　　　　圖4.10　具有 N 個電阻器的串聯電路

4.10中N個電阻之串聯電路，於$N=2$時，就變為圖4.8⒜之狀況，應用
KVL可得：

$$V = V_1 + V_2 + \cdots + V_N$$

利用歐姆定律得：

$$V = R_1 I + R_2 I + \cdots + R_N I$$
$$= (R_1 + R_2 + \cdots + R_N) I$$

因此電流等於：

$$I = \frac{V}{R_1 + R_2 + \cdots + R_N} \qquad (4.10)$$

將此結果與（4.8）式比較，知圖4.8⒝是圖4.10的等效電路，而提供了下
列的關係式：

$$R_T = R_1 + R_2 + \cdots + R_N \qquad (4.11)$$

為任何數目電阻之串聯電路的等效電阻，是把所有電阻相加而獲得。

例 4.5 ：一串聯電路由36伏特電壓源及電阻$R_1 = 2\,\Omega$，$R_2 = 3\Omega$及$R_3 = 7\,\Omega$
　　　　所組成。求等效電阻R_T及電流I。

解：利用（4.11）式得

$$R_T = R_1 + R_2 + R_3$$
$$= 2 + 3 + 7$$
$$= 12\ \Omega$$

由（4.8）式得電流為

$$I = \frac{V}{R_T} = \frac{36}{12} = 3\ \text{安培}$$

一般分析的方法

　　考慮圖4.11⒜中的電路，應用 KVL 在環路中，可得

$$-12 + V_1 + 6 + V_2 + V_3 - 14 + V_4 = 0$$

或 $\qquad\qquad V_1 + V_2 + V_3 + V_4 = 12 - 6 + 14 \qquad (4.12)$

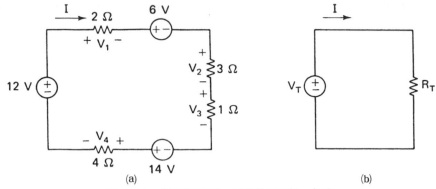

圖 4.11 (a)串聯電路，(b)等效電路的一般式

此方程式的左邊為四個電阻的 IR 壓降之和，這些壓降分別為：

$$V_1 = 2I$$
$$V_2 = 3I$$
$$V_3 = 1I \qquad (4.13)$$
$$V_4 = 4I$$

（4.12）式右邊為環路電壓源的代數和，式中符號為正之電源可以"支援"電流，符號為負之電源則"反對"電流之流動。如以 V_T 表示電源電壓之代數和，圖 4.11 (a)中 V_T 之值為：

$$V_T = 12 - 6 + 14 = 20 \text{ 伏特} \qquad (4.14)$$

把（4.13）式代入（4.12）式，可得：

$$(2 + 3 + 1 + 4)I = 12 - 6 + 14 \qquad (4.15)$$

從上式可知 I 之係數為等效串聯電阻，以 R_T 表之如下：

$$R_T = 2 + 3 + 1 + 4 = 10 \ \Omega$$

應用此結果與（4.14）式，可將（4.15）式改為下列形式

$$R_T I = V_T \qquad (4.16)$$

這是一般串聯電路的結果，可由圖 4.11 (b)中等效電路來作說明，於圖 4.11 (a)的例子中，（4.16）式為：

$$10I = 20$$

所以電流 $I = 2$ 安培。

　　此例說明分析串聯電路的一般程序，求出環路之等效電阻 R_T ，並求出幫助環路電流的淨電壓，及使用（4.16）式求電流 I 。

4.4　並聯電路（*PARALLEL CIRCUITS*）

　　除了串聯電路外，其它簡單電路為並聯電路。並聯電路是把所有元件連接於相同兩端點所組成。換句話說，每一元件具有共同的兩端點。由 KVL 可知所有元件具有共同的電壓者稱為並聯元件。由三個元件所組成的並聯電路例子，如圖 4.12(a)所示，它的簡圖為圖 4.12(b)所示，其共同的端點為 a 和 b 兩端點。另一個例子是將燈泡和電視機等兩個電氣元件，插在 120 伏特之牆壁插座上，這 120 伏特電線接到插座為電源，兩個元件則是電源的並聯負載。

並聯電路之分析

　　如圖 4.13 中的並聯電路，是決定圖中所標示的共同電壓 V 後，完成分析工作。求出了 V ，可用歐姆定律求出未知電流，電路中所有電流和電壓都可知道。

　　例如在圖 4.12 中 V 為已知，所以 R_1 和 R_2 上的電流分別是 V/R_1，V/R_2。

　　為了更進一步說明如何分析並聯電路，假設圖 4.13 中的 I ，R_1 及 R_2 都為已知，求 V 之值，利用歐姆定律可知 I_1 及 I_2 為：

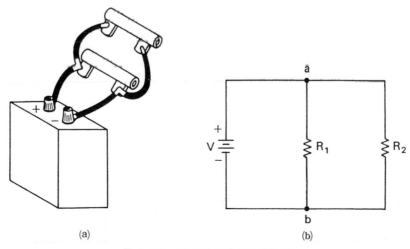

(a)　　　　　　　　(b)

圖 4.12　(a)並聯電路(b)它的簡圖

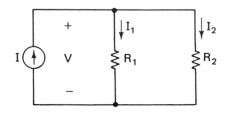

圖 4.13　具有一電流源
的並聯電路

$$I_1 = \frac{V}{R_1}$$

$$\tag{4.17}$$

$$I_2 = \frac{V}{R_2}$$

應用克希荷夫電流定律可得：

$$I = I_1 + I_2$$

利用（4.17）式則上式可寫為

$$I = \frac{V}{R_1} + \frac{V}{R_2}$$

或　　　　　　　$$I = \left(\frac{1}{R_1} + \frac{1}{R_2}\right) V \tag{4.18}$$

並聯電阻

　　圖 4.13 的等效電路為圖 4.14 (a)，此圖中提供一等效電阻 R_T，而使得兩電路於相同電流 I 下產生相同之電壓 V。因此使用歐姆定律可得

$$I = \frac{1}{R_T} V \tag{4.19}$$

比較（4.18）式和（4.19）式可得

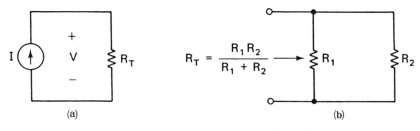

圖 4.14　(a)圖 4.13 的等效電路，(b)等效電阻的表示

$$\frac{1}{R_T} = \frac{1}{R_1} + \frac{1}{R_2} \tag{4.20}$$

或

$$R_T = \frac{1}{1/R_1 + 1/R_2}$$

方程式（4.20）式可改寫爲

$$\frac{1}{R_T} = \frac{R_1 + R_2}{R_1 R_2}$$

或

$$R_T = \frac{R_1 R_2}{R_1 + R_2} \tag{4.21}$$

因此，兩電阻並聯之等效電阻是兩電阻的乘積除以兩電阻之和，這結果標示在
圖 4.14(b)中。

例 4.6：求 3Ω 和 6Ω 電阻並聯之等效電阻。

解：利用（4.21）式可得

$$R_T = \frac{3 \times 6}{3 + 6} = \frac{18}{9} = 2 \ \Omega$$

　　於此例中應注意等效電阻爲 2Ω，其值小於並聯電阻中的任一電阻。是因
爲電流流過兩並聯路徑比單一路徑來得容易之故。可從（4.20）式中看出，因
$\dfrac{1}{R_T}$ 比 $\dfrac{1}{R_1}$ 或 $\dfrac{1}{R_2}$ 之任何一個電導爲大。

例 4.7：將圖 4.15(a)的兩個並聯電阻器，用它的等效電阻器來取代，並求出
　　　　電壓 V 和電流 I_1 和 I_2 之值。

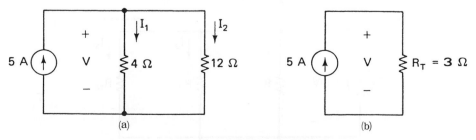

圖 4.15　(a)一並聯電路，(b)等效電路

解：等效電阻展示在圖 4.15 (b)中，其值為：

$$R_T = \frac{4 \times 12}{4 + 12} = \frac{48}{16} = 3 \ \Omega$$

利用歐姆定律可求出電壓V為：

$$V = (3)(5) = 15 \text{ 伏特}$$

由圖 4.15 (a)及歐姆定律可求出

$$I_1 = \frac{V}{4} = \frac{15}{4} = 3.75 \text{ 安培}$$

$$I_2 = \frac{V}{12} = \frac{15}{12} = 1.25 \text{ 安培}$$

現在做一檢驗，因 $I_1 + I_2 = 5$ 安培，符合 KCL，故結果正確。

並聯電阻器之一般狀況

有N個電阻器並聯時，如圖 4.16 所示，亦可獲得一等效電阻R_T，利用 KCL 可說明，因

$$I = I_1 + I_2 + \cdots + I_N$$

所以上式應用歐姆定律可寫成

$$I = \frac{V}{R_1} + \frac{V}{R_2} + \cdots + \frac{V}{R_N}$$

或

$$I = \left(\frac{1}{R_1} + \frac{1}{R_2} + \cdots + \frac{1}{R_N} \right) V \tag{4.22}$$

如果圖 4.14 (a)是圖 4.16 之等效電路，則比較 (4.19) 和 (4.20) 兩式可得：

$$\frac{1}{R_T} = \frac{1}{R_1} + \frac{1}{R_2} + \cdots + \frac{1}{R_N} \tag{4.23}$$

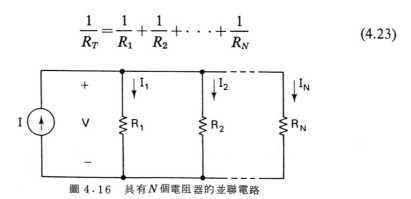

圖 4.16 具有N個電阻器的並聯電路

　　換句話說，等效電阻 R_T 的倒數為所有個別電阻倒數之和。在（4.20）式中兩並聯電阻之特殊狀況為 $N=2$ 時導出的，於一般情況下，兩電阻器之等效電阻 R_T 之值必小於並聯電路中任一電阻之電阻值。

例 4.8：求圖 4.17 (a)圖中等效電阻 R_T，並求出電壓 V。

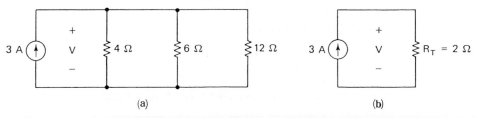

(a)　　　　　　　　　　　　　　　　(b)

圖 4.17　(a)並聯電路，(b)等效電路

解：利用（4.23）式等效電阻為

$$\frac{1}{R_T} = \frac{1}{4} + \frac{1}{6} + \frac{1}{12} = \frac{3+2+1}{12} = \frac{1}{2}$$

因此 $R_T = 2\,\Omega$，由圖 4.17 (b)中可知電壓為

$$V = R_T I = (2)(3) = 6 \text{ 伏特}$$

　　如以電導來表示，即 $G_T = \dfrac{1}{R_T}$，則（4.23）式可改寫成

$$G_T = G_1 + G_2 + \cdots + G_N$$

這與（4.11）式之串聯狀況是對偶，因此串聯和並聯可以考慮為彼此互相對偶。

等效電阻值之特殊狀況

　　如果所有並聯電阻值都相同下，則 R_T 之公式就更簡單，如在 $R_1 = R_2$ 下，由（4.21）式可得：

$$R_T = \frac{R_1 R_2}{R_1 + R_2}$$

$$= \frac{R_1 R_1}{2R_1}$$

或
$$R_T = \frac{R_1}{2} \tag{4.24}$$

因此等效並聯電阻為各自電阻值的一半。

例4.9：如圖4.13中$R_1 = R_2 = 12\,\Omega$，$I = 4\,A$，求R_T及V。

解：利用（4.24）式可得

$$R_T = \frac{12}{2} = 6\,\Omega$$

使用圖4.14(a)之等效電阻可得

$$V = R_T I = (6)(4) = 24\,伏特$$

在有N個電阻並聯時，假設每一電阻等於R_1，利用（4.23）式可得：

$$\frac{1}{R_T} = \frac{1}{R_1} + \frac{1}{R_1} + \cdots + \frac{1}{R_1}$$

在等號的右邊共有N項，因此可得

$$\frac{1}{R_T} = \frac{N}{R_1}$$

或
$$R_T = \frac{R_1}{N} \tag{4.25}$$

若$N = 2$時，此式就變成4.24式。

例4.10：圖4.16中具有10個電阻器並聯，每一電阻值都是$200\,\Omega$。如果$I = 3\,A$，求V。

解：利用（4.25）式可得

$$R_T = \frac{200}{10} = 20\,\Omega$$

$$V = R_T I = (20)(3) = 60\,伏特$$

一般分析方法

考慮電路的最後一個例子，如圖4.18(a)中，需要求出五個並聯元件的相同電壓V。利用KCL從上端往下流之電流和為

$$-7 + I_1 + 2 + I_2 + I_3 = 0$$

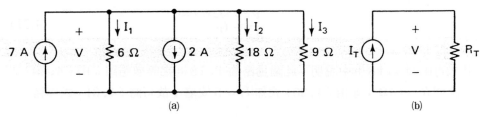

圖 4.18 (a)並聯電路，(b)等效電路

或
$$I_1 + I_2 + I_3 = 7 - 2 \qquad (4.26)$$

式中左邊是電阻器電流之和，各電流為

$$I_1 = \frac{V}{6}$$

$$I_2 = \frac{V}{18} \qquad (4.27)$$

$$I_3 = \frac{V}{9}$$

因此左邊部份可以寫成

$$I_1 + I_2 + I_3 = \left(\frac{1}{6} + \frac{1}{18} + \frac{1}{9}\right)V$$
$$= \frac{V}{R_T} \qquad (4.28)$$

R_T 為三個並聯之等效電阻，可得

$$\frac{1}{R_T} = \frac{1}{6} + \frac{1}{18} + \frac{1}{9} \qquad (4.29)$$

（4.26）式右邊為流入上端點電流源的代數和。若把電流源之和稱為 I_T ，則等效電流源 I_T 為：

$$I_T = 7 - 2 = 5 \text{ 安培} \qquad (4.30)$$

從（4.28）式及（4.30）式可知（4.26）式等於

$$\frac{V}{R_T} = I_T \qquad\qquad (4.31)$$

此式可由圖 4.18 (b)中說明，此圖為原圖 4.18 (a)之等效電路。由（4.29）式可證明 $R_T = 3\,\Omega$，並由（4.30）式知 $I_T = 5$ 安培，故可將（4.31）式寫為

$$\frac{V}{3} = 5$$

因此，$V = 15$ 伏特。

總之分析具有電流源和電阻器的並聯電路，可先求出等效電阻，再求出等效電流源。再利用（4.31）式歐姆定律把電壓 V 求出。

4.5 簡單電路之功率（*POWER IN SIMPLE CIRCUITS*）

電阻器的功率散逸，由一個或數個電源來供給。因此，如果只有一個電源時，則須供給所有電阻吸收之功率。如果有數個電源時，可能有一些電源吸取其它電源之功率，如同電池把電充給另一電池之狀況一樣。不論如何，電源的淨供給供率必須等於電阻吸收之功率。這種觀念有時把它歸因於功率不滅定律。

例4.11：為說明功率不滅，求圖 4.19 中電池供應之功率 P_T，電阻 R_1 之功率 P_1，電阻 R_2 之功率 P_2，最後證明

$$P_T = P_1 + P_2 \qquad\qquad (4.32)$$

符合功率不滅。

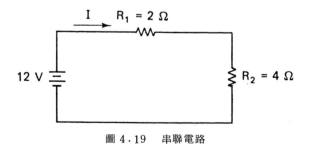

圖 4.19　串聯電路

解：此串聯電路，從電源看入的等效電阻為

$$R_T = R_1 + R_2 = 2 + 4 = 6\ \Omega$$

電流 I 為

$$I = \frac{12}{R_T} = \frac{12}{6} = 2 \text{ 安培}$$

功率 $P_1 = R_1 I^2 = 2(2)^2 = 8 \text{ 瓦特}$

功率 $P_2 = R_2 I^2 = 4(2)^2 = 16 \text{ 瓦特}$

電池所供給的功率

$$P_T = 12I = 12(2) = 24 \text{ 瓦特}$$

因此符合（4.32）式。

例4.12：求圖4.20中每一元件的吸收功率和供給功率，並證明功率不滅。

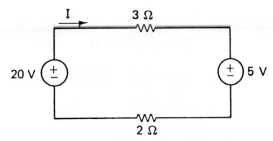

圖4.20   具有兩個電源的串聯電路

解：等效電阻

$$R_T = 3 + 2 = 5 \ \Omega$$

等效電壓

$$V_T = 20 - 5 = 15 \text{ 伏特}$$

因此電流

$$I = \frac{V_T}{R_T} = \frac{15}{5} = 3 \text{ 安培}$$

3Ω 電阻所吸收的功率

$$P_1 = 3I^2 = 3(3)^2 = 27 \text{ 瓦特}$$

2Ω 電阻所吸收的功率

$$P_2 = 2I^2 = 2(3)^2 = 18 \text{ 瓦特}$$

5 伏特電源，電流由正端進入，亦為吸收功率 P_3

$$P_3 = 5I = 5(3) = 15 \text{ 瓦特}$$

而 20 伏特電源為供應功率 P_4

$$P_4 = 20I = 20(3) = 60 \text{ 瓦特}$$

因此符合功率不滅的原則，可以下式求證

$$P_4 = P_1 + P_2 + P_3$$

例4.13：考慮圖 4.21 並聯電路，求供給所有電阻之功率 P_3。

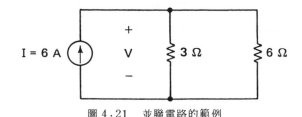

圖 4.21　並聯電路的範例

解：等效電阻

$$R_T = \frac{(3)(6)}{3+6} = 2 \ \Omega$$

可得　　　　　　　　$V = R_T I = 2(6) = 12$ 伏特

功率　　　　　　　　$P_1 = \frac{V^2}{3} = \frac{(12)^2}{3} = 48$ 瓦特

$$P_2 = \frac{V^2}{6} = \frac{(12)^2}{6} = 24 \text{ 瓦特}$$

$$P_3 = VI = 12(6) = 72 \text{ 瓦特}$$

由下式證明符合功率不滅之原則

$$P_3 = P_1 + P_2$$

4.6　摘　要（*SUMMARY*）

　　即使分析最簡單的電路，亦需要歐姆定律，及兩個定律去考慮電路元件是如何連接。這兩個定律，一爲克希荷夫電流定律，說明進入任何節點的電流代數和等於零。另一爲克希荷夫電壓定律，說明環繞環路的電壓代數和等於零。有了歐姆定律及克希荷夫定律，就可分析任何電阻電路。電阻電路是由一些電阻及電源所組成，簡單的串聯及並聯特別容易解答。因串聯電路由簡單環路元件所組成，分析求出環路每一元件共同電流 I。並聯電路是所有元件連接於共同的端點，只要分析求出 V，其它值卽可求出。

　　分析工作使用等效電阻更爲容易，一組串聯電阻的等效電阻爲各電阻之和，一組並聯電阻之等效電阻的倒數爲各個電阻倒數之和。因此在任何狀況下，電路可簡化成一種只有一個電阻的等效電路，所以未知的電流或電壓就可用歐姆定律求出。

功率被一些元件所吸收，並由其它元件所供給，供給的功率等於吸收之功率，這就是所謂功率不滅原則。

練習題

4.1-1 辨認圖中之節點是那幾個。

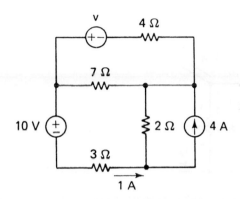

練習題 4.1-1

4.1-2 有五個元件連接於一節點上，其中三個元件分別以 2A，5A，7A 的電流離開此節點，而另外兩元件分別以 4A 及 I 之電流流入節點，求 I 。

答：10 安培。

4.1-3 求圖中的 i_1 及 i_2 。

答：-4 安培，11 安培。

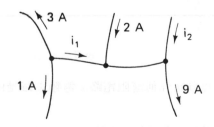

練習題 4.1-3

4.2-1 於圖 4.4 中如 $V_1 = 12$ 伏特，$V_4 = 24$ 伏特，而 V_3 是跨於 3Ω 之電壓，且 3Ω 有一電流 2A 向左邊流，求 V_1 。

答：6 伏特。

4.2-2 求下圖中之 V 值。

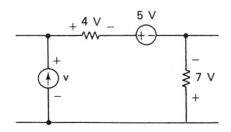

練習題 4.2-2

圖：2 伏特。

4.2-3 求圖中之 i_1 , i_2 , V_1 和 V_2 。

圖：4 A , 2 A , 12 V , 22 V 。

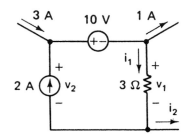

練習題 4.2-3

4.2-4 前述中卽使分析最簡單的電路亦需使用克希荷夫定律，求出所給電路
之電流 I 來說明這事實。注意，如果電阻器端電壓爲 V_1 ，由歐姆定律
求得 I ，應用 KVL 知 $V_1 = V = 6$ 伏特。

圖：2 A 。

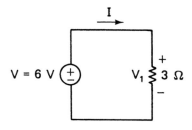

練習題 4.2-4

4.3-1 求電路之等效電阻 R_T ，電流 I ，和 IR 壓降。注意，IR 壓降之和等
於電源電壓。

圖：12 Ω , 1.5 A , 4.5 V , 7.5 V , 6 V 。

4.3-2 一串聯電路由 2 Ω , 3 Ω , 5 Ω ，和 6 Ω 之電阻及電壓爲 V 之電源所組
成。若電流爲 2 A ，則 V 值爲多少？

圖：32 伏特。

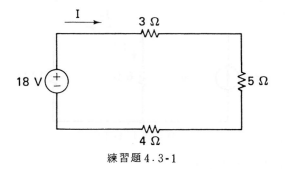

練習題4.3-1

4.3-3 如圖所示，求V_T，R_T，及I。

　　答：6伏特，12kΩ，0.5mA。

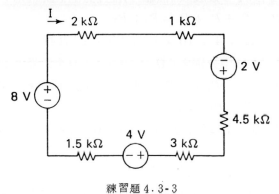

練習題4.3-3

4.4-1 求並聯電阻(a)10和90Ω，(b)16和16Ω，(c)8，12和24Ω，(d) 24，24，24和24Ω之等效電阻R_T。

　　答：(a)9Ω，(b)8Ω，(c)4Ω，(d)6Ω。

4.4-2 如圖所示求R值。

　　答：800Ω

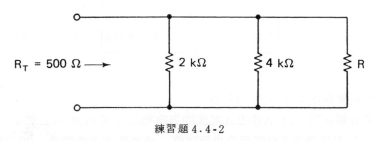

練習題4.4-2

4.4-3 如圖所示求V，I_1和I_2。

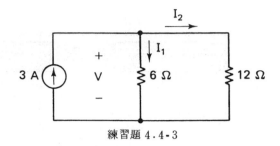

練習題 4.4-3

答：12V，2A，1A。

4.5-1 在圖 4.11(a)中，求 2Ω，3Ω，1Ω，4Ω 電阻器及 6V 電源所吸收的功率 P_1，P_2，P_3，P_4，P_5。並求 14 伏特及 12 伏特電源所供給的功率 P_6 和 P_T。最後以下式證明符合功率不滅原則：

$$P_1 + P_2 + P_3 + P_4 + P_5 = P_6 + P_7$$

答：8，12，4，16，12，28，24 瓦特。

4.5-2 於圖 4.18(a)中分別求 6Ω，18Ω，9Ω 電阻器及 2A 電源所吸收的功率 P_1，P_2，P_3，和 P_4。並求 7A 電源所供給之功率 P_5，且證明：

$$P_5 = P_1 + P_2 + P_3 + P_4$$

答：37.5，12.5，25，30，105 瓦特。

習 題

4.1 有 12V 的電池和一電阻器連接，並流出 3A 之電流，求電阻值。

4.2 若電流是 3mA 重覆 4.1 題。

4.3 如圖所示求 i 及 V 值。

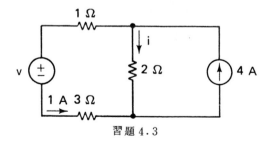

習題 4.3

4.4 求在練習題 4.1-1 中的 V 值。

4.5 若在練習題 4.1-3 中 9A 電流的方向相反，求 i_1 及 i_2 之值。

4.6 由 10V 電源及 5Ω 電阻之串聯電路，求(a)電路中的電流，(b)若要使電流降爲原來的一半，需加入多少的串聯電阻才能達到。

4.7　兩電阻器和 100 V 電源相串聯，使通過之電流爲 25 mA，若其中一個端電壓爲 25 伏特，求這兩電阻器之電阻值爲多少？

4.8　由 10 伏特電源和數個電阻器所組成之串聯電路。電路中電流爲 2 安培，如果加上 5 Ω 電阻器和原電路串聯，求新的電流值。

4.9　三個分別爲 20，30，70 Ω 電阻器串聯，如有 12 伏特電池跨接於此串聯組合上。求(a)等效電阻 R_T，(b)電路電流，(c)跨於每一電阻器的 IR 壓降，並計算 IR 壓降之和等於電池電壓以證明符合 KVL。

4.10　有三個 20 Ω 電阻和電壓源串聯。若任一電阻器之端電壓爲 60 伏特，求電路電流及電源電壓。

4.11　若有 20 個 5 Ω 電阻和 10 伏特電源串聯，求電路電流及每一電阻之端電壓。

4.12　如圖求 I 之值。

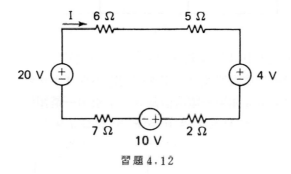

習題 4.12

4.13　若習題 4.12 中 4 V 電源的極性相反，求 I。

4.14　如圖求 R 之值。

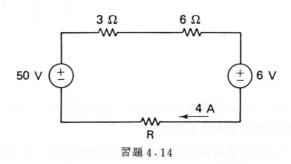

習題 4.14

4.15　若 $R_1=3\,\Omega$，$R_2=8\,\Omega$，$R_3=R_4=18\,\Omega$ 並聯接在一起，求 R_T。

4.16 若習題 4.15 並聯電路，並接 12 安培的電流源，求電阻組合兩端的電壓和每一電阻器所通過的電流。

4.17 兩個 40 Ω 電阻和 60 V 的電壓源並聯，求電源供應的電流和每一電阻器所通過的電流。

4.18 需要多少個 100 kΩ 的電阻器並聯在一起，而得到 $R_T = 4$ kΩ 的等效電阻？

4.19 有 40 Ω，60 Ω 和電流源 I 並聯，若每一元件的電壓為 120 伏特，求 I。

4.20 由 1，2，5，12 m℧ 四個電導並聯，求等效電阻為多少歐姆。

4.21 如圖以上端的節點寫出 KCL，並求 V，I_1，I_2。

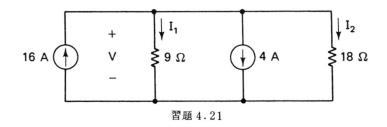

習題 4.21

4.22 在習題 4.21 中以先得 R_T 和 I_T，然後再求 V。

4.23 一電池和兩個電阻器並聯，電池的端電壓為 12 伏特且供給組合電阻器 3 安培的電流。如果一電阻值為 5 Ω，求另一電阻值。

4.24 若 $R_1 = R_2 = 112$ Ω 及 $R_3 = R_4 = R_5 = 24$ Ω，求 R_T。

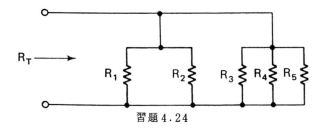

習題 4.24

4.25 在習題 4.24 中如 $R_1 = 6$ Ω，$R_2 = 12$ Ω，$R_3 = 18$ Ω，$R_4 = 40$ Ω，及 $R_5 = 360$ Ω，求 R_T。

4.26 在習題 4.7 中求(a)電源供給和(b)每一電阻所吸收的功率。將(a)和(b)之答案相比較以證明功率不滅原則。

4.27 於習題 4.11 中求(a)電源的供給功率和(b)供給每一電阻器的功率。

4.28 於習題 4.12 中求 4 伏特電源，10 伏特電源，6 Ω，5 Ω，2 Ω 和 7 Ω 電阻器所吸收的功率，以及 20 伏特電源所供給的功率。並證明功率不滅原則。

4.29 於習題 4.21 中求(a) 16 安培電源，(b) 4 安培電源，(c) 9 Ω 電阻器，和(d) 18 Ω 電阻器是吸收或供給多少功率（說明是那一種）。並證明符合功率不滅。

4.30 若習題 4.24 中在外面端點的電流 $I = 12$ A，求供給每一電阻器的功率。以這些解答之和是否等於 $I^2 R_T$ 來檢驗結果是否正確。

第5章

串－並聯電路

在第四章中討論簡單的串聯及並聯電路，在任一電路均可化簡只剩單一電阻及單一電源的等效電路。此電路可分析原電路及求電流及電壓之解。

本章將討論一些元件連接具有相同電流或相同電壓的更複雜電路，稱之爲串 - 並聯電路。此電路亦可有僅含單一電路的等效電路，因此，分析時需用更多的方法。

最常用的電路不是串聯、並聯或串 - 並聯電路。本章及前章的分析方法是最簡單的方法，至於標準方法將在第七章討論。然而這些有效方法使用時較爲困難，除了無法以等效電阻解題時才使用。

5.1 等效電阻 (*EQUIVALENT RESISTANCE*)

簡單串 - 並電路的例子，如圖5.1(a)所示，其簡圖爲圖5.1(b)所示。電阻 R_2 和 R_3 並聯在一起，再和 R_1 串聯。所以可把 R_2 和 R_3 的等效電阻 R_4 取代，則 R_4 爲

$$R_4 = \frac{R_2 R_3}{R_2 + R_3} \tag{5.1}$$

它的結果如圖5.2(a)所示。就 V 和 I 而言，這電路爲圖5.1的等效電路。

從電源 V 端看入之等效電阻 R_T 是由圖5.2(a)的 R_1 和 R_4 串聯而成。因此可得

$$R_T = R_1 + R_4 \tag{5.2}$$

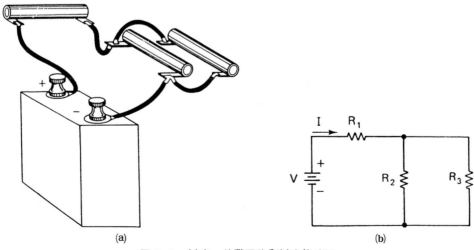

(a)   (b)

圖 5.1　(a)串 - 並聯電路和(b)它的簡圖

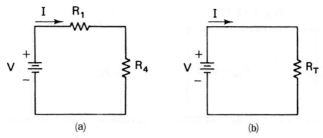

(a)   (b)

圖 5.2　求圖 5.1 中等效電阻的過程

此結果可由圖 5.2(b)中指示，此時電流可由歐姆定律求得

$$I = \frac{V}{R_T} \tag{5.3}$$

可以把（5.1）和（5.2）式合併成單一程序，其表示法爲

$$R_T = R_1 + \frac{R_2 R_3}{R_2 + R_3} \tag{5.4}$$

這結果可由圖 5.1(b)中知 R_2 和 R_3 並聯之等效電阻爲 $\dfrac{(R_2 \times R_3)}{(R_2 + R_3)}$ ，再和 R_1 串聯，故（5.4）式是可以了解的。

例 5.1：求圖 5.3 從電源兩端看入的等效電阻 R_T，並利用這結果求出 I 值。

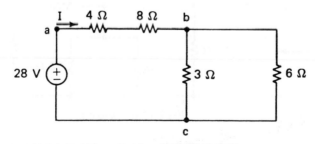

圖 5.3　串‑並聯電路之範例

解：4Ω 和 8Ω 串聯，用等效電阻取代，故 a，b 端電阻爲：

$$R_{ab} = 4 + 8 = 12 \ \Omega$$

在 b 和 c 端是 3Ω 和 6Ω 並聯，其等效電阻爲：

$$R_{bc} = \frac{(3)(6)}{3+6} = 2 \ \Omega$$

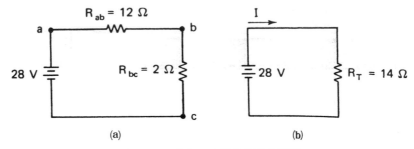

圖 5.4 求圖 5.3 等效電路的步驟

這結果表示於圖 5.4 (a)中，可知 R_{ab} 和 R_{bc} 串聯在一起，因此等效電阻 R_T 是：

$$R_T = R_{ab} + R_{bc}$$
$$= 12 + 2$$
$$= 14 \ \Omega$$

這如同圖 5.4 (b)所示。因此電流 I 爲：

$$I = \frac{28}{14} = 2 \text{ 安培}$$

例 5.2：爲了進一步說明如何求得串 - 並電路的程序，求解圖 5.5 中更複雜電路的 R_T 。

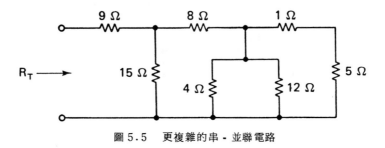

圖 5.5 更複雜的串 - 並聯電路

解：1Ω 和 5Ω 串聯，等效電阻爲 1+5=6Ω 。4Ω 和 12Ω 爲並聯，其等效電阻爲：

$$\frac{(4)(12)}{4 + 12} = 3 \ \Omega$$

這些電阻等效電阻如圖 5.6 (a)。圖中 3Ω 和 6Ω 爲並聯，其組合爲：

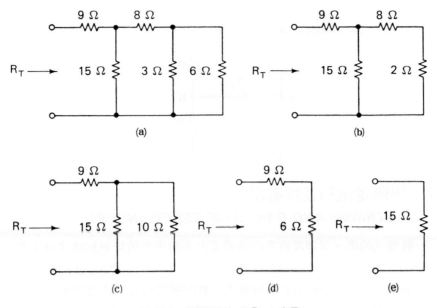

圖5.6 獲得圖5.5 R_T 之步驟

$$\frac{(3)(6)}{3+6} = 2 \ \Omega$$

此結果爲圖5.6(b)之等效電路。圖中 8Ω 和 2Ω 串聯，可由 8＋2＝10Ω 取代，而得圖5.6(c)中所示。圖中 15Ω 和 10Ω 並聯，等效電阻

$$\frac{(15)(10)}{25} = 6 \ \Omega$$

可得圖5.6(d)。圖中 9Ω 和 6Ω 串聯，因此可得：

$$R_T = 9 + 6 = 15 \ \Omega$$

最後的結果表示於圖5.6(e)。

一般狀況

　　從上例中可知串‐並聯電阻的組合如何能減少到只剩單一等效電阻的**步驟**。只是把串聯或並聯簡單合併成等效電阻，因這些步驟會產生更多的串聯或並聯電阻，重覆這些步驟直到僅剩單一電阻 R_T 爲止。

　　如同本章一開始就說明，電阻電路只有串聯、並聯或串‐並聯這三種型式。圖5.7爲橋式電路的例子，稱爲橋式電路是因 R_6 像座橋一樣跨於 a，b 兩端之間。圖中所有電阻器沒有兩個電阻器是呈現串聯或並聯的型態。這種電路的分析步驟則留在第七章再討論。

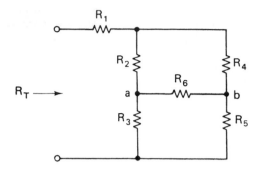

圖 5.7　橋式電路

5.2　串聯電阻和並排電阻
（*STRINGS AND BANKS OF RESISTANCES*）

一般型式的串 - 並聯電路是由兩個或更多個串聯電阻器結成了組或串，以及由兩個或更多個並聯電阻器結成了組或排。一串有三個電阻器的串電阻表示於圖5.8(a)中，由三個電阻器串聯而成。有四個電阻器的排電阻表示於圖5.8(b)，是由四個電阻器並接而成。顯然的，把串電阻和排電阻連接在一起可組成串 - 並聯電路。

例如，圖5.3中4Ω和8Ω爲含有兩個電阻的串電阻，以及3Ω和6Ω組成含有兩電阻器的排電阻。這電路已把串電阻和排電阻分別以等效電阻取代，而分析過了，並求得電路中的 R_T 。

例 5.3：假設有數個120伏特工作電壓，額定功率爲100瓦之燈泡，而電壓源是240伏特。如把燈泡直接跨於電源時，則會因電壓超過工作電壓而燒毀。但如把太多燈泡串接，再接到電源，將因電壓太低，使燈泡工作不合乎規定。一解答是把燈泡接成串聯，使跨於每一燈泡的電壓爲正確的數值。試決定其正確的連接方法。

解：將燈泡視爲電阻器 R_1 ，若有 N 個燈泡串聯，其等效電阻爲 NR_1 。因此串

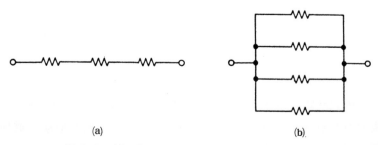

(a)　　　　　　　　　　　(b)

圖 5.8　(a)三個電阻的串聯，(b)四個電阻器的並排

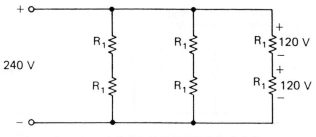

圖 5.9　三串完全相同的電阻器接成並聯

聯的 IR 壓降為 NR_1I，串聯中電流為 I 時，連結燈泡跨於 240 伏特電源時，必須符合：

$$NR_1I = 240$$

每一燈泡的壓降以 IR_1 計算必須為 120 伏特，因此可得：

$$120N = 240$$

故每串有 $N = 2$ 個燈泡串聯。由兩個燈泡所組成三個串的例子表示於圖 5.9，跨於每一燈泡的電壓為所需的 120 伏特。

例 5.4：圖 5.10 中的串－並聯電路有兩串及兩排電阻器，試求其等效電阻 R_T。

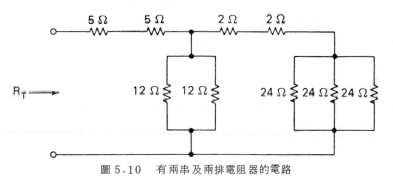

圖 5.10　有兩串及兩排電阻器的電路

解：兩個 5Ω 串的等效電阻為 $5 + 5 = 10$Ω，兩個 2Ω 串的等效電阻為 $2 + 2 = 4$Ω。而兩個 12Ω 排的等效電阻為 $12/2 = 6$Ω，三個 24Ω 排等效電阻為 $24/3 = 8$Ω。這些串和排分別以等效值來取代，可獲得圖 5.11 (a)之等效電路。然而 8Ω 和 4Ω 串的等效值為 12Ω，此值又和 6Ω 並聯，其等效值為（6×12）/（$6 + 12$）$= 4$Ω，這結果再與 10Ω 串聯。因此 $R_T = 10 + 4 = 14$Ω，如圖 5.11 (b)所示。

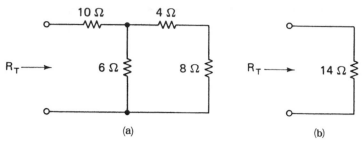

(a)   (b)

圖 5.11   求圖 5.10 等效電路的步驟

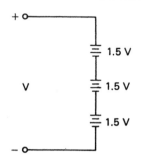

圖 5.12   三個電池的串聯

　　老式的聖誕樹燈是一個串電阻的例子，此電路是由一串電阻器（燈泡）所組成的，再將此電路接到 120 伏特的牆壁插座而完成。此型式的燈串有一缺點，就是其中有一燈泡燒毀，則電路就成斷路，沒有一個燈泡會亮。這就是目前很少使用的原因。於 5.4 節中將更詳細討論這種觀念。

電池串

　　可以把一組電池用串聯的連接方式排成一列，以供給比單一電池更高的電壓。例如圖 5.12 中，將三個 1.5 伏特的電池連成一串，提供端電壓 $V = 4.5$ 伏特的電壓。此 V 值是電池電壓的總和，可從包含 V 及三個電源的假設環路中採用 KVL 求出。結果是

$$-V + 1.5 + 1.5 + 1.5 = 0$$

從上式可以立卽求出 V 值。

5.3　串-並聯的例子
(*SERIES-PARALLEL CIRCUIT EXAMPLES*)

　　爲了完整的分析電路，必須求出每一元件所通過的電流及端電壓。於是如圖 5.1(b) 中的串 - 並聯電路，從電源 V 兩端看入，結合串聯和並聯電路可以求

出等效電阻R_T，並利用R_T求出電源所供給的電流I。其它剩餘元件的電流及電壓，可以有系統的應用歐姆和克希荷夫定律求出。本節將以數個串-並聯電路的範例來說明如何分析電路。

例5.5：試求圖5.13串-並聯電路中的I，V_1，V_2，I_1和I_2。

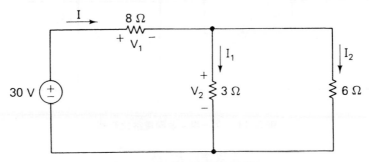

圖5.13 串-並聯電路的範例

解：3Ω和6Ω並聯，其等效電阻爲

$$\frac{3(6)}{3+6} = 2 \ \Omega$$

這2Ω和8Ω串聯，所以可得：

$$R_T = 2 + 8 = 10 \ \Omega$$

因此電流I爲：

$$I = \frac{30}{10} = 3 \ \text{安培}$$

利用歐姆定律求出

$$V_1 = 8I = 8(3) = 24 \ \text{伏特}$$

利用KVL則$V_1 + V_2 = 30$，可得

$$V_2 = 30 - V_1 = 30 - 24 = 6 \ \text{伏特}$$

利用歐姆定律得

$$I_1 = \frac{V_2}{3} = \frac{6}{3} = 2 \ \text{安培}$$

$$I_2 = \frac{V_2}{6} = \frac{6}{6} = 1 \ \text{安培}$$

或採用KCL。$I = I_1 + I_2$，可得

$$I_2 = I - I_1 = 3 - 2 = 1 \ \text{安培}$$

例 5.6 ：求圖 5.14 中的 I_1 ， I_2 ，和 I_3 。

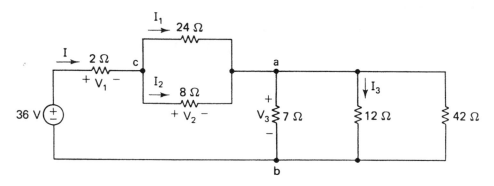

圖 5.14　另一串 - 並聯電路之範例

解：7Ω，12Ω，42Ω 並聯之等效電阻 R_{ab} 爲

$$\frac{1}{R_{ab}} = \frac{1}{7} + \frac{1}{12} + \frac{1}{42}$$

$$= \frac{12 + 7 + 2}{84} = \frac{1}{4}$$

因此 $R_{ab} = 4\,\Omega$ 。24Ω 和 8Ω 並聯的等效電阻 R_{ca} 爲：

$$R_{ca} = \frac{(24)(8)}{32} = 6\,\Omega$$

因此 $R_{ab} = 4\,\Omega$ ， $R_{ca} = 6\,\Omega$ ，這等效電路表示於圖 5.15 中，從電源看入的等效電阻 R_T 是：

$$R_T = 2 + 6 + 4 = 12\,\Omega$$

同時在圖 5.15 中可辨認原電路的 I ， V_1 ， V_2 ， V_3 。從圖 5.15 可得

$$I = \frac{36}{R_T} = \frac{36}{12} = 3 \text{ 安培}$$

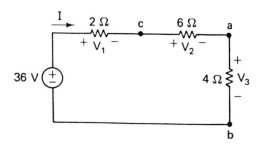

圖 5.15　圖 5.14 的等效電路

$$V_1 = 2I = 6 \text{ 伏特}$$

$$V_2 = 6I = 18 \text{ 伏特}$$

$$V_3 = 4I = 12 \text{ 伏特}$$

最後從圖 5.14 可得

$$I_1 = \frac{V_2}{24} = \frac{18}{24} = 0.75 \text{ 安培}$$

$$I_2 = \frac{V_2}{8} = \frac{18}{8} = 2.25 \text{ 安培}$$

$$I_3 = \frac{V_3}{12} = \frac{12}{12} = 1 \text{ 安培}$$

梯形網路

有一個十分重要的串-並聯電路爲梯形（ladder）網路，如圖 5.16 所示。這網路的得名，是因其形狀類似階梯。

分析梯形網路，可從電源端看入求得 R_T，並使用歐姆和克希荷夫定律依序計算 I，V_1，V_2，I_1，I_2 等電流及電壓之值。其求解的程式，以分析圖 5.16 作爲說明。

4Ω 和 8Ω 串聯爲 12Ω，再和 6Ω 並聯，其等值爲（6×12）/（$6+12$）$= 4\Omega$。其值又和 12Ω 串聯，從 I_2 看入之等效電阻爲 $4+12 = 16\Omega$。而這 16Ω 再和電路之 16Ω 並聯，所以等值爲 $16/2 = 8\Omega$，其值又和 2Ω 串聯。因此可得：

$$R_T = 2 + 8 = 10 \ \Omega$$

及

$$I = \frac{30}{R_T} = \frac{30}{10} = 3 \text{ 安培}$$

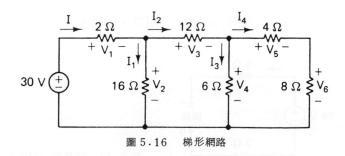

圖 5.16　梯形網路

參考圖5.16，使用歐姆及克希荷夫定律可獲得：

$$V_1 = 2I = 6 \text{ 伏特} \qquad （歐姆定律）$$

$$V_2 = 30 - V_1 = 24 \text{ 伏特} \qquad （KVL）$$

$$I_1 = \frac{V_2}{16} = 1.5 \text{ 安培} \qquad （歐姆定律）$$

$$I_2 = I - I_1 = 3 - 1.5 = 1.5 \text{ 安培} \qquad （KCL）$$

$$V_3 = 12I_2 = 18 \text{ 伏特} \qquad （歐姆定律）$$

$$V_4 = V_2 - V_3 = 24 - 18 = 6 \text{ 伏特} \qquad （KVL）$$

$$I_3 = \frac{V_4}{6} = 1 \text{ 安培} \qquad （歐姆定律）$$

$$I_4 = I_2 - I_3 = 1.5 - 1 = 0.5 \text{ 安培} \qquad （KCL）$$

$$V_5 = 4I_4 = 2 \text{ 伏特} \qquad （歐姆定律）$$

$$V_6 = V_4 - V_5 = 6 - 2 = 4 \text{ 伏特} \qquad （KVL）$$

求出 I 之後，接著從電源往外開始工作，就如剛才所看到的一樣，求出電路中的每一電流和電壓，這就是求梯形網路的一般狀況。

5.4　開路和短路（*OPEN AND SHORT CIRCUITS*）

開路是電路中的斷路，如圖5.17中 a 點和 b 點之間就是一開路的例子。開路可能因意外事件而產生，如電力線突然被倒下的樹木打斷即是，或因保險絲熔斷所產生，或斷路器打開也是開路。在後面的狀況中，電路開路是爲了當有很大湧浪電流發生時，用以保護電路不受損壞。當然，亦可能故意利用開關把電燈打開。

開路像一個無限大的電阻

開路在效果上像是一無限大阻值的電阻器，因爲 a ， b 間的空氣爲絕緣物

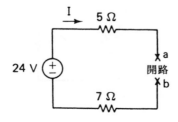

圖5.17　開路的一個例子

質。如在 a ， b 間之電阻有數十億歐姆，則所通過的電流 I ，本質上是等於零。例如圖 5.17 中，有一開路具有 $240\,M\Omega$，從電源看入的等效電阻為 $240\,M\Omega + 12\,\Omega$，或約為 $240\,M\Omega$。則電流為 24 伏特除以 $240\,M\Omega$，其值為十億分之一安培，這數值在應用上是等於零。

串聯電路中，若其有一元件開路，則各處的電流都變為零。這就是 5.2 節中所敍述聖誕樹串的狀況，如有一燈泡燒毀，則其它燈泡都不亮。

跨於開路的電壓

開路會把電路阻斷，但仍有電壓跨於它的兩端。如圖 5.17 中 $I=0$ ，因此兩電阻器的 IR 壓降為零。故開路的電壓 V_{ab} 等於 24 伏特，與電源電壓值相同。可利用 KVL 環繞電路可得下列

$$-24 + 0 + V_{ab} + 0 = 0$$

因此 $V_{ab} = 24$ 伏特。

一個開路的好例子是家庭中跨於牆壁插座 120 伏特的交流電壓，當把設備插頭插上時，就有電流流出。如果沒有任何設備接在上面，就等於 120 伏特的電壓跨於開路的兩端一樣。

於並聯元件中的開路

在並聯元件中有一開路時，雖有一電流被阻斷，但其餘並聯元件仍有電流通過。如在圖 5.18 中在主電力線 a 點開路，則其它任何地方將沒有電流存在。但如在 a 點之斷線修復後，而電路 b 點斷路時，則將有

$$I_1 = I_2 = \frac{120}{120} = 1 \text{ 安培}$$

及
$$I_3 = 0$$

短　路

短路是完全導線，想像為具有零電阻的電阻器。實際上導體是具有非常小

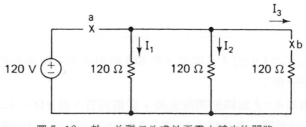

圖 5.18　於一並聯元件或於至電力線中的開路

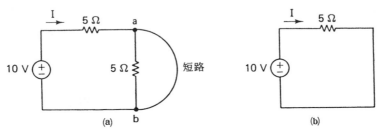

圖5.19 (a)被短路的電阻器，(b)等效電路

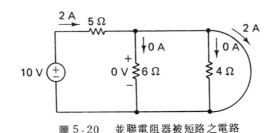

圖5.20 並聯電阻器被短路之電路

的電阻值，但與真正電阻器比較，可以忽略不計。一短路的端電壓爲零，因由
歐姆定律電壓爲$R×I＝0×I＝0$之故。

在圖5.19(a)中跨於5Ω從a到b的路徑爲短路的例子。因短路如同電阻
等於零，電壓等於零，而此路徑和電阻器並聯，故電阻器的電壓爲零。由歐姆
定律知電阻器中沒有電流通過，所以可利用短路來取代，等效電路如圖5.19
(b)所示。

並聯電阻器的短路

在一般狀況，將並聯電阻器短路後電阻器中都沒有任何電流通過。這是由
於跨於一電阻器等於跨在所有電阻器一樣，因此每一電阻器電壓爲零，電流也
爲零，且所有電流都經由短路流過。

如圖5.20有一短路跨於6Ω和4Ω並聯的例子，將這兩電阻都短路了。
也就是兩電阻之電壓，電流都爲零。10伏特電源僅跨於5Ω之兩端，產生10
伏特的壓降，因此通過5Ω的電流爲$10/5＝2$A，當然短路部份的電流也是2
安培。

例5.7：求圖5.21中的I，(a)當a點和b點短接在一起和(b)當a點和c點短
接在一起。

解：(a) 把跨於$a－b$短路的電阻去掉，從電源看入爲9Ω（6Ω和3Ω串聯）
和3Ω並聯，其值爲（9×3）/（9＋3）＝9/4Ω，因此可得

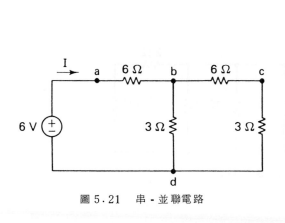

圖 5.21　串－並聯電路

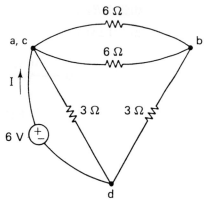

圖 5.22　把圖 5.21 中的 *a* 和 *c* 點短路在一起的電路

$$I = \frac{6}{\frac{9}{4}} = \frac{8}{3} \text{ 安培}$$

(b)　把 $a-c$ 短接產生了圖 5.22 之電路，圖中 *a* 和 *c* 為共同點以 *a* ，*c* 來表示。電源位於 *a* 和 *d* 之間，而 *b* 和 *d* 與 *c* 和 *d* 間的電阻都是 3 Ω 。從電源看入的等效電阻為 $R_T = 2\,\Omega$ ，因此可得

$$I = \frac{6}{R_T} = 3 \text{ 安培}$$

5.5　摘　要(*SUMMARY*)

　　串－並聯電路是由串聯和並聯電路所組成，包含了串電阻和排電阻。如同串聯或並聯的狀況一樣，可以先求出等效電阻，使電路分析更簡化。

　　梯形網路和眞正的階梯十分相似，在串－並聯電路中是特殊而重要的型態。分析時可藉著求出輸入端的電流和電壓而完成，可利用等效電阻法及從電源往外運算而求出。

　　開路是在電路中產生斷路，因它形同無限大的電阻器，可防止電流通過。而短路為一完全導體，或具有零電阻的電阻器，因此沒有電壓跨於它的兩端。

練習題

5.1-1　在圖5.1(b)中，如 $R_1 = 2\,\Omega$ ，$R_2 = 9\,\Omega$ ，$R_3 = 72\,\Omega$ 及 $V = 30$ 伏特，求 R_T 及 I 。

　　　　圖：10Ω ，3安培。

5.1-2 如圖求 R_T 。

　　　答：$12\,\Omega$ 。

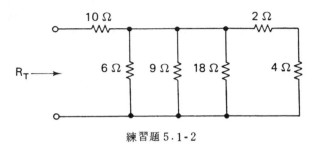

練習題 5.1-2

5.1-3 如圖所示求 I 。

　　　答：4 安培。

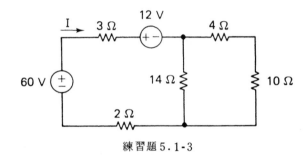

練習題 5.1-3

5.2-1 有六個電阻器的串，每一電阻值為 R_1。此串電阻與另具有四個 $9\,\Omega$ 電阻的串電阻並聯。求 R_1，其等效電阻 $R_T = 33\,\Omega$ 。

　　　答：$66\,\Omega$ 。

5.2-2 若在圖 5.9 中 100 瓦特，120 伏特的燈泡以 R_1 來表示，其在額定工作下，求 R_1 值及從 240 伏特電源所吸取的電流為多少？

　　　答：$144\,\Omega$，2.5 安培。

5.2-3 在練習題 5.2-2 的情況下，求圖 5.9 的 R_T 。

　　　答：$96\,\Omega$ 。

5.2-4 如圖求 I 。

　　　答：2 安培。

5.3-1 如圖若 $R = 12\,\Omega$，求 I 及 I_1 。

　　　答：3A，2A 。

5.3-2 若 $I = 3.6$ 安培，求在練習題 5.3-1 電路中的 I_1 及 R 。

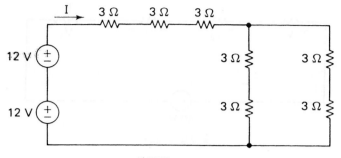

練習題 5.2-4

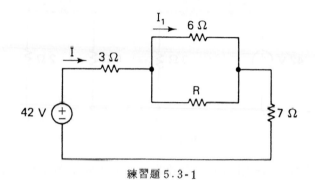

練習題 5.3-1

答：1 A，30 / 13 Ω 。

5.3-3　如圖求 V 。

答：8 伏特 。

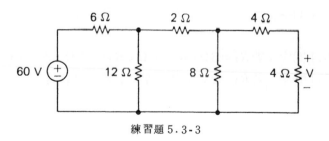

練習題 5.3-3

5.4-1　假設圖中的 R 爲開路，代表一燈泡在串中燒毀 。求 V_1 , V_2 , V_3 和 V_4 。注意，損壞燈泡可由測量得到它的端電壓，因電源電壓跨於它的兩端 。

答：0 , 0 , 0 , 40 伏特 。

5.4-2　若電路開路在 (a) a 點 , (b) b 點 , (c) c 點 , 求 I 值 。

答：(a) 0 安培 , (b) 6 安培 , (c) 7 安培 。

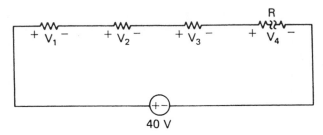

練習題 5.4-1

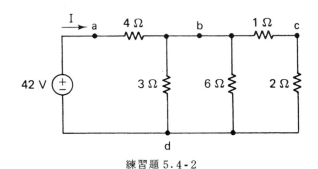

練習題 5.4-2

5.4-3 在練習題5.4-2中，如有短路在(a) a 和 b 點，(b) a 和 c 點，(c) b 和 d 點之間，求 I 。

答：(a) 35 ，(b) 36 ，(c) 10.5 安培 。

習 題

5.1 在圖5.1(b)中，如 $R_1=4\Omega$ ， $R_2=8\Omega$ ， $R_3=24\Omega$ ，V＝20伏特，求 I 。

5.2 在圖5.1(b)中，若 $R_1=3\Omega$ ， $R_2=6\Omega$ ， $R_3=30\Omega$ ， $I=4$ 安培，求 V 。

5.3 在圖5.1(b)中，若 $R_1=2\Omega$ ， $R_2=7\Omega$ ，$V=24$ 伏特， $I=3$ 安培，求 R_3 。

5.4 如圖求 R_T 。

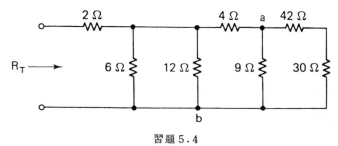

習題 5.4

5.5 如圖求 I 。

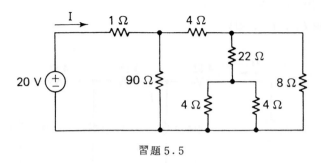

習題 5.5

5.6 在習題 5.5 圖中電路，求 90 Ω 電阻器所吸收的功率。

5.7 如圖所示求 V_1 。

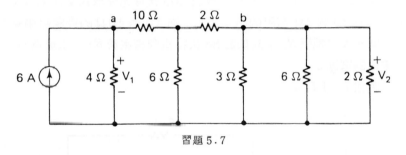

習題 5.7

5.8 在練習題 5.1-3 中的電路，求 4 Ω 電阻器所吸收的功率。

5.9 若將 10 伏特電源接於習題 5.4 圖中電路 R_T 兩端，求 4 Ω 電阻器所吸的的功率。

5.10 如圖求 2 Ω 電阻器所吸收的功率。

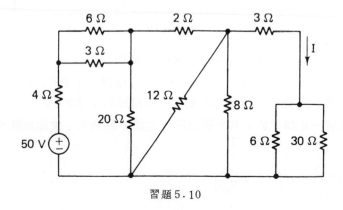

習題 5.10

5.11 求在習題5.10圖中的 I 值。

5.12 求在習題5.7圖中的 V_2 值。

5.13 如圖求 I_1，I_2，和 V。

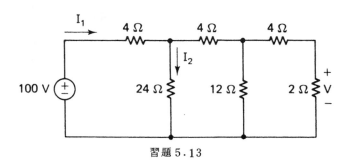

習題5.13

5.14 習題5.13圖中，把 100 伏特改爲 200 伏特電源取代，求 I_1，I_2，V。

5.15 有具有 20 個 2Ω 電阻的串，和另一有 10 個 40Ω 的排電阻串聯在一起。(a)求等效電阻 R_T，(b)如將 88 伏特電源跨接於 R_T，求通過每一 40Ω 電阻的電流。

5.16 如圖求 I_1 與 I_2。

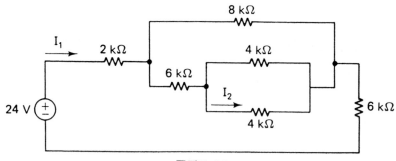

習題5.16

5.17 在習題5.4圖中，如 4Ω 電阻開路，求 R_T。

5.18 在習題5.4圖中，如 a 點和 b 點以一短路連結，求 R_T。

5.19 在習題5.7圖中，若 a 和 b 點以一短路連接，求 V_1。

5.20 如圖將一短路置於 a 和 b 點之間，並將 c 點開路，求電路修改後的 V 值。

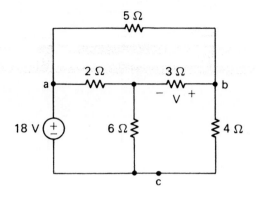

習題 5.20

第6章

分壓及分流定理

　　串聯、並聯、串 - 並聯電路，可以使用分壓定理及分流定理的觀念使電路分析更簡單。應用這種觀念的電路，通常稱爲分壓器和分流器，通常用於從電源供應器或電源中接引電壓或電流。我們將會了解不知電流而將中間電壓算出來。同樣的利用分流，不知電壓而求出分路電流。

　　考慮惠斯呑電橋（Wheatstone bridge）是用來測量未知電阻的著名電路，當電橋平衡時，本質上是串 - 並聯電路，這就是直接應用分壓和分流的電路。

6.1　分壓定理（*VOLTAGE DIVISION*）

　　在串聯電路中，每一元件都有相同的電流。因此，每一電阻器的 IR 壓降和 R 成正比。例如，圖6.1中的電路，電流是 I，而 V_1 和 V_2 爲 IR 壓降分別爲

$$V_1 = IR_1 \tag{6.1}$$

$$V_2 = IR_2 \tag{6.2}$$

由歐姆定律知電流是

$$I = \frac{V_T}{R_T} = \frac{V_T}{R_1 + R_2} \tag{6.3}$$

R_T 爲等效電阻，其值爲

$$R_T = R_1 + R_2 \tag{6.4}$$

將（6.1）式和（6.2）式中的 I 以（6.3）式之值取代，可得

$$V_1 = \frac{R_1}{R_T} V_T$$

$$V_2 = \frac{R_2}{R_T} V_T \tag{6.5}$$

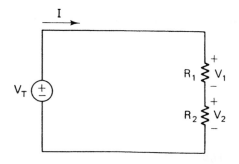

圖6.1　具有兩個電阻的分壓器

或等效於

$$\frac{V_1}{V_T} = \frac{R_1}{R_T}$$

$$\frac{V_2}{V_T} = \frac{R_2}{R_T} \tag{6.6}$$

因此，電壓比值和電阻之比值一樣。將（6.4）式代入（6.5）式，結果爲：

$$V_1 = \frac{R_1}{R_1 + R_2} V_T \tag{6.7}$$

$$V_2 = \frac{R_2}{R_1 + R_2} V_T \tag{6.8}$$

因此跨於串聯電壓是全部電壓的分數，而這分數爲此電阻和總電阻的比值。以另一方式說明，電源 V_T 的電壓分配於 R_1 及 R_2 與其電阻值成正比。這就是分壓的原則，而圖6.1的電路稱爲分壓器。

由（6.7）式和（6.8）式可知阻值較大者，其電壓較高。阻值較小者，其電壓較低。此因通過兩電阻之電流相同。

例6.1：在圖6.1中，若 $R_1 = 4\,\Omega$，$R_2 = 6\,\Omega$，$V_T = 20$ 伏特，求電壓 V_1 和 V_2。
解：利用（6.7）和（6.8）式電壓爲

$$V_1 = \frac{4}{4+6} V_T = \frac{4}{10} V_T = \frac{4}{10}(20) = 8 \text{ 伏特}$$

$$V_2 = \frac{6}{4+6} V_T = \frac{6}{10} V_T = \frac{6}{10}(20) = 12 \text{ 伏特}$$

一般狀況

任何如圖6.1中串電阻 R_1 和 R_2 都可構成分壓器。如果有 N 個串聯的電阻器，R_1，R_2……，R_N 各電阻器的電壓分別爲 V_1，V_2，……，V_N，可得

$$R_T = R_1 + R_2 + \cdots + R_N$$

且 IR 壓降爲

$$V_1 = IR_1$$

$$V_2 = IR_2$$

$$\vdots$$

$$V_N = IR_N$$ 　　　(6.9)

及 　　　$$I = \frac{V_T}{R_T}$$

其 V_T 爲跨於串電阻的總電壓。將 I 值代入（6.9）式可得

$$V_1 = \frac{R_1}{R_T} V_T$$

$$V_2 = \frac{R_2}{R_T} V_T$$ 　　　(6.10)

$$\vdots$$

$$V_N = \frac{R_N}{R_T} V_T$$

可知總電壓 V_T 分壓於各電阻器之壓降，與各電阻值成正比。

分壓步驟的優點是不需計算電流 I ，就可求出 IR 壓降，舉一例子加以說明。

例 6.2：求圖 6.2 中的 V 。

解：此電路爲分壓器具有

$$R_T = 2 + 4 + 1 + 5 = 12 \text{ k}\Omega$$

因此，使用分壓定理可得

$$V = \frac{5}{R_T} V_T = \frac{5}{12} (24) = 10 \text{ 伏特}$$

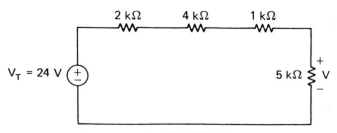

圖 6.2　具有四個電阻器的分壓器

等值電阻的狀況

　　若分壓器的電阻都相等，則電壓的分配都相同。例如，在圖6.1中，若 $R_1 = R_2$ ，則（6.7）和（6.8）式變成：

$$V_1 = \frac{V_T}{2}$$

$$V_2 = \frac{V_T}{2}$$

一具有 N 個等值串電阻之狀況，在練習題6.1-4中討論。

6.2　分流定理（*CURRENT DIVISION*）

　　電流分別流入排電阻器中和電壓跨於分壓器，具有相似的方式。當然跨於排電阻電壓與每一並聯電阻電壓相等。因此，每一電阻器之電流與電導 G 成正比，所以由歐姆定律可得電流 I 為：

$$I = GV$$

　　如同圖6.3電路的例子，總電流 I_T 流入兩個電阻器，兩電阻分別具有 G_1 和 G_2 之電導及 I_1 和 I_2 之電流。跨於每一電阻的電壓都是 V 。由歐姆定律，電流 I_1 和 I_2 為

$$I_1 = G_1 V \qquad\qquad (6.11)$$
$$I_2 = G_2 V \qquad\qquad (6.12)$$

等效電導

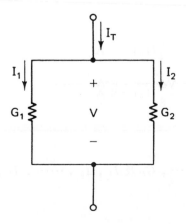

圖6.3　具有兩電阻器的分流器

$$G_T = G_1 + G_2 \tag{6.13}$$

因此排電壓

$$V = \frac{I_T}{G_T} = \frac{I_T}{G_1 + G_2} \tag{6.14}$$

將此值代入（6.11）及（6.12）式中，可得

$$I_1 = \frac{G_1}{G_T} I_T \tag{6.15}$$

$$I_2 = \frac{G_2}{G_T} I_T \tag{6.16}$$

因此可知圖 6.3 電路為分流器，總電流 I_T 分別流入電阻器之電流與其電導 G_1 和 G_2 成正比。如圖 6.3 中兩電之特殊狀況，可得

$$I_1 = \frac{G_1}{G_1 + G_2} I_T \tag{6.17}$$

$$I_2 = \frac{G_2}{G_1 + G_2} I_T \tag{6.18}$$

之關係式。較大之電導具有較大值的電流，而小值電導則具有較小的電流。

本節所有結果是 6.1 節中分壓結果之對偶，並且可以直接被它們的對偶之所有量所取代而獲得。

例 6.3：求圖 6.3 中的 I_1 和 I_2。如 $I_T = 12\,\mathrm{A}$ ，$G_1 = 2\,\mho$ ，和 $G_2 = 6\,\mho$ 。

解：利用（6.17）和（6.18）式電流為

$$I_1 = \frac{2}{2 + 6} I_T = \frac{2}{8} I_T = \frac{2}{8}(12) = 3\ \mathrm{A}$$

$$I_2 = \frac{6}{2 + 6} I_T = \frac{6}{8} I_T = \frac{6}{8}(12) = 9\ \mathrm{A}$$

一般狀況

一般分流器可能有電導 G_1 ，G_2 ，……，G_N 及 I_1 ，I_2 ，……，I_N 的 N 個電阻器的排，此時等效電導為

$$G_T = G_1 + G_2 + \cdots + G_N$$

並且電流爲

$$I_1 = G_1 V$$

$$I_2 = G_2 V$$

$$\vdots$$

$$I_N = G_N V$$

(6.19)

及有 $V = I_T / G_T$ 的關係式。I_T 爲進入分流器之總電流，將此 V 值代入（6.19）式中得

$$I_1 = \frac{G_1}{G_T} I_T$$

$$I_2 = \frac{G_2}{G_T} I_T$$

$$\vdots$$

$$I_N = \frac{G_N}{G_T} I_T$$

(6.20)

因此，總電流 I_T 分流於排中各個電阻器的電流與各自的電導值成正比。在（6.20)式中可知，不需知道排兩端電壓就可獲得各自的電流。

例 6.4 : 在圖 6.4 中，如 $I_T = 36 \text{mA}$ ，求 I_1 ，I_2 ，I_3 。

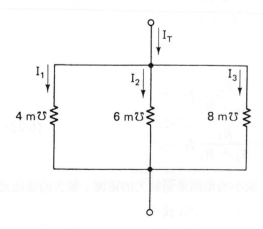

圖 6.4　含有三個電阻器的分流器

解：這是分流器電路，其中

$$G_T = 4 + 6 + 8 = 18 \text{ 毫姆歐}$$

由（6.20）式的分流原則，可得

$$I_1 = \frac{4}{18}(36) = 8 \text{ mA}$$

$$I_2 = \frac{6}{18}(36) = 12 \text{ mA}$$

$$I_3 = \frac{8}{18}(36) = 16 \text{ mA}$$

以電阻爲名稱的分流定理

我們已說明以電導爲名稱的分流定理，但仍需以電阻爲定理來說明電路。如把（6.15），（6.16）和（6.20）等公式中的電導以電阻來取代，也就是把 G_T，G_1，G_2 以 $1/R_T$，$1/R_1$，$1/R_2$ 等值電阻取代，而獲得以電阻爲名稱的分流定理。如圖 6.5 所示兩個電阻器的分流器，從（6.15）和（6.16）式可得

$$I_1 = \frac{R_T}{R_1} I_T$$

$$I_2 = \frac{R_T}{R_2} I_T$$

(6.21)

因並聯時有

$$R_T = \frac{R_1 R_2}{R_1 + R_2}$$

可將（6.21）式改寫爲

$$I_1 = \frac{R_2}{R_1 + R_2} I_T$$

$$I_2 = \frac{R_1}{R_1 + R_2} I_T$$

(6.22)

因此，分流之值與電阻值成反比。較小的電阻通過較大的電流，較大的電阻通過較小的電流。

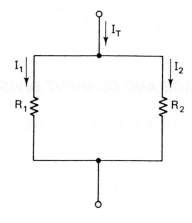

圖 6.5　使用電阻值的分流器

等值電阻的狀況

在圖 6.5 中的分流器，$R_1 = R_2$ 時，從（6.22）式可得

$$I_1 = \frac{I_T}{2}$$

$$I_2 = \frac{I_T}{2}$$

由於兩路徑的電阻值相等，所以電流的分配也相同。

例6.5：在圖 6.5 中，$I_T = 16$ 安培，若(a) $R_1 = 4\,\Omega$，$R_2 = 12\,\Omega$ 和(b) $R_1 = R_2 = 8\,\Omega$ 時，求 I_1，I_2 之值。

解：(a)　由（6.22）式可得

$$I_1 = \frac{12}{4+12}(16) = 12 \text{ 安培}$$

$$I_2 = \frac{4}{4+12}(16) = 4 \text{ 安培}$$

(b)　因電阻相同，電流的分配也相同。

$$I_1 = I_2 = \frac{I_T}{2} = 8 \text{ 安培}$$

兩個電阻以上時亦可用電阻項導出，但太麻煩。可將電阻轉換成電導，再使用（6.20）式來解題。在 N 個相同電阻時，就變爲更簡單，利用（6.20）式可得

$$I_1 = I_2 = \cdots = I_N = \frac{I_T}{N} \tag{6.23}$$

6.3 使用分壓和分流的例子
(*EXAMPLES USING VOLTAGE AND CURRENT DIVISION*)

　　使用分壓和分流定理，常可使串 - 並聯電路在分析時更簡化。例如求圖 6.6 電路中的 I_1 和 V_1，其總電阻 R_T 為

$$R_T = 4 + \frac{4(3 + 5)}{4 + 3 + 5} = \frac{20}{3} \text{ 歐姆}$$

因此
$$I = \frac{20}{R_T} = 3 \text{ 安培}$$

電流 I 分成 I_1 流經 $4\,\Omega$ 之路徑，和分流通過 $5 + 3 = 8\,\Omega$ 之另一路徑。利用分流定理可得

$$I_1 = \frac{8}{8 + 4}(3) = 2 \text{ A}$$

$$V_2 = 4I_1 = 8 \text{ 伏特}$$

利用分壓可得

$$V_1 = \frac{3}{3 + 5}\,V_2 = 3 \text{ 伏特}$$

應用於梯形網路

　　分壓和分流定理於分析梯形網路時特別有用。如求圖 6.7 中梯形網路的 V_1，從 $b - c$ 點看入的電阻以 R_2 表示，其值為

$$R_2 = \frac{4(4)}{4 + 4} = 2\,\Omega$$

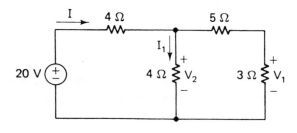

圖 6.6　串 - 並聯電路

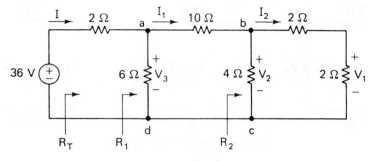

圖 6.7　梯形網路

從 $a-d$ 點看入電阻以 R_1 表示，其值爲

$$R_1 = \frac{6(R_2 + 10)}{6 + (R_2 + 10)} = 4 \ \Omega$$

而從電源兩端看入的電阻 R_T 爲

$$R_T = R_1 + 2 = 6 \ \Omega$$

因此電流 I

$$I = \frac{36}{R_T} = 6 \ \text{安培}$$

電流 I 在節點 a 分成兩條路徑，一爲 $6\,\Omega$ 路徑，另一爲 $10 + R_2 = 12\,\Omega$ 的路徑。因此利用分流定理，流經 $12\,\Omega$ 之電流爲

$$I_1 = \frac{6}{6 + 12} \cdot I = 2 \ \text{安培}$$

這電流在節點 b 分別流入兩 $4\,\Omega$ 之路徑，故 I_2 之值爲

$$I_2 = \frac{I_1}{2} = 1 \ \text{安培}$$

所以電壓 V_1 由歐姆定律可得

$$V_1 = 2I_2 = 2 \ \text{伏特}$$

　分析梯形網路可重覆使用分流定理。現在用分壓來分析電路，電壓 V_3 爲

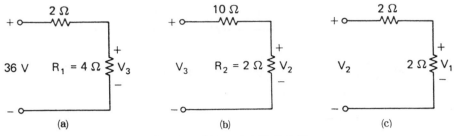

圖 6.8　求圖 6.7 中 V_1 的步驟

跨於等效電阻 $R_1 = 4\,\Omega$ 兩端，用分壓定理可得

$$V_3 = \frac{4}{4+2}\,(36) = 24\ \text{伏特} \tag{6.24}$$

電壓 V_2 是 $R_2 = 2\,\Omega$ 兩端電壓，可得

$$V_2 = \frac{2}{2+10}\,V_3 = 4\ \text{伏特} \tag{6.25}$$

最後，電壓平分跨於兩 $2\,\Omega$ 電阻上，如前述，其值為

$$V_1 = \frac{V_2}{2} = 2\ \text{伏特} \tag{6.26}$$

獲得（6.24）至（6.26）式之步驟，可從圖 6.8（a）至（c）中看的更清楚。

例 6.6：如上述例子，求圖 6.9 中梯形網路的 I，I_1，V_1，V_2 和 V_3 之值。

解：從電源看入的電阻 R_T 為

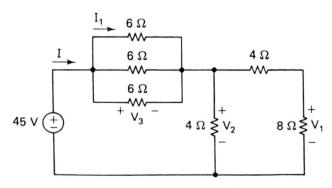

圖 6.9　具有三個電阻器排的梯形網路

$$R_T = \frac{6}{3} + \frac{12(4)}{12+4} = 5 \ \Omega$$

因此可得

$$I = \frac{45}{R_T} = 9 \ \text{安培}$$

利用分流定理 I_1 為

$$I_1 = \frac{I}{3} = 3 \ \text{安培}$$

$$V_3 = 6I_1 = 18 \ \text{伏特}$$

利用 KVL 可得

$$V_2 = 45 - V_3 = 27 \ \text{伏特}$$

利用分壓定理得

$$V_1 = \frac{8}{8+4} V_2 = \ 18 \ \text{伏特}$$

6.4　惠斯登電橋 (*WHEATSTONE BRIDGE*)

第五章中討論了圖 5.7 中的電橋，不是串聯，並聯或串 - 並聯電路型式。如果調整電阻使橋接元件（如圖 5.7 中的 R_6）上沒有任何電流通過，則橋路於效果上為串 - 並聯電路，可利用分壓和分流定理來分析。

有一著名的橋路為惠斯登電橋，是紀念英人物理學家惠斯登。此橋路示於圖 6.10 中，由四個電阻 R_1，R_2，R_x，R_s，以及一檢流計所組成。檢流計的

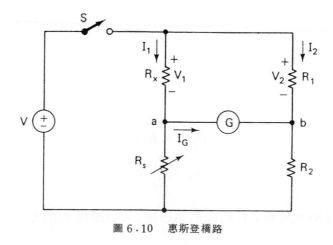

圖 6.10　惠斯登橋路

符號為一圓圈中標示 G 字母，連接於節點 a 和 b 之間。檢流計為十分靈敏的電表，測量 a 和 b 點間橋接元件之電流。元件 S 為開關，當 S 關上時，把電壓源 V 和橋路連接。

應用於測量電阻

　圖 6.10 中惠斯登電橋可以測量未知電阻 R_x，將 R_1 和 R_2 固定，調整可變標準電阻 R_s（已知值），而求得 R_x。由 KCL 知從 a 點通過 R_s 的電流是 $I_1 - I_G$，因這電流隨著 R_s 的改變而產生變化，故有一 R_s 之值使 $I_G = 0$。當 R_s 在此值時，檢流計指示為零，此時橋路稱之為平衡。

　當橋路平衡時，通過 R_x 和 R_s 的電流為 I_1，通過 R_1 和 R_2 的電流是 I_2，因此橋路為兩組含有兩電阻器串 - 並聯所組成的，並和電源並接。檢流計是典型的電流測量儀表，此電表沒有電壓跨於其兩端，在理想狀況下，端電壓等於零。因理想檢流計如同短路，即使有電流通過，其電表端電壓亦形同為零。因此在圖 6.10 中利用 KVL 可知

$$V_1 = V_2 \tag{6.27}$$

因 $I_G = 0$，橋路為串 - 並聯電路，利用分壓定律可寫出

$$V_1 = \frac{R_x}{R_x + R_s}\, V$$

$$V_2 = \frac{R_1}{R_1 + R_2}\, V$$

將這些結果代入（6.27）式，消除 V 後得

$$\frac{R_x}{R_x + R_s} = \frac{R_1}{R_1 + R_2}$$

或
$$R_1 R_x + R_2 R_x = R_1 R_x + R_1 R_s$$

把共同項 $R_1 R_x$ 減去可得

$$R_2 R_x = R_1 R_s$$

得
$$R_x = \frac{R_1}{R_2}\, R_s \tag{6.28}$$

　由（6.28）式可知，若 R_1 和 R_2 為已知，可以改變 R_s 的方式，而求出未知

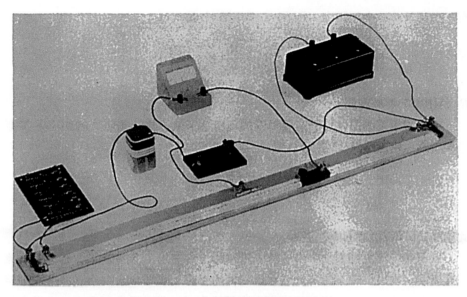

圖 6.11　真實惠斯登電橋的照片

電阻 R_x 。僅需簡單調整 R_s 之數值，直到檢流計讀數為零，然後利用（6.28）式求出 R_x 。實際上，不需知道 R_1 和 R_2 的電阻值，僅知其比值即可。

例 6.7：在圖 6.10 中的惠斯登電橋，$R_1 = 12\,\Omega$，$R_2 = 8\,\Omega$，並且使 $I_G = 0$ 時，R_s 等於 $22\,\Omega$，求 R_x 。

解：利用（6.28）式可得

$$R_x = \frac{R_1}{R_2}\,R_s = \frac{12}{8}\,(22) = 33\ \Omega$$

　　真正的惠斯登電橋照片展示於圖 6.11 中，它包含了有滑動接頭的滑動式線圈。此線圈提供了 R_1 和 R_2 兩電阻。及有刻度盤型式的電阻箱作為 R_s 電阻，另一電阻器的接座，用來按裝 R_x 之用。並有一檢流計，一乾電池，一開關。電阻箱是用來設定 R_s 之值使 I_G 等於零，或接近為零，而滑動接頭是作為微調使用。亦即，在設定 R_s 之值後如 I_G 不能完全等於零，可藉著移動滑動接頭，而使 I_G 更接近等於零。而未知電阻 R_x ，可為任一置於電阻器插座上的可用電阻器。

6.5　摘　要（*SUMMARY*）

　　一電壓跨於串聯分壓電阻器上，每一電阻器的電壓與電阻值成正比。例如

有一電壓 V 跨於串電阻上，則 R_1 之端電壓 V_1 為

$$V_1 = \frac{R_1}{R_T}\ V$$

R_T 爲串聯的等效電阻。

同樣的，電流 I 分別流入並聯或排電阻器，流入每一電阻器的電流與其電導成正比，則通過 G_1 之電流 I_1 是

$$I_1 = \frac{G_1}{G_T}\ I$$

此處 G_T 爲排電阻器的等效電導。

分壓和分流定理於分析串 - 並聯電路時十分有用；因當僅需求出單一電流或電壓時，使用這種方法，可以縮短分析的步驟。這種觀念在分析梯形網路時特別有效，而求未知電阻可用惠斯登電橋來完成，當電橋是平衡時，本質上是串 - 並聯電路，可直接用分壓和分流定理去求解。

練習題

6.1-1 求圖6.2電路跨於 $2\,k\Omega$ ， $4\,k\Omega$ ， $1\,k\Omega$ 電阻器兩端的 IR 壓降。注意驗證符合KVL可由 IR 壓降與 V 之和等於 V_T 而得證。

圖：4 V ，8 V ，2 V 。

6.1-2 如圖 6.1 中， $V_1 = 12$ 伏特， $V_T = 30$ 伏特， $R_2 = 6\ \Omega$ ，求(a)利用分壓求出 R_1 和(b) I 值。

圖：(a) 4 Ω ，(b) 3 A 。

6.1-3 如圖利用分壓定理求 V 。（建議：先求出 V_T ）

圖：14 伏特。

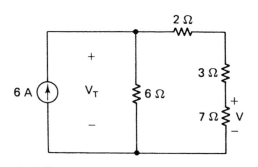

練習題 6.1-3

6.1-4　有 N 個電阻器的分壓器，所有的電阻都是 R ，若 V_T 爲總電壓，求每一電阻器的端電壓。

圖：V_T/N 。

6.1-5　依電阻項求出圖6.1中分壓器 V_1/V_2 之比值。（建議：把（6.7）式除以（6.8）式）

圖：R_1/R_2 。

6.2-1　如圖若 $R=30\,\Omega$ ，求 I_1 和 I_2 。（建議：先求 I_T ，再使用分流）

圖：5 A ，1 A 。

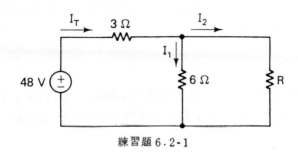

練習題 6.2-1

6.2-2　若 $R=6\,\Omega$ ，重覆練習題6.2-1的問題。

圖：4 A ，4 A 。

6.2-3　有10個電阻器排所組成的分流器，其中9個具有相同20毫姆歐的電導，第10個爲70毫姆歐。如果進入分流器總電流 $I_T=50$ 毫安，求進入第10個電阻器的電流。

圖：14毫安培。

6.3-1　使用分流定理求 I 值。

圖：12.5安培。

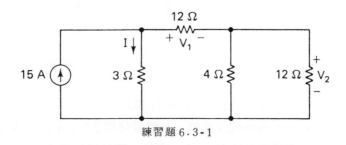

練習題 6.3-1

6.3-2　在練習題6.3-1中使用分壓定理求 V_1 和 V_2 。

圖：30伏 ，7.5伏。

6.3-3 在習題 5.12 中應用分壓定理來解題。

答：1 伏特。

6.4-1 如在圖 6.10 中的惠斯登電橋，當 $R_1/R_2 = 4$ 和令電路平衡的 $R_s = 6$ Ω，求 R_x。

答：24 Ω。

6.4-2 於練習題 6.4-1 中的電阻值，如圖 6.10 所示，當 $V = 30$ 伏特時，求 V_1，V_2 和 I_1。

答：24 伏特，24 伏特，1 安培。

6.4-3 於練習題 6.4-1 中，若 $V = 30$ 伏特和 $I_2 = 2$ 安培，求 R_1 和 R_2。

答：12 Ω，3 Ω。

習 題

6.1 圖 6.1 中若 $R_1 = 2$ kΩ，$R_2 = 6$ kΩ，和 $V_T = 16$ 伏特，求 V_1 和 V_2。

6.2 圖 6.1 中若 $V_1 = 8$ 伏特，$V_2 = 2$ 伏特，求 R_1/R_2 之比值。（建議：參考練習題 6.1-5）。

6.3 圖 6.1 中具有 $V_T = 30$ 伏特，$I = 5$A，$V_1/V_2 = 2$，求 R_1 和 R_2。

6.4 有 N 個同阻值的串電阻，接於 20 伏特電源。若每一電阻的電壓是 4 伏特，求 N。

6.5 如圖使用分壓定理求 V_1 和 V_2。

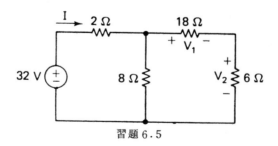

習題 6.5

6.6 應用分流定理解習題 6.5。（建議：求 I 分流至 18Ω 和 6Ω 之電流）

6.7 如圖若 $R = 5$ Ω，求 I_1 和 I_2。

6.8 在習題 6.7 中，若 $R = 20$ Ω，求 I_1 和 I_2。

6.9 有 4 個電阻排所組成的分流器，其電導分別為 2，4，6，8 毫姆歐。如果進入分流器總電流是 10 mA，求每一電阻的電流。

6.10 使用分壓和分流定理解習題 5.16 中的問題。

6.11 如圖使用分壓和分流定理，求 I_1，I_2，V_1 和 V_2。

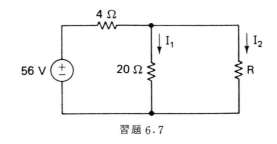

習題 6.7

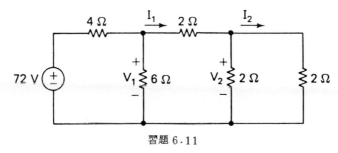

習題 6.11

6.12 若跨於分壓器電壓爲 100 伏特，電流爲 5 A ，而 R_1 兩端電壓爲 25 伏特。求分壓器中的 R_1 和 R_2 。

6.13 如圖若 $R=6\,\Omega$ ，求 I 。

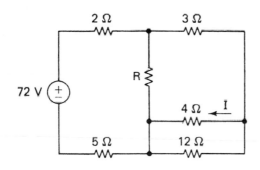

習題 6.13

6.14 在習題 6.13 中，若 $R=3\,\Omega$ ，求 I 。

6.15 如果在圖 6.10 中的惠斯登電橋是平衡狀況，且 $R_1=2\,\mathrm{k}\Omega$ ， $R_2=500$ Ω ， $R_s=80\,\Omega$ ，求 R_x 。

6.16 在習題 6.15 中的電路，若 $V=20$ 伏特，求 V_1 ， V_2 ， I_1 和 I_2 。

第7章

![一般的電阻電路]

一般的電阻電路

　　如前述，有很多電路不是串聯、並聯，或串－並聯電路，需要更通俗的方法去分析。如圖5.7中橋路有兩個電阻器是串聯或並聯在一起，因此不能求得單一等效電阻，也無法應用分壓或分流定理來分析電路。此情況下，即使在非串－並聯型式的簡單電路，且電路僅有兩個環路，而每一環路各包含了一電壓源的電路都不能使用。

　　有兩種一般的分析方法，可提供任何電阻電路使用，本章中將詳細討論。一為網目（mesh）或環路分析法，另一為節點（nodal）分析法。於網目或環路分析法中，採用 KVL 環繞特定的封閉路徑，去獲得一組未知電流的方程式。節點電壓法，則在電路中的節點，應用 KCL ，求得未知的電壓值。

　　不論是網目或節點分析法，都可利用一組聯立方程式解未知數（網目分析法求電流，節點電壓法求電壓）。本章將有系統的選擇一組能求出的電流或電壓，這些值能完全的分析電路，並獲得一組能滿足求解的方程式，來考慮解方程式的方法。以後將討論任何電阻電路的分析步驟，從簡單的串聯或並聯電路，到圖5.7的橋路，甚至具有任意數個節點或封閉路徑的電路作分析。

7.1　使用元件電流的環路分析法
（*LOOP ANALYSIS USING ELEMENT CURRENTS*）

　　環路電流法是採用 KVL 於特定的環路，或封閉路徑。首先以元件電流當作電流，再考慮以一組稱為網目（mesh）電流當作電路電流，以能擁有更系統化的分析方法。

　　以後所討論的電路限制為平面電路，為所有元件都可能在一平面上繪出的電路，並不能有任一元件和其它元件相互交叉通過。也就是除節點外，沒有任何元件或導線相互接在一起。環路分析亦可以應用於非平面電路，但此種電路要尋得一組用來分析適切環路十分的困難。圖7.1是平面電路的例子，電路中有兩個環路，環路由箭頭及所標示的1和2加以區別。（此種電路亦有一環繞

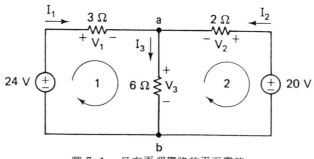

圖 7.1　具有兩個環路的平面電路

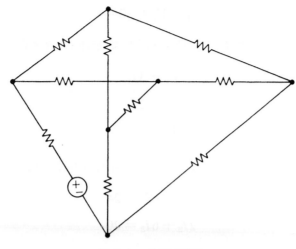

圖7.2 非平面電路

著電路的外圍，這環路在分析上是不需要的。）

一個非平面網路的例子如圖7.2中。讀者可能重畫使網路除了節點之外沒有任何交叉點，但將會自動放棄。

網 目

如圖7.1中，平面分成不同的區域，如同木框來劃分窗戶一樣。封閉的環路形成了這些區域或"窗戶"的邊界，稱為電路的一個網目。因此網目是沒有含任何元件的特殊環路。在圖中的環路1和環路2就是網目的例子，外圍的環路不是網目，因為內部包含了一個6Ω電阻器。

網目是最容易使用的環路，因它最容易找出，網目的數目剛好是分析電路所需組成聯立方程式的正確數目。在圖7.1中，電路有兩個網目，而電路中每一元件不是在一網目上，就是在另一個網目上。

環路方程式

環路分析法是由寫出環路方程式而開始，此方程式是使用 KVL 環繞這環路而獲得。因電阻器兩端的電壓是 IR 壓降，在方程式中的未知數是電流。不論環路中前進電流方向是否正確，只要克希荷夫及歐姆定律正確使用卽可。

為了說明分析的步驟，讓我們寫出圖7.1電路中的環路方程式。利用 KVL 按照箭頭所指的方向環繞環路1可得

$$V_1 + V_3 - 24 = 0 \qquad (7.1)$$

同樣，依照箭頭指引的方向環繞環路2可得

$$-V_3 - V_2 + 20 = 0 \qquad (7.2)$$

利用元件電流 I_1，I_2，和 I_3 來代替，配合歐姆定律的 IR 壓降可得

$$V_1 = 3I_1$$
$$V_2 = 2I_2 \qquad (7.3)$$
$$V_3 = 6I_3$$

將這些數值代入（7.1）和（7.2）式中，可得環路方程式爲

$$3I_1 + 6I_3 = 24$$
$$2I_2 + 6I_3 = 20 \qquad (7.4)$$

在此有三個元件電流在兩方程式中，但可以使用 KCL 在節點 a 上而獲得另一個方程式爲

$$I_3 = I_1 + I_2 \qquad (7.5)$$

將 I_3 之值代入（7.4）式中可得

$$3I_1 + 6(I_1 + I_2) = 24$$
$$2I_2 + 6(I_1 + I_2) = 20$$

此方程式可以簡化爲

$$9I_1 + 6I_2 = 24$$
$$6I_1 + 8I_2 = 20 \qquad (7.6)$$

必須解出這些環路方程式，才能完整的分析電路。解出 I_1 和 I_2 之後，可將此二數值代入（7.5）式而求得 I_3。電流求出後，可以求得電路中所有的電流和電壓。例如，IR 壓降可從（7.3）式求出結果。

方程式的解法

在（7.6）式的聯立方程式解法有很多種。其中一種是消去法，把一適當的常數乘上一個或數個方程式，再把這些方程式作相加或相減以消去一未知數。讓我們把（7.6）式中的 I_2 消去來說明此方法，將（7.6）式的第一式每項乘以 4，第二式每項都乘以 3，得

$$36I_1 + 24I_2 = 96$$

$$18I_1 + 24I_2 = 60$$

把方程式 1 減去方程式 2 ，可以把 I_2 消去。結果為

$$18I_1 = 36$$

從此式可得

$$I_1 = 2 \text{ 安培} \tag{7.7}$$

知道 I_1 值後，將它代入（7.6）式任何一式而求得 I_2 。例如把 $I_1 = 2$ 代入（7.6）式第一個方程式，可得

$$9(2) + 6I_2 = 24$$

或 $$6I_2 = 6$$

因此 $$I_2 = 1 \text{ 安培} \tag{7.8}$$

從（7.5）式可求得最後一個元件電流為

$$I_3 = 2 + 1 = 3 \text{ 安培} \tag{7.9}$$

從（7.3）式得知 IR 壓降是

$$V_1 = 3(2) = 6 \text{ 伏特}$$

$$V_2 = 2(1) = 2 \text{ 伏特} \tag{7.10}$$

$$V_3 = 6(3) = 18 \text{ 伏特}$$

　　在下節中，我們將考慮另一種解聯立方程式的解法。這種解法為使用行列式，在使用行列式定理簡化後，可直接的寫出答案。

　　本節中最後要注意的是，我們觀察分析圖7.1的電路，只是執行歐姆和克希荷夫定律而已。沒有使用分壓或分流定理，也沒有找出等效電阻。且這種方法是十分通用的。如果電路中包含了更多的網目，需要列出更多的方程式，當然數學運算就更為繁雜，但此法仍被提供分析之用。

7.2　行列式（*DETERMINANTS*）

　　7.1節中（7.6）式聯立方程式的另一種解法是克勞瑪法則（Cramer's

rule），此法則是應用行列式來求解。這種方法在大部份的代數課本中會提到，但爲了讀者可能對行列式不太熟悉，故在本節中再作簡潔的討論。

係數行列式

在有兩未知數 x_1 和 x_2 的兩方程式時，具有

$$ax_1 + bx_2 = k_1$$
$$cx_1 + dx_2 = k_2 \tag{7.11}$$

此處 a，b，c，d，k_1 和 k_2 是已知的常數。係數行列式 Δ 被寫成 2×2 數列（兩行和兩列）。

$$\Delta = \begin{vmatrix} a & b \\ c & d \end{vmatrix} \tag{7.12}$$

第一列（ row ）包含了第一個方程式中未知數 x_1 和 x_2 的係數 a 和 b，而第二列包含第二個方程式中的係數 c 和 d。

這 Δ 的數值被定義爲

$$\Delta = ad - bc$$

此數可由對角線法則由下列可獲得

$$\Delta = \begin{vmatrix} a & b \\ c & d \end{vmatrix} = ad - bc \tag{7.13}$$

因此，Δ 的右下對角線的乘積 ad 和左下對角線的乘積 bc 的差值。例如在 7.1 節中（7.6）式的狀況，未知數 $x_1 = I_1$ 和 $x_2 = I_2$，且係數行列式爲

$$\Delta = \begin{vmatrix} 9 & 6 \\ 6 & 8 \end{vmatrix} = 9(8) - 6(6) = 36 \tag{7.14}$$

克勞瑪法則

把（7.12）式行列式中的第一行係數，以常數 k_1 和 k_2 來取代，而得行列式定義爲 Δ_1（此行是 x_1 的係數 a 和 c）。卽

$$\Delta_1 = \begin{vmatrix} k_1 & b \\ k_2 & d \end{vmatrix}$$

同樣的方式，定義行列式 Δ_2 是將 Δ 中的第二行係數被常數 k_1 和 k_2 所取代，而得新行列式（此行是 x_2 的係數 b 和 d ）。即

$$\Delta_2 = \begin{vmatrix} a & k_1 \\ c & k_2 \end{vmatrix}$$

利用克勞瑪法則可知（7.11）式的解答是由下式來求得。

$$x_1 = \frac{\Delta_1}{\Delta} \qquad x_2 = \frac{\Delta_2}{\Delta}$$

例如，解7.1節中（7.6）式的環路方程式，此方程式重寫如下：

$$9I_1 + 6I_2 = 24$$
$$6I_1 + 8I_2 = 20$$

係數行列式 Δ 已在（7.14）式中求出，而 Δ_1 和 Δ_2 為

$$\Delta_1 = \begin{vmatrix} 24 & 6 \\ 20 & 8 \end{vmatrix} = 24(8) - 6(20) = 72$$

$$\Delta_2 = \begin{vmatrix} 9 & 24 \\ 6 & 20 \end{vmatrix} = 9(20) - 24(6) = 36$$

因此，利用克勞瑪法則電流是

$$I_1 = \frac{\Delta_1}{\Delta} = \frac{72}{36} = 2 \text{ 安培}$$

$$I_2 = \frac{\Delta_2}{\Delta} = \frac{36}{36} = 1 \text{ 安培}$$

在有三個未知數的三個聯立方程式中

$$a_1x_1 + b_1x_2 + c_1x_3 = k_1$$
$$a_2x_1 + b_2x_2 + c_2x_3 = k_2$$
$$a_3x_1 + b_3x_2 + c_3x_3 = k_3$$

由克勞瑪法則提供了

$$x_1 = \frac{\Delta_1}{\Delta} \qquad x_2 = \frac{\Delta_2}{\Delta} \qquad x_3 = \frac{\Delta_3}{\Delta}$$

之關係式，此處 Δ 是一組 3×3 的係數行列式

$$\Delta = \begin{vmatrix} a_1 & b_1 & c_1 \\ a_2 & b_2 & c_2 \\ a_3 & b_3 & c_3 \end{vmatrix}$$

Δ_1 是將 Δ 的第一行係數以常數 k_1，k_2，k_3 來取代，Δ_2 是將 Δ 的第二行以同樣常數來取代，Δ_3 是將 Δ 第三行以同樣常數來取代。

這裡也有一對角線法，則提供一組 3×3 的行列式，卽

$$= (a_1 b_2 c_3 + b_1 c_2 a_3 + c_1 a_2 b_3)$$
$$- (c_1 b_2 a_3 + a_1 c_2 b_3 + b_1 a_2 c_3)$$

可看出前面二行係數重覆出現。而數值是右下角對線上數值的乘積與左下對角線上數值的乘積之差。

例如參考方程式

$$x_1 + x_2 + x_3 = 6$$
$$2x_1 - x_2 + x_3 = 3$$
$$-x_1 + x_2 + 2x_3 = 7$$

它的係數行列式爲

$$= [(1)(-1)(2) + (1)(1)(-1) + (1)(2)(1)]$$
$$- [(1)(-1)(-1) + (1)(1)(1) + (1)(2)(2)]$$
$$= -7$$

而未知數是

$$x_1 = \frac{\Delta_1}{\Delta} = \frac{\begin{vmatrix} 6 & 1 & 1 \\ 3 & -1 & 1 \\ 7 & 1 & 2 \end{vmatrix}}{-7} = \frac{-7}{-7} = 1$$

$$x_2 = \frac{\Delta_2}{\Delta} = \frac{\begin{vmatrix} 1 & 6 & 1 \\ 2 & 3 & 1 \\ -1 & 7 & 2 \end{vmatrix}}{-7} = \frac{-14}{-7} = 2$$

$$x_2 = \frac{\Delta_3}{\Delta} = \frac{\begin{vmatrix} 1 & 1 & 6 \\ 2 & -1 & 3 \\ -1 & 1 & 7 \end{vmatrix}}{-7} = \frac{-21}{-7} = 3$$

　　比 3×3 大的行列式可以發展以手算的方法來達成，但本書不需用到。如果讀者有興趣，可以在大部份的代數敎科書中找到。

7.3　網目電流(*MESH CURRENTS*)

　　環路分析法常把環路方程式中的元件電流，以網目電流來取代，而簡化表示式，本節將討論此種方法。首先定義一網目電流，這電流環繞一網目，這網目電流可能是一個元件所組成的全部電流，即網目電流是一元件電流，或它可能僅是元件電流的一部份。如圖7.3中的網目電流是 I_a 和 I_b，而元件電流是 I_1，I_2 和 I_3。為了知道網目電流和元件電流之間的關係，讓我們用環路分析法來分析此電路。

　　利用 KVL 環繞第一個網目（包括 V_{g1}）並將 IR 壓降的數值以元件電流

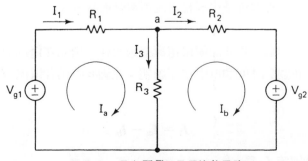

圖7.3　具有兩個網目電流的電路

來表示，則可得

$$-V_{g1} + R_1I_1 + R_3I_3 = 0$$

同樣地，環繞第二個網目可得

$$-R_3I_3 + R_2I_2 + V_{g2} = 0$$

重寫這結果，可得環路方程式

$$R_1I_1 + R_3I_3 = \quad V_{g1}$$
$$R_2I_2 - R_3I_3 = -V_{g2}$$

(7.15)

並且在節點 a 利用 KCL 可得

$$I_3 = I_1 - I_2 \tag{7.16}$$

元件電流與網目電流的關係：

因為 I_a 往右流經 R_1，所以它必是元件電流 I_1，即

$$I_1 = I_a \tag{7.17}$$

同樣的，I_b 往右流經 R_2，故和 I_2 相同，亦可得

$$I_2 = I_b \tag{7.18}$$

因此，網目電流構成了全部的元件電流。在元件電流 I_3 的狀況，由（7.16）式至（7.18）式可得

$$I_3 = I_a - I_b \tag{7.19}$$

因此，在 R_3 的元件電流是由網目電流所混合而成的。

一般狀況

一般，若有兩個或更多的網路電流通過元件，則元件電流是這些網目電流的代數和。這在圖7.4(a)和(b)中作了說明，在圖(a)中元件電流 I_1 以網目電流 I_a 和 I_b 寫出

$$I_1 = I_a - I_b \tag{7.20}$$

在圖(b)中元件電流 I_2 為

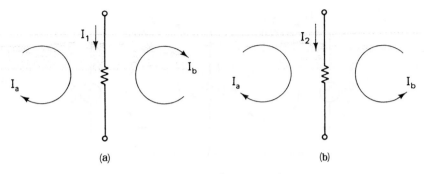

圖7.4 網目電流和元件電流之關係

$$I_2 = I_a + I_b \tag{7.21}$$

在圖7.4(a)中，I_1是往下流經元件的總電流，因此I_1等於往下的網目電流I_a減去向上的網目電流I_b。在圖7.4(b)中，I_2是向下流的總電流，為向下的網目電流I_a及I_b之和。

現在解圖7.3中的電路，網目方程式（7.15）式以網目電流I_a及I_b為項，將（7.17）式至（7.19）式代入（7.15）式中元件電流項。結果是

$$
\begin{aligned}
R_1 I_a + R_3(I_a - I_b) &= V_{g1} \\
R_2 I_b - R_3(I_a - I_b) &= -V_{g2}
\end{aligned}
\tag{7.22}
$$

這結果可從圖7.3中，以網目電流項寫出 IR 壓降而直接寫出。

將（7.22）式中的項集合在一起，可得更簡單的形式

$$(R_1 + R_3)I_a - R_3 I_b = V_{g1}$$

$$-R_3 I_a + (R_2 + R_3)I_b = -V_{g2}$$

由這方程式可解出 I_a 和 I_b ，然後所有元件電流和電壓便可利用網目電流去求出。

例7.1：求圖7.5中電路的網目電流，元件電流，和 IR 壓降。

解：以網目電流 I_a 和 I_b 為項，則 IR 壓降為

$$V_1 = 3I_a$$

$$V_2 = 12I_b$$

$$V_3 = 6(I_a - I_b)$$

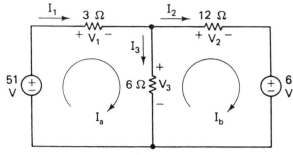

圖7.5 兩個網目電流的範例

因此第一個網目方程式爲

$$3I_a + 6(I_a - I_b) = 51$$

而第二個網目方程式爲

$$-6(I_a - I_b) + 12I_b = -6$$

整理後可得

$$9I_a - 6I_b = 51$$
$$-6I_a + 18I_b = -6$$

(7.23)

將方程式2的每項除以3後，可得

$$9I_a - 6I_b = 51$$
$$-2I_a + 6I_b = -2$$

將兩方程式相加，其結果爲

$$7I_a = 49$$

或

$$I_a = 7 安培$$

將此值代入（7.23）式第一式中，得

$$9(7) - 6I_b = 51$$

求得

$$I_b = 2 安培$$

元件電流是

$$I_1 = I_a = 7 \ 安培$$

$$I_2 = I_b = 2 \ 安培$$

$$I_3 = I_a - I_b = 5 \ 安培$$

而 IR 壓降是

$$V_1 = 3I_a = 21 \ 伏特$$

$$V_2 = 12I_b = 24 \ 伏特$$

$$V_3 = 6(I_a - I_b) = 30 \text{ 伏特}$$

簡化步驟

　　若假設網目電流的方向如圖7.5中的順時鐘方向，此時有一簡化寫出網目方程式的方法。將設按照所定方向的網目電流為 I_a ，則方程式左邊 I_a 的係數為網目中所有電阻之和。這是由於所有電阻的 IR 壓降是正值，而每個電阻上的電流都是 I_a 之故。另一網目電流 I_b ，流過與 I_a 共同電阻時其方向相反，因此它提供的 IR 壓降是負值。為完成方程式，在其等號右邊是由網目中電壓源所提供電壓昇之代數和。

　　例如，應用簡化步驟在圖7.5中的電路。網目電流 I_a 所寫出的網目方程式為： I_a 的係數為 $3+6=9$ ，是網目中電阻之和。 I_b 的係數為 -6 ，此負電阻值是兩個網目所共有。方程式等號右邊是 51 ，它是 I_a 依順時針方向所碰到電源的電壓昇。

　　由網目電流 I_b 所寫出的網目方程式為； I_b 的係數為 $12+6=18$ ，是網目中電阻之和。 I_a 的係數為 -6 ，此負電阻值是兩網目所共有。等號右邊是 -6 （因順時鐘經過電源是 $+6$ 壓降，則壓昇是 -6 ）。讀者可將此結果和（7.23）式比較，檢驗是否正確。

例7.2：使用簡化步驟，在圖7.6中 $R = 3\,\Omega$ ，寫出電路網目方程式，並求出網目電流 I_a 及 I_b 之值。

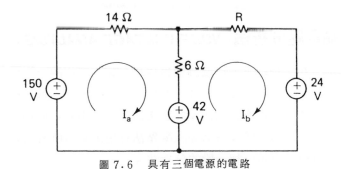

圖 7.6　具有三個電源的電路

解：使用簡化步驟，方程式為

$$20I_a - 6I_b = 150 - 42 = 108$$
$$-6I_a + 9I_b = 42 - 24 = 18$$

(7.24)

解這方程式，把第一式每項乘 3 ，第二式每項乘 2 得

$$60I_a - 18I_b = 324$$

$$-12I_a + 18I_b = 36$$

把方程式相加，可得

$$48I_a = 360$$

或 $I_a = 360/48 = 7.5$ 安培。將此值代入 7.24 式中第二式方程式，結果為

$$-6(7.5) + 9I_b = 18$$

或
$$9I_b = 18 + 45 = 63$$

因此
$$I_b = 7 \text{ 安培}$$

負的網目電流

如上例，把圖 7.5 中的兩電壓源以 21 伏特的電源所取代，並求出網目電流。網目方程式是

$$9I_a - 6I_b = 21$$

$$-6I_a + 18I_b = -21$$

解這二個方程式，可得網目電流 $I_a = 2$ 安培和 $I_b = -0.5$ 安培。

其中之一的網目電流 I_b 是負值，這意謂著 I_b 的正網目電流應該是繞著第二個環路以逆時鐘方向旋轉。因此通過 6 Ω 電阻器的電流 I_3 是

$$I_3 = 2 + 0.5 = 2.5 \text{ 安培}$$

7.4　節點電壓分析法（*NODE-VOLTAGE ANALYSIS*）

網目電流分析法是以 KVL 環繞網目以網目電流寫出的一組聯立程式。從求出的網目電流，可以求出電路中每一元件的電流和電壓。另一種電路分析法為節點電壓分析法，或節點分析法，此種方法是應用 KCL 於節點上，以節點電壓寫出方程式。本節中將了解，節點電壓法可用來求出所有元件的電流和電壓，因此節點分析法也是一種一般的分析法。

節點電壓

在執行節點分析法之前，首先選擇任一節點做為參考（reference）節點，或接地節點，其它節點則為非參考點。每一非參考點對參考點的電壓定義為節點電壓。例如在圖 7.7 中電路參考點是節點 c ，以接地符號連接這節點作為辨認之用。而非參考節點 a 和 b 標示各節點電壓 V_a 和 V_b ，其意思為這節點高

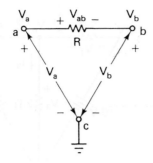

圖 7.7　參考點及非參考節點

於接地電位 V_a 和 V_b 的電壓。

接地電位

　　爲了使分析更容易，我們選擇具有最多元件連接在一起的節點爲參考點，這一點以後將會明白。很多實際的電路都是安裝在一金屬架上，這是邏輯上所選擇的接地節點。這種狀況在大部份的電子電路，及汽車上的電氣電路上時常碰到。另一狀況如電力系統上，接地就是地球本身。在每一種狀況，接地電位通常定爲零伏特，因此非參考節點的電位都超過零電位。

元件電壓

　　一旦節點以它的節點電壓標示之後，就可很容易的求出所有的元件電壓。例如在圖 7.7 中跨於電阻器 R 元件電壓 V_{ab} 是

$$V_{ab} = V_a - V_b \tag{7.25}$$

這可以使用 KVL 環繞電路 $abca$ 而看出（眞實或想像的）。結果爲

$$V_{ab} + V_b - V_a = 0$$

從此式可知（7.25）式是正確的。

例 7.3 : 爲了說明節點分析法，讓我們求圖 7.8(a)電路中電阻器的電流，參考節點如圖所標示。非參考點電壓分別標示爲 V_a，V_b 和 V_c，但這些數值有時可經由視察電路而決定。例如，節點電壓 V_a 高於地 16 伏特（它存在一 16 伏特的電壓昇從參考點到 V_a 之間），因此這個節點電壓爲

$$V_a = 16 \text{ 伏特}$$

同樣的，標示 V_c 的節點是高於地 22 伏特，因此

$$V_c = 22 \text{ 伏特}$$

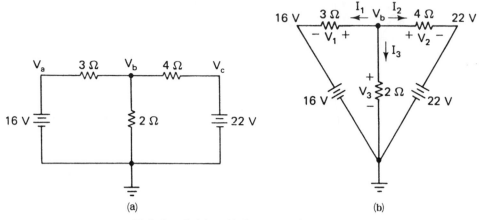

圖 7.8　含有標示節點電壓電路的兩種型式

這些節點電壓值是標示於圖7.8(b)之中，此處的接地節點已重新畫過，令人更清楚的辨認它僅是一個點而已。

解：現在只剩一未知節點電壓 V_a，因此只需使用 KCL 一次就可以。使用 KCL 於 V_b 節點，可得節點方程式

$$I_1 + I_2 + I_3 = 0 \tag{7.26}$$

利用歐姆定律可得

$$I_1 = \frac{V_1}{3}$$

$$I_2 = \frac{V_2}{4} \tag{7.27}$$

$$I_3 = \frac{V_3}{2}$$

且元件電壓與節點電壓間的關係是

$$V_1 = V_b - 16$$

$$V_2 = V_b - 22 \tag{7.28}$$

$$V_3 = V_b$$

把（7.27）式及（7.28）式代入（7.26）式中，得到節點方程式為

$$\frac{V_b - 16}{3} + \frac{V_b - 22}{4} + \frac{V_b}{2} = 0 \tag{7.29}$$

當然這方程式不一定要經由（7.26）式至（7.28）式去導出，可直接視察圖 7.8(b)而寫出。簡單的說，離開節點 V_b 的電流之和等於零。而電流則

利用歐姆定律以節點電壓來表示。例如從 V_b 到 $V_a=16$ 的電流為 $(V_b-16)/3$。為完整的分析圖 7.8 之電路，可由（7.29）式解得 V_b 為

$$\left(\frac{1}{3}+\frac{1}{4}+\frac{1}{2}\right)V_b = \frac{16}{3}+\frac{22}{4}$$

$$\frac{13}{12}V_b = \frac{130}{12}$$

上式可得 $V_b=10$ 伏特。利用（7.27）式和（7.28）式可得電阻器的電流為

$$I_1 = \frac{V_b-16}{3} = -2 \text{ 安培}$$

$$I_2 = \frac{V_b-22}{4} = -3 \text{ 安培}$$

$$I_3 = \frac{V_b}{2} = 5 \text{ 安培}$$

在這個例子中，提示了我們節點方程式是根據一節點（此例為節點 V_b）而寫出，在寫方程式時不需知道通過電壓源的電流，這是可能的，因有電壓源存在，可以減少未知節點電壓的數目，同樣亦可減少節點方程式的數目。節點方程式在有電流源的端點時較容易計算，因電流經由電流源所流出的數值已被確定了。我們將於 7.5 節中考慮這種及其它類型的電路。

7.5 其它節點分析法之範例
(*OTHER NODAL ANALYSIS EXAMPLES*)

在本節中將應用節點分析法在含有電流源的電路，及含有電壓源而更繁雜的電路。當然分析的步驟和前章節的方法都相同，但是所包含的數學式較為複雜。

例 7.4：使用節點分析法求圖 7.9 中的 I 值。

解：接地節點如圖所標示的，非參考點一為有 21 標示的節點電壓，另一為 V，在節點 V 的節點方程式為

$$I_1 + I = 2$$

或

$$\frac{V-21}{3} + \frac{V}{6} = 2$$

解節點電壓 V，可得

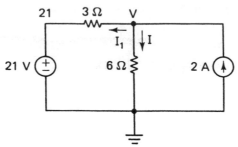

圖 7.9 具有電壓和電流源的電路

$$\frac{3}{6}V = 2 + \frac{21}{3}$$

或 $V = 18$ 伏特。因此電流 I 是

$$I = \frac{V}{6} = 3 \ \text{安培}$$

例 7.5：求圖 7.10 中電路的節點電壓 V_1 和 V_2，以及 I 之值。

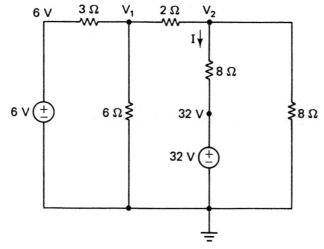

圖 7.10 具有兩電壓源的電路

解：參考點如圖所示，有兩個已知電壓為 6 和 32 伏特，都標示在圖上。在節點 V_1 的節點方程式是

$$\frac{V_1 - 6}{3} + \frac{V_1 - V_2}{2} + \frac{V_1}{6} = 0 \qquad (7.30)$$

此式是使離開節點三個電流之和等於零。用同樣的方法在節點 V_2 上可得

$$\frac{V_2 - V_1}{2} + \frac{V_2 - 32}{8} + \frac{V_2}{8} = 0 \qquad (7.31)$$

把（7.30）式之每項乘以 6 ，及把（7.31）式之每項乘以 8 ，並將相同的項集中在一起，可得

$$6V_1 - 3V_2 = 12$$

$$-4V_1 + 6V_2 = 32$$

若把第二方程式中每項都除以 2 ，得

$$6V_1 - 3V_2 = 12$$

$$-2V_1 + 3V_2 = 16 \qquad (7.32)$$

將此二方程式相加而得

$$4V_1 = 28$$

或 $V_1 = 7$ 伏特。將 V_1 之值代入（7.32）式中的第一個方程式，可得

$$42 - 3V_2 = 12$$

或 $\qquad -3V_2 = -30$

從上式可求出 $V_2 = 10$ 伏特。

最後，從圖 7.10 中可知

$$I = \frac{V_2 - 32}{8}$$

$$= \frac{10 - 32}{8}$$

$$= -2.75 \text{ 安培}$$

因此，有 2.75 安培的電流從 32 伏特電源的正端點往上流出。

例 7.6：如同上例，讓我們以節點分析法求出圖 7.11 中的 I_1。在圖上分別標示 a , b , c , d 等 4 個節點，因此電路中有三個非參考點。選擇節點 d 當作參考點，並將 c 之節點電壓標示為 V ，我們要注意的是節點 a 和 b 所具有的節點電壓可以 V 來表示。從 c 到 b 點之間有 10 伏特的電壓昇存在，所以 b 點電壓一定比 c 點的電壓高出 10 伏特。因此如圖所示 b 點電壓是 $V + 10$ 。同樣的，從 b 點移動到 a 點有 6 伏特的電壓昇存在，因此 a 點電壓必為 $V + 10 + 6 = V + 16$ ，此亦標示於圖上。

解：有三個未知電壓 V 的項目來表示的非參考點電壓，因此僅需列出一節點方程式就可以了。在節點 a 可得：

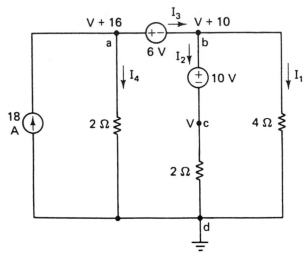

圖 7.11 具有三個電源的電路

$$I_3 + I_4 = 18 \tag{7.33}$$

但是 I_3 是流過一電壓源的電流，它不能以歐姆定理來表示。然而，由節點 b 可得

$$I_3 = I_2 + I_1$$

因此（7.33）式變爲

$$I_4 + I_2 + I_1 = 18 \tag{7.34}$$

由於上式的結果是將 KCL 供給在圖 7.12 中所重畫電路的封閉曲線上。即，電流 I_4，I_2，和 I_1 離開曲線的和等於進入曲線的電流 18 安培。因此 KCL 不僅可應用在一節點之上，亦可應用於電路所畫的封閉曲線上。現又回到（7.34）式，可將 I_4，I_2，和 I_1 利用歐姆定律和圖 7.12 所示的，以它們的等效表示式來取代爲

$$\frac{V+16}{2} + \frac{V}{2} + \frac{V+10}{4} = 18$$

集項之後，可得

$$\frac{5}{4}V = \frac{15}{2}$$

或 $V = 6$ 伏特。從圖 7.11 可知電流 I_1 可由下式獲得

$$I_1 = \frac{V+10}{4} = \frac{16}{4} = 4 \text{ 安培}$$

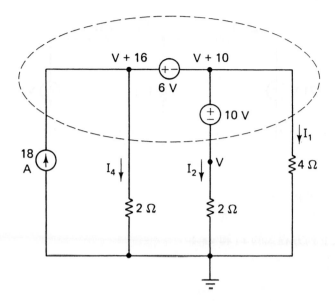

圖 7.12 重畫圖 7.11 中電路之電路圖

7.6 摘 要(*SUMMARY*)

本章討論了兩種分析電路的方法,一種是環路分析法,另一種爲節點分析法;兩種方法都可應用在任何電路上。在前面章節之中,分析的方法僅限於串聯、並聯,或串-並聯電路分析之用,但本章所提供的方法,可用來分析任何類型的電路。

環路分析法或網目分析法,是應用 KVL 環繞電路中的某一特定環路寫出方程式。所寫出的環路方程式包括了未知的環路電流。環路電流可以解這些方程式而求得,求出環路電流之後,電路中任何元件的電流與電壓都可求出。

在節點分析法的狀況,先選擇一參考或接地節點,剩下的爲非參考點,並在各節點上標註節點電壓,在非參考點應用 KCL ,而得一組節點電壓方程式。節點電壓可由解方程式求得,而後所有元件電流和電壓都可依節點電壓而求得。

練習題

7.1-1 如圖若$V_g = 14$伏特,求電路中的元件電流 I_1, I_2, 和 I_3。

圖:5A,1A,4A。

7.1-2 若練習題7.1-1中的$V_g = 0$(卽電壓源短路),重覆上題,並以分壓

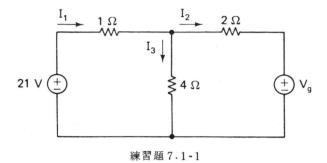

練習題 7.1-1

定理來驗算結果。

答：9A，6A，3A。

7.1-3 求下列方程式的 I_1 和 I_2：

$2 I_1 + 5 I_2 = 13$

$3 I_1 + 4 I_2 = 9$

答：-1，3。

7.2-1 利用行列式解練習題7.1-1。

答：5A，1A，4A。

7.2-2 利用行列式解下列的聯立方程式，求 I_1 和 I_2。

$3 I_1 + I_2 = 5$

$4 I_1 + 5 I_2 = 3$

答：2，-1。

7.3-1 如圖7.6中 $R = 7\Omega$，求 I_a 和 I_b 之值。

答：6.75A，4.5A。

7.3-2 利用網目分析法求解 I_1 和 I_2。

答：6A，11A。

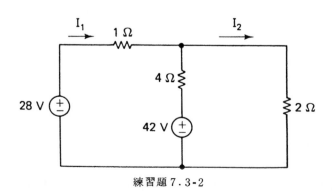

練習題 7.3-2

7.3-3　重覆練習題7.3-2的問題，若42伏特電源被一組14伏特所取代。

　　　　答：10A，9A。

7.4-1　當圖7.8(b)中16伏特之電源被一組29伏特所取代，利用節點分析法求V_b和I_3。

　　　　答：14伏特，7安培。

7.4-2　重覆練習題7.4-1之問題，如把16伏特電源以一組42伏特電源所取代。

　　　　答：18伏特，9安培。

7.4-3　如圖利用節點分析法求I。並用分流定理來驗算。

　　　　答：2A。

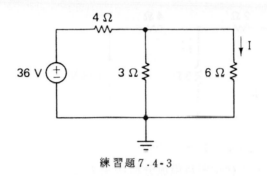

練習題7.4-3

7.5-1　如圖若元件x之上端為正12伏特電源，利用節點分析法求V。

　　　　答：8伏特。

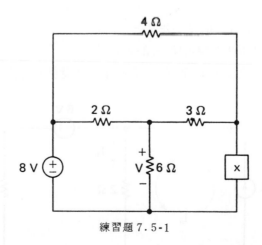

練習題7.5-1

7.5-2　重覆練習題7.5-1之問題，若元件x是往上8安培的電流源。

圖：12伏特。

7.5-3 重覆練習題7.5-1之問題。當元件 x 為12Ω的電阻。

圖：6伏特。

習 題

7.1 利用網目分析法解練習題6.2-1。

7.2 利用網目分析法解練習題6.2-2。

7.3 利用網目分析法求圖6.6中的 V_1。

7.4 利用網目分析法解習題6.5。

7.5 如圖若 $V_g = 21$ 伏特，使用網目分析法求 I。

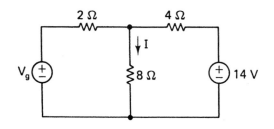

習題7.5

7.6 重覆習題7.5，若 $V_g = 7$ 伏特。

7.7 在圖7.8(b)中使用網目電流分析法求 I_3。

7.8 在圖7.1中使用節點分析法求 V_3。

7.9 在圖7.5中使用節點分析法求 I_2。

7.10 在圖7.6中 $R = 3$ Ω，使用節點分析法求 I_b。

7.11 重覆習題7.10之問題，若 $R = 7$ Ω。

7.12 應用節點分析法解練習題7.3-2。

7.13 使用網目分析法求 I_1 和 I_2。（建議：注意網目電流 $I_a = 6$ 安培，另寫

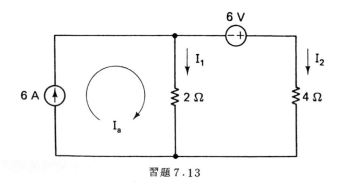

習題7.13

出繞著右邊網目方程式）。

7.14 使用節點分析法解習題 7.13 。

7.15 如圖求 V 值。

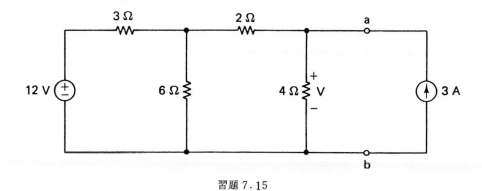

習題 7.15

7.16 如圖所示求 I 。

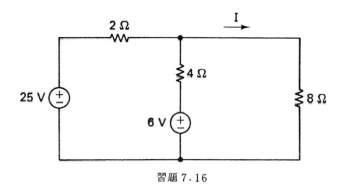

習題 7.16

7.17 求供給如圖 4 Ω 電阻器的功率。（建議：寫一環繞網目方程式）。

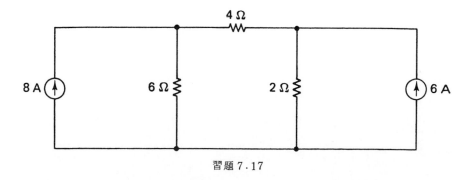

習題 7.17

7.18 在圖 7.11 中若 18 安培電流源換成一組 3 安培電源，求 V 。

第8章

![第8章]

網路理論

前面已考慮直接分析法，以分析簡單的串聯或並聯，及更複雜的電路。有時可考慮縮短分析的步驟，本章將使用某些特定的網路理論來完成這工作。例如僅對電路某元件的電壓或電流有興趣，可依據一網路理論，把原來的電路以等效且較簡單的電路來取代，而使分析步驟縮短。

所考慮的網路理論將應用在線性電路，是由線性元件和電源所組成。一線性元件爲它的電流乘以 K 倍，則其端電壓亦乘以 K。根據歐姆定義一電阻器爲

$$v = Ri$$

是線性因爲它符合

$$Kv = K(Ri)$$

$$= R(Ki)$$

因此 i 乘以 K，則 V 亦乘以 K。電阻性電路爲線性電路，因電路中的元件是電源和線性電阻之原故。其它線性元件在以後各章所要討論的電感器和電容器，這兩種元件和電阻器是交流電路中的重要元件。因此網路理論不僅應用於直流電路，亦可應用於交流電路。

8.1 重疊定理（*SUPERPOSITION*）

第一個網路理論爲重疊定理，它可敍述如下：

> 在包含有兩個或兩個以上電源網路中，某一元件電壓或電流是各電源單獨工作所產生的電壓或電流之代數和。

即，我們求由一電源所產生的電壓和電流時，把其它電源都設爲零。這種步驟對每一電源重覆使用，結果是把電壓或電流重疊在一起，而求得所有電源所產生的總效果。

去掉電源

使電源變爲零如同"殺掉"電源或使電源"死掉"。因此去掉電壓源 V_g 是使 $V_g = 0$，因這是短路方程式，所以僅需一短路取代電壓源即可。相同的，使電流源 $I_g = 0$（是開路的方程式），是以一開路取代電流源即可。

例 8.1：如上述的，應用重疊定律求圖8.1中的電流 I。首先用一般的分析法，再以重疊定理驗算其結果。

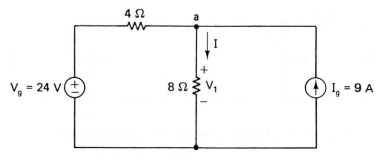

圖 8.1 具有兩個電源的電路

解： 使用 KCL 在節點 a 可得

$$\frac{V_1}{8} + \frac{V_1 - V_g}{4} = I_g$$

整理後得

$$V_1 = \frac{2V_g}{3} + \frac{8I_g}{3} \tag{8.1}$$

因 $I = V_1/8$，從（8.1）式可得

$$I = \frac{V_g}{12} + \frac{I_g}{3} \tag{8.2}$$

因 $V_g = 24$ 伏特，而 $I_g = 9$ 安培，故可得

$$I = \frac{24}{12} + \frac{9}{3} = 2 + 3 = 5 \text{ 安培} \tag{8.3}$$

現在利用重疊定理來解題，可寫為

$$I = I_a + I_b \tag{8.4}$$

I_a 是由 V_g 單獨供給，而 I_b 為 I_g 單獨所供給，從（8.2）式中如 $I_g = 0$，則 $I = I_a$，由下式得

$$I_a = \frac{V_g}{12} = \frac{24}{12} = 2 \text{ 安培} \tag{8.5}$$

若 $V_g = 0$，則 $I = I_b$，得

$$I_b = \frac{I_g}{3} = \frac{9}{3} = 3 \text{ 安培} \tag{8.6}$$

由（8.4）式之結果和（8.3）式結果相同。

$$I = 2 + 3 = 5 \text{ 安培}$$

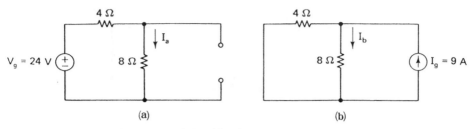

圖8.2　把圖8.1電路中的(a)電流源去掉，(b)電壓源去掉的電路。

　　當然，可以使用去掉電源的操作在電路本身，並避免分析原始電路的步驟。這是重疊定理的最大優點，因它可以僅分析單一電源的分離電路去完成分析工作。此種單一輸入電路是容易分析的，因可用網路簡化原則。如等效電阻，分壓和分流定理。

　　例如，求圖8.1中的電流 I，由 V_g 所單獨供給的 I_a 電流，將電源 I_g 去掉（開路取代）。這結果在圖8.2(a)中電路，使用歐姆定律

$$I_a = \frac{V_g}{12} = \frac{24}{12} = 2 \text{ 安培}$$

同樣的，求圖8.1中 I_g 所單獨供給的部份電流 I_b，將電壓源 V_g 去掉（短路取代）。所得電路如圖8.2(b)，用分流定律，可得

$$I_b = \frac{4}{12} I_g = \frac{4(9)}{12} = 3 \text{ 安培}$$

當然，這兩個值和（8.5）及（8.6）兩式完全相同。

例8.2：如上例，求圖7.1中供給6Ω電阻的功率，將該圖重畫於圖8.3中。
解：因功率正比於電流的平方（$P = I^2 R$），它不像電壓（$V = RI$）或電流（

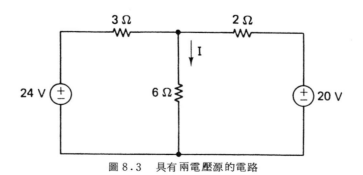

圖8.3　具有兩電壓源的電路

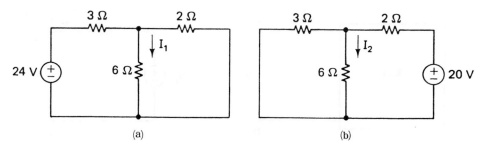

圖8.4　把圖8.3中電路的(a) 20 伏特去掉及(b) 24 伏特電源去掉的電路

$I = V/R$ ）是一線性量。因此不能將功率重疊而獲得總功率，即不能和電壓，電流一樣應用重疊定理。但可用重疊定理求出在圖8.3中的 I 值，並利用此結果去獲得功率。

$$P = 6I^2 \tag{8.7}$$

若 I_1 為 24 伏特電源單獨所供給的部份電流（ 20 伏特電源去掉），而 I_2 為 20 伏特電源單獨所供給的部份電流（ 24 伏特電源去掉），則

$$I = I_1 + I_2$$

這 I_1 和 I_2 可分別從圖8.4 (a)和(b)中求出。在圖8.4 (a)利用歐姆定律和分流定理可得

$$I_1 = \frac{24}{3 + [6(2)/8]} \cdot \frac{2}{6+2} = \frac{4}{3} \text{安培}$$

同樣的在圖8.4 (b)可得

$$I_2 = \frac{20}{2 + [3(6)/9]} \cdot \frac{3}{6+3} = \frac{5}{3} \text{安培}$$

因此，電流 I 為

$$I = I_1 + I_2 = \frac{4}{3} + \frac{5}{3} = 3 \text{ 安培}$$

利用（ 8.7 ）式功率等於

$$P = 6(3)^2 = 54 \text{ 瓦特}$$

8.2 戴維寧定理（*THÉVENIN'S THEOREM*）

有兩個十分重要的網路理論，一是戴維寧定理，另一為諾頓定理（ Norton's theorem），此定理允許將整個二端點網路以一等效二端點網路所取代，此等效電路包含一單獨電源和一單獨電阻器。因此，僅對單獨元件的電壓或

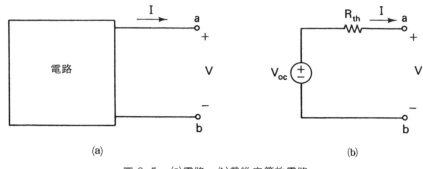

圖 8.5　(a)電路，(b)戴維寧等效電路

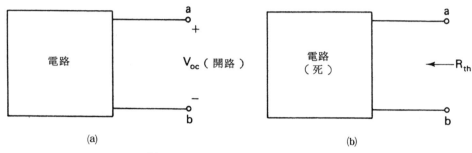

圖 8.6　(a)具有 V_{oc} 的開路網路，(b)含有 R_{th} 的死電路

電流有興趣時，可將整個電路（這元件除外）轉換成等效電路，以此簡單電路求出電壓或電流。本節中將考慮戴維寧定理，並利用此結果推展出 8.3 節的諾頓定理。

　　歷史上第一個網路理論是戴維寧定理，是紀念法國戴維寧而命名。戴維寧定理說明了如同圖 8.5 (a)之電路，在端點 $a-b$ 間的等效電路為圖 8.5 (b)。包含了一電壓源 V_{oc} 和串聯電阻 R_{th}。數值 V_{oc} 為呈現在 $a-b$ 端的開路電壓，如圖 8.6 (a)所示。電阻 R_{th} 稱為戴維寧電阻，是從 $a-b$ 端看入的 " 死 " 電路（即去掉所有內部電源）之等效電阻。戴維寧電阻標示在圖 8.6 (b)中。

戴維寧等效電路

　　圖 8.5 (b)電路稱為圖 8.5 (a)的戴維寧等效電路。V_{oc} 之極性是為使和原電路圖 8.5 (a)中電流由 a 到 b 的同方向電流而決定的。且等效電路中，如在圖 8.5 (a)和(b)有相同的 V，則 I 亦必須相同。

例 8.3：為了說明如何應用戴維寧定理，將圖 8.7 中 $a-b$ 端點左邊網路以戴維寧等效電路來取代，並利用這結果去求電壓 V。

解：開路電壓可從圖 8.8 (a)中求得 V_{oc}。因 8Ω 沒有電流，所以 V_{oc} 為 6Ω 的端

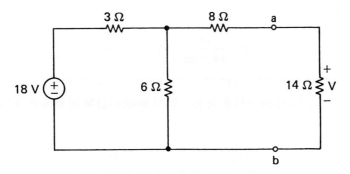

圖 8.7 欲採用戴維寧定理分析的電路

電壓。利用分壓定理可得

$$V_{oc} = \frac{6}{6+3} \cdot 18 = 12 \text{ 伏特}$$

從死電路的 $a-b$ 端看入的戴維寧電阻 R_{th} 表示在圖 8.8 (b)之中，可得

$$R_{th} = 8 + \frac{3(6)}{3+6} = 10 \text{ } \Omega$$

因此戴維寧等效電路是由 $V_{oc} = 12$ 伏特電源，和 $R_{th} = 10\,\Omega$ 的電阻串聯所組成。在圖 8.9 中將 $14\,\Omega$ 負載接到 $a-b$ 端。利用分壓定理求出 $14\,\Omega$ 之

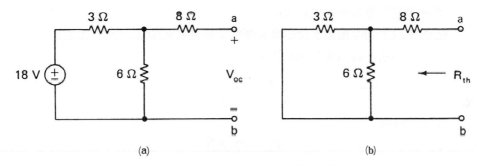

(a)   (b)

圖 8.8 圖 8.7 的(a)開路及(b)死電路

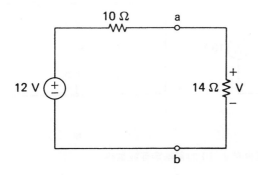

圖 8.9 圖 8.7 電路之戴維寧等效電路加上負載

端電壓 V 。

$$V = \frac{14}{14 + 10} \cdot 12 = 7 \text{ 伏特}$$

例8.4：在圖 8.10 中除 $2\,\Omega$ 電阻外，將其餘部份以戴維寧電路來取代，並求 I 。

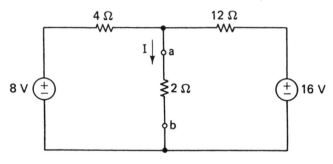

圖 8.10　具有兩電源的電路

解：此電路有兩個電源，但是戴維寧等效電路的求法和圖 8.7 電路之求法完全相同。如圖 8.11 (a)所示，把 $a-b$ 端開路求得 V_{oc} 。如圖 8.11 (b)所示，把兩個電源都去掉而求出 R_{th} 。

把圖 8.11 (a)中節點 b 當作參考節點，可知在節點 a 之節點電壓是 V_{oc} 。因此在節點 a 寫出節點方程式為

$$\frac{V_{\text{oc}} - 8}{4} + \frac{V_{\text{oc}} - 16}{12} = 0$$

從上式可得

$$V_{\text{oc}} = 10 \text{ 伏特}$$

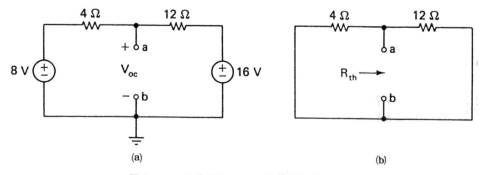

(a)　　　　　　　　　　(b)

圖 8.11　欲獲得圖 8.10 的戴維寧等效電路

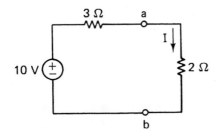

圖 8.12 圖 8.10 電路中戴維寧
等效電路接上負載

在圖 8.11 (b)中 R_{th} 是 $4\,\Omega$ 和 $12\,\Omega$ 電阻並聯組合,因此

$$R_{th} = \frac{4(12)}{4 + 12} = 3\,\Omega$$

將戴維寧等效電路和 $2\,\Omega$ 電阻在 $a-b$ 端連接在一起,表示在圖 8.12 中,由圖可知

$$I = \frac{10}{5} = 2\,安培$$

8.3 諾頓定理(*NORTON'S THEOREM*)

在 8.2 節所述的,戴維寧等效電路是在任何電路之 $a-b$ 端等效於有 $a-b$ 端的開路電壓 V_{oc},和電源去掉等效電阻 R_{th} 串聯所組成的電路。因此兩電路是等效,如將任 $a-b$ 端短路,則流經兩電路 $a-b$ 端之短路電流相同。我們說明此狀況,在圖 8.5 (a)中電路,其等效電路在圖 8.5 (b)中 $a-b$ 端以一短路連接。結果其電路如圖 8.13 (a)和(b)所示含有短路電流 I_{sc} 之電路。因為等效,所以兩電路的 I_{sc} 是相同的。

開路電壓與短路電流之間的關係

從圖 8.13 (b)及歐姆定律可得

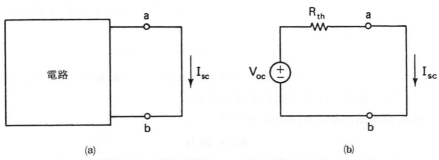

(a)   (b)

圖 8.13 (a)電路,(b)戴維寧等效電路 $a-b$ 端短路

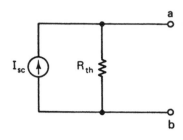

圖 8.14　圖 8.5⒜電路的諾頓等效電路

$$I_{sc} = \frac{V_{oc}}{R_{th}} \tag{8.8}$$

此式說明短路電流 I_{sc} 與開路電壓 V_{oc} 之關係。可將（8.8）式改爲

$$V_{oc} = R_{th} \, I_{sc} \tag{8.9}$$

此處 V_{oc} 是以 I_{sc} 名稱標示的。

諾頓等效電路

　　現在考慮圖 8.14 中的電路，此電路是一電流源 I_{sc} 和戴維寧等效電阻 R_{th} 所組成並聯電路。若 $a-b$ 端是開路，利用歐姆定律電壓 V_{ab} 爲

$$V_{ab} = R_{th} \, I_{sc}$$

因從（8.9）式可知 $V_{ab} = V_{oc}$，且圖 8.14 是圖 8.5⒜電路 $a-b$ 端點的等效電路。所以產生相同的 V_{oc} 和 R_{th}，因此它和戴維寧等效電路相同。圖 8.14 電路稱爲圖 8.5⒜電路的諾頓等效電路，這是紀念美國科學家諾頓而命名的，此定理在戴維寧定理發表 50 年後才被發表的。而說明圖 8.14 之電路是等效於圖 8.5⒜中 $a-b$ 端點的電路，也就是著名的諾頓定理。

　　求諾頓等效電路之 R_{th} 的方法，和以前一樣，從死電路的 $a-b$ 端看入之電阻。短路電流 I_{sc} 可以從戴維寧電路中的 V_{oc} 和使用 8.8 式求出，或可把 $a-b$ 端短路直接求出。在任何情況下，我們知道 R_{th}，V_{oc}，或 I_{sc} 的任何二個值，就可以找出（8.8）式或（8.9）式的其他型式。

例 8.5：爲了說明諾頓定理，讓我們找出圖 8.7 中 $a-b$ 端點左邊電路之諾頓等效電路，並利用此結果求出 V 值。

解：戴維寧電阻已從圖 8.8⒝中求出爲

$$R_{th} = 10 \, \Omega$$

將圖 8.7 的 $a-b$ 端短路，求 I_{sc}。結果如圖 8.15 電路，而電流 I 爲

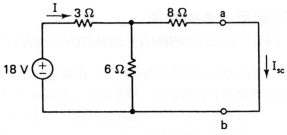

圖 8.15 求 I_{sc} 的電路

$$I = \frac{18}{3 + [6(8)/(6+8)]} = 2.8 \text{ 安培}$$

利用分流定理，得短路電流為

$$I_{sc} = \frac{6}{6+8} I = 1.2 \text{ 安培} \tag{8.10}$$

因此，圖 8.7 電路之諾頓等效電路表示於圖 8.16 中，可得

$$V = \frac{10(14)}{10+14} (1.2) = 7 \text{ 伏特}$$

當然，這結果和先前使用戴維寧定理求出者一樣。

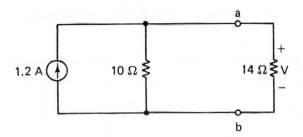

圖 8.16 圖 8.7 電路之諾頓等效電路

另外，因從 8.2 節中的戴維寧等效電路已知 $V_{oc} = 12$ 伏特，故可使用（8.9）式去求出例題 8.5 中的 I_{sc}，結果是

$$I_{sc} = \frac{V_{oc}}{R_{th}} = \frac{12}{10} = 1.2 \text{ 安培}$$

此式驗證了（8.10）式。

8.4　電壓源和電流源的轉換
（*VOLTAGE AND CURRENT SOURCE CONVERSIONS*）

我們已了解，電路的戴維寧等效電路是由一電壓源V_{oc}和一電阻器R_{th}串聯在一起。而電路的諾頓等效電路是由一電流源I_{sc}和同樣的電阻器R_{th}並聯在一起的電路。此兩電路如圖 8.17 (a)和(b)所示。因戴維寧和諾頓電路是等效，所以可以把戴維寧電路轉換成諾頓等效電路，反之亦然。如我們已知的，電阻R_{th}在兩電路都是相同，而V_{oc}和I_{sc}之關係爲

$$V_{oc} = R_{th}I_{sc} \tag{8.11}$$

如圖 8.18 (a)中電路的例子，可把此電路想爲某些電路之戴維寧等效電路，它有一諾頓等效電路以一$R_{th}=6\,\Omega$和

$$I_{sc} = \frac{V_{oc}}{R_{th}} = \frac{24}{6} = 4 \ \text{安培} \tag{8.12}$$

來說明。諾頓等效電路表示於圖 8.18 (b)中。

電源的轉換法

等效於圖 8.18 中戴維寧和諾頓電路端點，建議將轉換其中一型式的電源

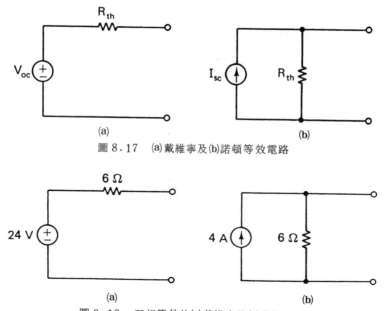

圖 8.17　(a)戴維寧及(b)諾頓等效電路

圖 8.18　互相等效的(a)戴維寧及(b)諾頓電路

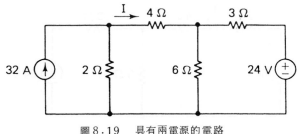

圖8.19　具有兩電源的電路

（如電壓源）至另一型式的電源（如電流源）。這樣的電源轉換法是簡單的把戴維寧等效電路以它的諾頓等效電路來取代。反之亦然，在很多例子中，此種轉換可重覆執行，將電壓源轉換至電流源，及將電流源再換成電壓源，可把複雜電路簡化成簡單電路。

　　例如使用電源轉換法，將圖8.19簡化成僅含有一環路的等效電路，再求出 I 。先將 32 安培電源和並聯之 $2\,\Omega$ 電阻以戴維寧電路所取代。結果是一個 $2\,\Omega$ 電阻和 $32 \times 2 = 64$ 伏特的電壓源串聯在一起，如圖 8.20(a)所示。

　　再將 $3\,\Omega$ 和 24 伏特電源以一個 $3\,\Omega$ 和 $24/3 = 8$ 安培電流源並聯在一起的諾頓等效電路所取代。如圖8.20(b)所示。將 $6\,\Omega$ 和 $3\,\Omega$ 並聯成 $2\,\Omega$ ，可得圖 8.20(c)。最後將 $2\,\Omega$ 和 8 安培電源以一 $2\,\Omega$ 和 $8 \times 2 = 16$ 伏特的電壓源串聯成戴維寧等效電路所取代，如圖 8.20(d)所示。從這簡化電路可寫出

$$I = \frac{64 - 16}{2 + 4 + 2} = 6 \text{ 安培}$$

理想和實際的電源

　　在圖 8.19 中 24 伏特電源是一理想電壓源。即不管外部接任何電路，或流出多少電流，它的兩端點電壓是維持在 24 伏特。這僅是理想而不是實際的電源，因此電源可以提供任何數量的功率。另一方面，實際或真實電源，將受其所能供給的電流所限制。例如一個 12 伏特的汽車電池，當它的端點開路時，供給12伏特之電壓。但當供給電流後，其電壓則低於12伏特。這可由車子起動器操作時，車燈將會變弱而說明此種現象。

　　實際電源因端點取用電流時，內部會呈現壓降。這可以以理想電壓源串聯一內部電阻來表示實際電源。例如，在圖8.19中 24 伏特的理想電源和 $3\,\Omega$ 電阻串聯電路就是實際電源。而更一般化的為具有理想電壓 V_{oc} 和內部電阻 R_{th} 串聯的戴維寧等效電路。

　　另外，諾頓等效電路代表一實際電流源，此電流源是由一理想電流源 I_{sc}

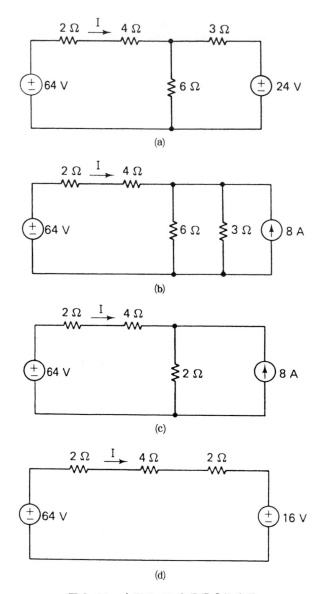

圖 8.20 由圖 8.19 中獲得 I 的步驟

和內部電阻 R_{th} 並聯在一起而組成。因此在本節中電流轉換法可想爲把實際電壓源轉換成等效實際電流源，反之亦然。

例8.6：將圖 8.21 (a)中，虛線方塊內的實際電壓源以它的等效實際電流源所取代，並證明兩種狀況具有相同的 V 和 I 。

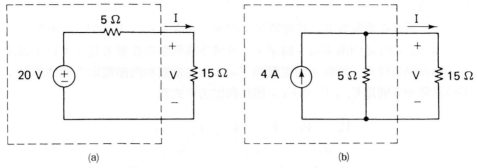

圖 8.21　含有 15 Ω 負載的(a)實際電壓源及(b)它的等效實際電流源

解：應用諾頓定理在圖 8.21(a)中的實際電源，它的等效為 5 Ω 和 20／5＝4 安
培之實際電流源並聯所取代。結果如圖 8.21(b)中與 15 Ω 負載連接的電路
。從圖 8.21(a)中可得

$$I=\frac{20}{5+15}=1 \text{ 安培} \qquad 和 \qquad V=\frac{15}{5+15}(20)=15 \text{ 伏特}$$

而從圖 8.21(b)中可得

$$I=\frac{5}{5+15}(4)=1 \text{ 安培} \qquad 和 \qquad V=4\left[\frac{5(15)}{5+15}\right]=15 \text{ 伏特}$$

這結果說明了為實際電源之等效。

8.5　密爾門定理（*MILLMAN'S THEOREM*）

若把一些並聯的實際電壓源電路，以它的戴維寧等效來取代，則戴維寧電
壓和電阻 V_{oc}，R_{th}，可用一非常特殊而且有用的方式來表示，這就是密爾門定
理。首先以圖 8.22 中三個實際電源的狀況來說明此定理。

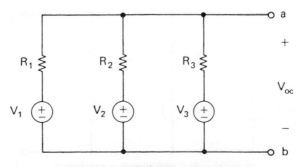

圖 8.22　解說密爾門定理的電路

特殊狀況

　　有三個實際電源並聯之特殊情況，電源分別含有V_1，V_2和V_3之電壓源，及R_1，R_2和R_3之內部電阻。為求V_{oc}可將下面節點當作參考點，並以上面節點寫出節點方程式。節點a的電壓為V_{oc}，而在電源和內部電阻之間的節點，其節點電壓分別為V_1，V_2和V_3，因此節點方程式為

$$\frac{V_{oc} - V_1}{R_1} + \frac{V_{oc} - V_2}{R_2} + \frac{V_{oc} - V_3}{R_3} = 0$$

或

$$V_{oc}\left[\frac{1}{R_1} + \frac{1}{R_2} + \frac{1}{R_3}\right] = \frac{V_1}{R_1} + \frac{V_2}{R_2} + \frac{V_3}{R_3}$$

因此，我們有

$$V_{oc} = \frac{V_1/R_1 + V_2/R_2 + V_3/R_3}{1/R_1 + 1/R_2 + 1/R_3} \tag{8.13}$$

　　而戴維寧電阻R_{th}是從$a-b$端點看入，且將電源都以短路取代之電阻。因此R_{th}為R_1，R_2，R_3三個並聯的等效電阻，此等效電阻為

$$R_{th} = \frac{1}{1/R_1 + 1/R_2 + 1/R_3} \tag{8.14}$$

　　這結果構成圖8.22中電路的戴維寧定理。特別將（8.13）式稱為密爾門定理，用它可以求出跨於實際電源並聯組合之電壓V_{oc}。

例8.7：求圖8.23電路中的V值。

解：使用（8.13）式密爾門定理，可得

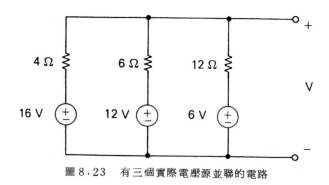

圖8.23　有三個實際電壓源並聯的電路

$$V = \frac{16/4 + 12/6 + 6/12}{1/4 + 1/6 + 1/12} = \frac{13/2}{1/2} = 13 \text{ 伏特}$$

如果我們想求圖 8.23 電路中的等效電路，則 $V_{oc} = V = 13$ 伏特，利用（8.14）式，得等效電阻為

$$R_{th} = \frac{1}{1/4 + 1/6 + 1/12} = 2 \ \Omega$$

一般狀況

在圖 8.24 中所示具有 N 個實際電壓源並聯的一般狀況，如圖 8.22 的方式，可在節點 a 上寫一節點方程式，結果是

$$\frac{V - V_1}{R_1} + \frac{V - V_2}{R_2} + \cdots + \frac{V - V_N}{R_N} = 0$$

解 V 時，可得密爾門定理的一般狀況

$$V = \frac{V_1/R_1 + V_2/R_2 + \cdots + V_N/R_N}{1/R_1 + 1/R_2 + \cdots + 1/R_N} \tag{8.15}$$

在戴維寧定理下 V 是 V_{oc}，而戴維寧電阻是

$$R_{th} = \frac{1}{1/R_1 + 1/R_2 + \cdots + 1/R_N} \tag{8.16}$$

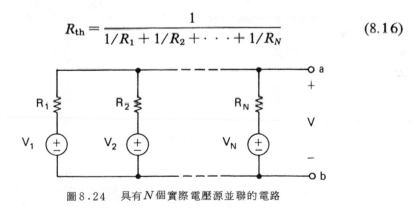

圖 8.24　具有 N 個實際電壓源並聯的電路

例 8.8：使用密爾門定理求圖 8.25 中的 V。

解：利用（8.15）式可得

$$V = \frac{20/2 + 32/4 + 0/16 + (-24)/8}{1/2 + 1/4 + 1/16 + 1/8} = \frac{10 + 8 - 3}{15/16} = 16 \text{ 伏特} \tag{8.17}$$

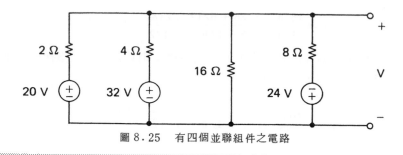

圖 8.25　有四個並聯組件之電路

注意在（8.17）式中與 16Ω 電阻器串聯的電壓＂源＂是零（短路），和 8
Ω 電阻器串聯電源之極性和 V 與其他電源相反，所以它的電壓是負值。

8.6　Y 形和 Δ 形網路（*Y AND Δ NETWORKS*）

在圖 8.26 中有兩個等效網路，因其形狀的原故，而稱爲 T 形（tee）或 Y
形（wye）網路，當然，它們是相同的網路，只是畫法不同而已。

在圖 8.27 中網路稱爲 π 形（pi）或 Δ 形（delta）網路，這是因爲網路形
狀和希臘字母相似。當然，這也是相同網路以不同的方式畫出，因 π 形網路的
底端節點 c 可畫成僅有一節點，如此就成爲 Δ 形網路。

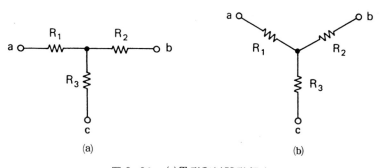

圖 8.26　(a) T 形和 (b) Y 形網路

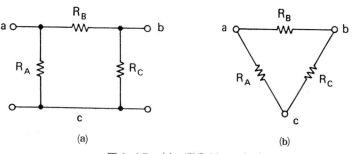

圖 8.27　(a) π 形和 (b) Δ 形網路

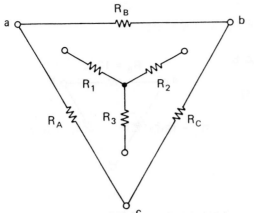

圖8.28 作爲 Y-Δ , Δ-Y
轉換的電路

若 Y 或 Δ 形網路存在電路中，它們不是串聯也不是並聯。在圖5.7中所述橋式電路的例子，其中 R_2 ， R_3 ，和 R_6 形成 Y 形，而 R_2 ， R_4 ，和 R_6 則形成 Δ 形網路。在這種狀況，若 Δ 形（或 Y 形）可以用它的等效 Y 形（或 Δ 形）網路來取代，那通常將使電阻變成串聯或並聯之形式，而產生更簡單的電路。（當然以等效而言，意即在圖8.26和8.27中的端點 a ， b ，和 c 間等效。）

Y — Δ 轉換

我們可用克希荷夫定律來證明一 Y 形網路可以被一等效之 Δ 形網路所取代，反之亦然。參考圖8.28，可以在端點 a , b , 和 c 的 R_1 ， R_2 ，和 R_3 所組成的 Y 形網路被 R_A ， R_B ，和 R_C 所組成的 Δ 形網路所取代。Y-Δ 轉換公式爲

$$R_A = \frac{R_1 R_2 + R_2 R_3 + R_3 R_1}{R_2}$$

$$R_B = \frac{R_1 R_2 + R_2 R_3 + R_3 R_1}{R_3} \tag{8.18}$$

$$R_C = \frac{R_1 R_2 + R_2 R_3 + R_3 R_1}{R_1}$$

可從這些方程式和圖8.28中知道方程式的分子部份，是把 Y 形網路中電阻每一次兩個相乘之和而組成，而分母部份則是欲計算的 Δ 電阻所對應的 Y 形網路中之一個電阻，即

$$R\Delta = \frac{\text{於 } Y \text{ 中電阻乘積之和}}{\text{所對應的 } Y \text{ 之電阻}} \tag{8.19}$$

例 8.9：求圖 8.29 (a)中 Y 形網路之等效 Δ 形網路。

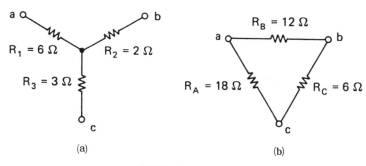

(a)   (b)

圖 8.29　(a) Y 網路及 (b)它的等效 △ 網路

解：在 Y 形網路中每次取電阻乘積之和是

$$6(2) + 2(3) + 3(6) = 36$$

這是（8.18）式和（8.19）式中每一方程式右邊分子部份，將圖 8.29(b)
的 Δ 形網路，視同圖 8.28 圖形一樣，想像它與圖 8.29(a)重疊在一起。
可看出 Δ 形中之 R_A 相對應 Y 形中 $R_2 = 2 \Omega$，因此利用（8.19）式可得

$$R_A = \frac{36}{2} = 18 \ \Omega$$

同樣的，利用（8.19）式及圖 8.29 可得

$$R_B = \frac{36}{R_3} = \frac{36}{3} = 12 \ \Omega$$

及

$$R_C = \frac{36}{R_1} = \frac{36}{6} = 6 \ \Omega$$

因此圖 8.29(b) Δ 形網路為等效電路。

Δ—Y 轉換

從 Δ 形網路變為等效 Y 形網路，如同圖 8.28 所示，可由 Δ-Y 轉換完成，
由下式求出

$$R_1 = \frac{R_A R_B}{R_A + R_B + R_C}$$

$$R_2 = \frac{R_B R_C}{R_A + R_B + R_C} \tag{8.20}$$

$$R_3 = \frac{R_A R_C}{R_A + R_B + R_C}$$

從圖 8.28 中可將此結果摘要爲：方程式分母部份是 Δ 中電阻之和，而分子是與 Y 電阻相鄰的兩個 Δ 電阻之乘積，卽

$$R_Y = \frac{\text{在 Δ 形兩相鄰電阻之乘積}}{\text{在 Δ 形中電阻之和}} \qquad (8.21)$$

例 8.10：求圖 8.29 (b) 中 Δ 形網路之等效 Y 形網路。

解：等效 Y 形網路是圖 8.29 (a) 中之電路，因 Δ 中電阻之和爲

$$18 + 12 + 6 = 36$$

利用（8.20）式或（8.21）式可得

$$R_1 = \frac{18(12)}{36} = 6 \ \Omega$$

$$R_2 = \frac{12(6)}{36} = 2 \ \Omega$$

$$R_3 = \frac{18(6)}{36} = 3 \ \Omega$$

例 8.11：將圖 8.30 橋路中 12 Ω，18 Ω 和 6 Ω 電阻所組成的 Δ 形網路，以它的等效 Y 形所取代，並用串‐並聯電路定理去求 I。

解：Δ 形和圖 8.29 (b) 中一樣，已導出它的等效在圖 8.29 (a) 中的 Y 形網路。

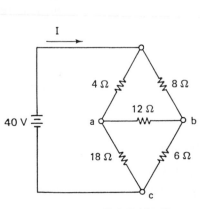

圖 8.30　要轉換的橋電路

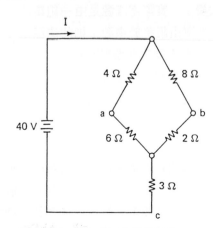

圖 8.31　橋路的等效電路

以 Y 取代 Δ ，可得圖 8.31 中的等效電路，此電路為一串－並聯電路，從電源看入之電阻為

$$R = \frac{(4+6)(8+2)}{4+6+8+2} + 3 = 8 \ \Omega$$

因此可得

$$I = \frac{40}{8} = 5 \ \text{安培}$$

8.7 摘 要(*SUMMARY*)

在很多狀況下，使用網路理論可以縮短分析網路的工作。其中的重疊定理，敘述在一含有多個電源電路上，其電壓或電流，是每一單獨電源工作所產生的電壓或電流的代數和。這允許我們用僅含單一電源來分析任何電路。

其它兩個定理為戴維寧定理和諾頓定理，允許我們用單獨電源和一個電阻器取代兩端點電路。在戴維寧定理中，電源是一電壓源 V_{oc}，和電阻 R_{th} 串聯，V_{oc} 為開路之端電壓，R_{th} 為所有電源去掉後，從這兩端看入的電阻。在諾頓定理中，電源是電流源 I_{sc}，此電源與相同的 R_{th} 並聯。戴維寧和諾頓定理允許我們去解與單一元件結合在一起的電壓及電流，將原來電路以一組僅含有一電源及電阻之簡單電路所取代。

一實際電壓源是由一組電壓源和它的內部電阻串聯在一起而成。沒有電阻器的電源稱為理想電源，當然，於前幾章所討論的電源就是這種類型。一理想電源於實際上是不存在的，因當從它的端點取用電流時，它的端點電壓無法不作改變。一實際電流源是由一組電流源和它的內部電阻並聯在一起而成，如果沒有並聯電阻跨於電源，則此電源是理想電流源。於實際上，當然如同電壓源一樣，電流源是實際電流源。

戴維寧和諾頓定理可用來改變一實際電壓源為等效的實際電流源，反之亦然。兩種狀況都有相同的內阻 R，而對理想電壓 V 及理想電流 I，兩者之關係為

$$V = RI$$

密爾門定理是求跨於一組實際電壓源並聯的電壓公式。在並聯組合中有一個或數個部份僅含有一個電阻器的一般狀況也適用。

最後 Y-Δ 和 Δ-Y 轉換定理允許我們將 Y 形網路改變成等效 Δ 形網路，反之亦可。對如橋路的非串－並聯電路改為串－並聯電路是非常有用的。

練習題

8.1-1 利用重疊定理求練習題 7.1-1 中的電流 I_3 。

答：$3+1=4$ A 。

8.1-2 利用重疊定理求練習題 7.1-1 中的電流 I_1 。

答：$9-4=5$ A 。

8.1-3 試利用重疊定理求 V 。（提示：注意 $V=V_1+V_2+V_3$ ，此處 V_1 是 5 安培電源單獨所供給的 ，V_2 是 2 安培電源單獨所供給的 ，V_3 是 10 伏特電源單獨所供給的 。）

答：$\dfrac{25}{3}+\dfrac{5}{2}+\dfrac{25}{6}=15$ 伏特 。

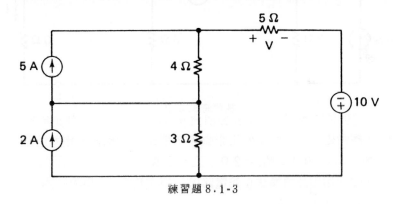

練習題 8.1-3

8.2-1 如圖將電路中 $a-b$ 端點左邊的電路以它的戴維寧等效電路所取代 ，並求 I 。

答：$V_{oc}=14$ 伏特 ，$R_{th}=5\,\Omega$ ，$I=2$ A 。

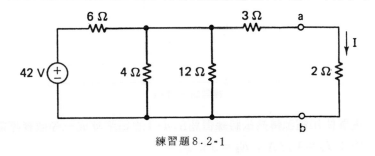

練習題 8.2-1

8.2-2 將習題 7.15 中 $a-b$ 端點左邊的電路以戴維寧等效電路所取代 ，並求 V 。

圖：$V_{oc}=4$ 伏特，$R_{th}=2\,\Omega$，$V=10$ 伏特。

8.2-3 在習題 7.13 中除了 4Ω 之外，其餘部份以戴維寧等效電路取代之，並求 I_2。

圖：$V_{oc}=18$ 伏特，$R_{th}=2\,\Omega$，$I_2=3$ A。

8.3-1 求練習題 8.2-1 圖中 $a-b$ 端點左邊的諾頓等效電路。

圖：$I_{sc}=2.8$ A，$R_{th}=5\,\Omega$。

8.3-2 將下面電路 $a-b$ 端點左方電路，以它的諾頓等效電路取代，並求出 I。

圖：$I_{sc}=3.5$ A，$R_{th}=4\,\Omega$，$I=2$ A。

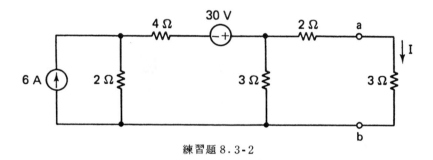

練習題 8.3-2

8.3-3 在練習題 8.2-3 中，使用諾頓等效電路取代戴維寧等效電路。

圖：$I_{sc}=9$ A，$R_{th}=2\,\Omega$，$I_2=3$ A。

8.4-1 連續使用電源轉換法，將電路以一單電壓源 V_g 串聯一內部電阻 R_g 所取代，求 V_g 及 R_g。

圖：$V_g=6$ 伏特，$R_g=5\,\Omega$。

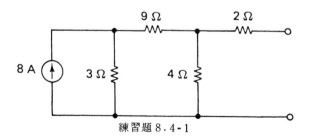

練習題 8.4-1

8.4-2 重覆使用電源轉換法將練習題 8.4-1 的電路變成一等效實際電流源。

圖：$I_g=1.2$ A，$R_g=5\,\Omega$。

8.4-3 一實際電源當負載電阻 R 與電源內阻 R_g 相等時供給了最大功率，當
(a) $R=R_g=4$ 歐姆，(b) $R=3$ 歐姆，(c) $R=5$ 歐姆，和 (d) $R=10$ 歐姆

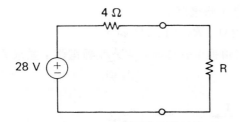

練習題 8.4-3

時，求供給予 R 的功率，以說明這種情況。

答：(a) 49 ，(b) 48 ，(c) 48.4 ，(d) 40 瓦。

8.5-1　如圖使用密爾門定理求 V 。

答：4 伏特。

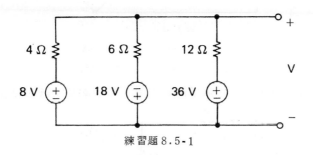

練習題 8.5-1

8.5-2　求練習題 8.5-1 中電路的戴維寧等效電路。

答：$V_{oc}=4$ 伏特，$R_{th}=2\ \Omega$ 。

8.5-3　如圖使用密爾門定理求 V 。

答：3 伏特。

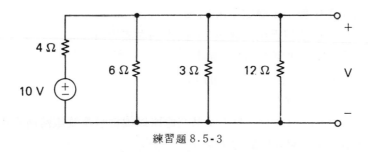

練習題 8.5-3

8.6-1　於圖 8.28 中，如果 Y 形網路含有 $R_1=12$ 歐姆，$R_2=4$ 歐姆，和 R_3 $=3$ 歐姆之電阻，求它的等效 Δ 形網路。

答：$R_A=24\ \Omega$ ，$R_B=32\ \Omega$ ，$R_C=8\ \Omega$ 。

8.6-2　於圖 8.28 中，如 Δ 形網路有 $R_A=12$ 歐姆，$R_B=16$ 歐姆，和 $R_C=$

4歐姆之電阻，求等效 Y 形網路。

圄：$R_1 = 6\,\Omega$ ，$R_2 = 2\,\Omega$ ，$R_3 = 1.5\,\Omega$ 。

8.6-3 使用 Δ-Y 轉換法將橋路轉換至一種等效串‐並聯電路，並求 I 。

圄：4A 。

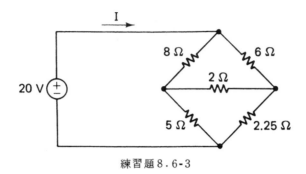

練習題8.6-3

習 題

8.1 使用重疊定理求 V ，並將電源組合成一等效電源來驗算結果。

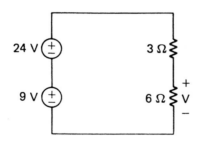

練習題8.1

8.2 在圖 8.1 中使用重疊定理求 V_1 。

8.3 在圖 8.3 中使用重疊定理求 $2\,\Omega$ 由左向右流的電流。

8.4 使用重疊定理求圖 7.10 中的 V_2 。

8.5 使用重疊定理求圖 7.11 中的 I_1 。

8.6 使用重疊定理解習題 7.17 。

8.7 在練習題 8.2-1 中除 $3\,\Omega$ 外，其它電路以戴維寧等效電路所取代，並應用此結果求供給 $3\,\Omega$ 的功率。

8.8 如圖將 $a-b$ 端左方電路以它的戴維寧電路取代，並求 V_1 。

8.9 在習題 8.8 電路中，除 $3\,\Omega$ 外，其它以諾頓等效電路取代，並求 V_2 。

8.10 習題 7.16 中除 $8\,\Omega$ 外，其餘以戴維寧等效電路取代。

8.11 解習題 8.10 之問題，但以諾頓定理代替戴維寧定理。

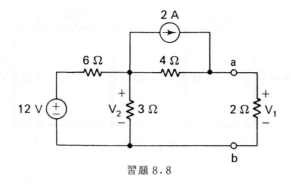

習題 8.8

8.12 如圖電路中求除 6Ω 之外的諾頓等效電路，並使用此結果求 I 值。

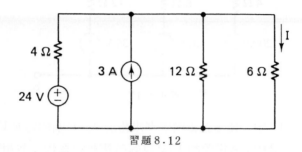

習題 8.12

8.13 習題 8.12 中，以戴維寧電路代替諾頓等效電路。

8.14 如圖除 2Ω 外，求其它之戴維寧和諾頓等效電路，並利用此結果求 I 。

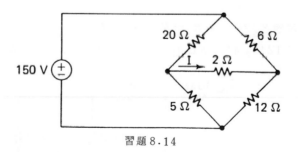

習題 8.14

8.15 使用電源連續轉換法於習題 8.8，使獲得含有一個 2Ω 和電阻 R，及單電源 V_g 之等效單環路電路，並求 V_1 。

8.16 如圖使用電源連續轉換法，將 $a-b$ 端左方的電路以它的戴維寧電路所取代，並求 V 。

8.17 將所有實際電壓源變成實際電流源，並將電源及電阻組合成諾頓等效電路的形式。

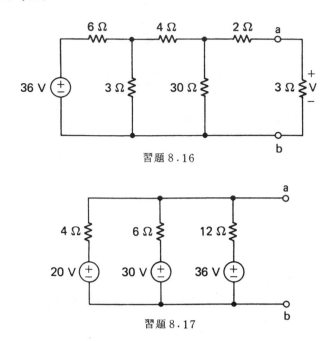

習題 8.16

習題 8.17

8.18 在習題 8.17 中，使用密爾門定理求跨於 $a-b$ 端的電壓 V_{ab} 。

8.19 在習題 8.12 中 3A電源和 12Ω以等效電壓源取代，並用密爾門定理求除 6Ω 外的戴維寧等效電路。

8.20 在圖 8.28 Y 形中，若 $R_1=12Ω$ ，$R_2=4Ω$ ，$R_3=6Ω$ 之電阻，求等效 Δ 網路。

8.21 重覆練習題 8.20 ，若 $R_1=R_2=R_3=R$ 。

8.22 將 Δ 形之 $12Ω$ ，$4Ω$ ，$8Ω$ 電阻轉變成等效 Y 形，並求 R_T 和 I 。

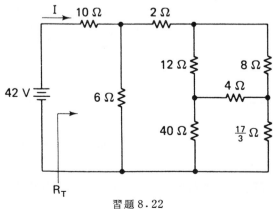

習題 8.22

第9章

直流電表

從工程師和科學家至玩家，每一位使用電路者，都需要測量電路。為設計且檢驗電路，必須能測量通過元件的電流，及元件端電壓。我們可能想知道電阻值的大小，及它的實際值與標示值有多麼接近，或供給元件多少功率。

測量裝置或儀表，有各種形狀和大小。伏特表和安培表為測量電壓和電流，瓦特表測量功率，而歐姆表測量電阻。一多用途電表為伏特-歐姆-毫安培表（VOM），圖9.1為VOM的例子。可測量以伏特為單位的電壓，以歐姆為單位的電阻，以毫安培為單位的電流。需要測量的量由標度盤來選擇，而數值由指針在刻度盤上指示出來。

無論其外觀或用途，大部份的測量裝置使用的電流或電壓感測部份，稱為電表轉動裝置。此裝置的偏轉帶動指針指示測量值的大小。圖9.1的VOM就是這樣。本章將詳細討論這種稱為達松發爾轉動裝置（d'arsonval movement），並知道使用於不同形式電表的結構。我們將限制此類裝置大部份用於直流電表，但達松發爾轉動裝置也可以構成某些特定的交流電表。

9.1 達松發爾轉動裝置（*D'ARSONVAL MOVEMENT*）

最簡單和最常用的電表轉動裝置是達松發爾，或永久磁鐵移動線圈轉動裝置，這是西元1881年法國達松發爾所發展出來的。這些轉動裝置由一組繞於

圖9.1 伏特-歐姆-毫安培表（VOM）

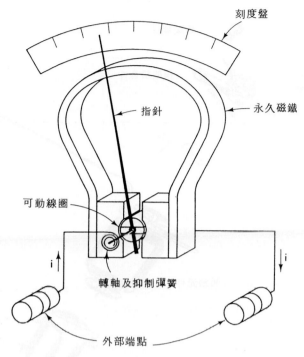

刻度盤

指針

永久磁鐵

可動線圈

i

i

轉軸及抑制彈簧

外部端點

圖 9.2　達松發爾轉動裝置

圓鼓上線圈所組成，並置於兩永久磁極之間的轉軸上旋轉，如圖9.2所示。當電流流入線圈時，磁鐵產生一作用力於圓鼓上，使它旋轉。因此如圖9.2中指針會隨著圓鼓而旋轉，並在刻度盤上依正比例於電流而作偏轉。

　　旋轉的圓鼓被兩抑制彈簧所反制，其中一個可在圖9.2中正面看到，另一在背面轉軸之另一端。如圖所示，彈簧亦是傳導電流的路徑。彈簧已校準過，因此指針轉到適當的刻度盤位置上。

達松發爾轉動裝置之原理

　　如同第十三章中，有一磁場存在磁極之間，且通以電流的線圈也會產生磁場。在圖9.2中，永久磁鐵之磁場與線圈電流所產生磁場間的反應，而使圓鼓轉動。這也是十九世紀法拉第發明電動機同樣原理。

電表之構造

　　為了使電表的讀值是準確值，電表轉動裝置不影響流入線圈電流的數量，因此要把摩擦力減至最小。利用鑽石做軸承支撐著旋轉軸，而完成此工作。通常是使用合成紅寶石，其鋼軸上之接觸點為極小的摩擦力，且確保轉軸在正確的中心點。一含有轉軸及寶石的一組轉動裝置分解圖表示在圖9.3中。

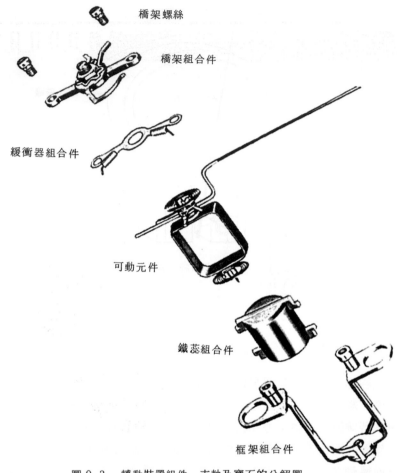

橋架螺絲

橋架組合件

緩衝器組合件

可動元件

鐵蕊組合件

框架組合件

圖9.3 轉動裝置組件，支軸及寶石的分解圖

　　另一種組合方法是使用緊帶（taut-band）支撐來取代軸心、寶石，和彈簧的配備。此狀況圓鼓是靠兩條薄金帶所支撐著，它取代軸心的功能，提供了電的連接，以及提供恢復抑制彈簧的力量。使用緊帶的主要優點是使移動元件間的摩擦力消失了。一緊帶轉動裝置圖示於圖9.4中。

刻度盤的型式

　　一般達松發爾轉動裝置使用的刻度盤有兩種型式。一種是第六章所討論的檢流計，它的零刻度是位於刻度盤的中間。當一正電流（由正端點流向負端點）流經線圈時，指針往上刻度（往右邊）偏轉。當電流反方向時，則指針往低刻度（往左邊）偏轉。具有零中心刻度盤表示於圖9.5中。

　　另一種零刻度位於盤面的左端，這種型式的電表將僅往上刻度偏轉。若電

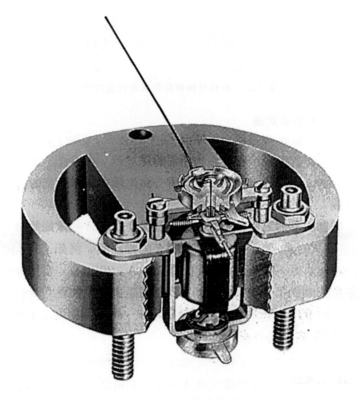

圖9.4　環形緊帶轉動裝置

流是負值，則指針停留在零讀值上。此時欲知電流值，必須把電表的接線互調，而一零刻度位於左端的電表如圖9.6所示中。

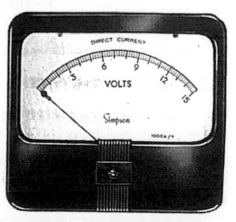

圖9.5　零中心刻度電表　　　圖9.6　零值在刻度盤左端的電表

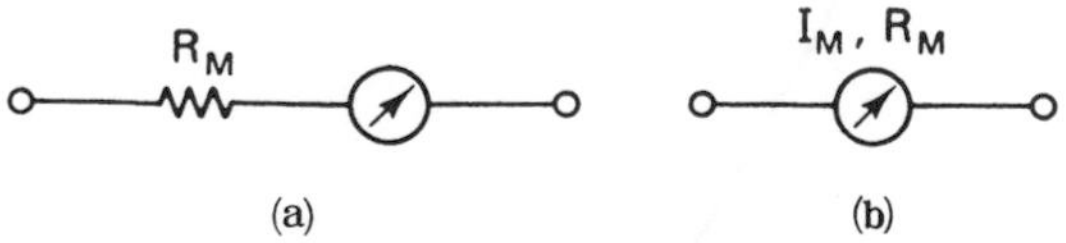

(a)   (b)

圖 9.7　達松發爾轉動裝置的代表符號

達松發爾轉動裝置的額定值

　　達松發爾轉動裝置通常額定爲電流 I_M 和電阻 R_M ，而 I_M 值是滿刻度電流值，此值是使指針轉到刻度盤最右方所需的電流值。一般滿刻度電流範圍是從 10μA 至 30 mA 。但電流的範圍可藉並聯分路電阻器來擴大它的數值，將於 9.2 節中討論。

　　R_M 是轉動線圈的電阻值，它的數值是從 $1\,\Omega$ 到數佰歐姆範圍之內。小的 I_M 值，則具有大的 R_M 值，因爲需使用很多的細線圈。例如，有一電表的額定爲 1 mA ， $50\,\Omega$ 。另一個可能的額定值爲 50μA ， $2000\,\Omega$ 。常用達松發爾轉動裝置的表示法如圖9.7 。在圖9.7(a)爲內部電阻與轉動裝置（沒有端電壓）串聯在一起。在圖9.7(b)則兩種規格都標示出來，轉動裝置有一 IR 的端電壓，因爲假設電阻 R_M 與它結合在一起。

例 9.1：達松發爾轉動裝置的額定是 1 mA ， $100\,\Omega$ 。若流入電流爲滿刻度電流 I_M 的一半時，求其端電壓。

解：因 $I_M = 1$ mA ，流入電表的電流 $I = I_M / 2 = 0.5$ mA ，在圖9.7(a)中理想裝置的端電壓爲零，所以達松發爾轉動裝置的電壓 $V = R_M I$ ， $R_M = 100$ Ω ，可得

$$V = (100)(0.5)(10^{-3})$$

$$= 0.05 \text{ 伏特}$$

9.2　安培表（*AMMETERS*）

　　9.1節所述達松發爾轉動裝置爲電流檢測裝置，卽爲安培表，因指針的偏轉與流入轉動裝置的電流成正比。而 I_M 爲裝置所能通過的最大安全電流，被限制在較小的電流。若要使裝置具有實際安培表的功能時，必須提供測量較高值電流的方法，而使通過裝置的電流不超過 I_M 電流值。

電表之分流器

　　與轉動裝置並聯的電阻路徑稱爲分流器，因它如同一旁路，把電表轉動裝

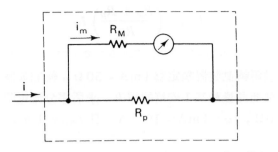

圖 9.8　使用達松發爾轉動裝置及分流器的安培表

置分流一部份電流。如圖 9.8 中說明安培表如何以達松發爾轉動裝置和並聯電阻 R_p 所組成。R_p 的數值可由計算，而使流過轉動裝置的電流 i_m 是進入安培表電流 i 的特定分數值。因轉動裝置端電壓爲零，由分流定理得

$$i_m = \left(\frac{R_p}{R_M + R_p} \right) i \tag{9.1}$$

卽流過轉動裝置的電流 i_m，而產生正確偏轉量，藉刻度而得所給予的電流 i。

在（9.1）式中 R_p 決定流入轉動裝置電流 i_m 不超過滿刻度電流 I_M，此情況只要總電流不超過最大的允許電流値。如 $i = I_{max}$ 存在。從（9.1）式可寫爲

$$(R_M + R_p)i_m = R_p i$$

或

$$R_p(i - i_m) = R_M i_m$$

因此可得

$$R_p = \frac{R_M i_m}{i - i_m}$$

因此，當 $i_m = I_M$ 及 $i = I_{max}$ 時，可得

$$R_p = \frac{R_M I_M}{I_{max} - I_M} \tag{9.2}$$

卽在這個 R_p 値時，圖 9.8 中的安培表可測量最大允許電流是 $i = I_{max}$。當然安培表刻度盤上的刻度畫是 i 之讀値而不是 i_m。

由 I_M，R_M 及 R_p 可獲得一最大電流 $i = I_{max}$ 之讀値，此讀値可以解（9.1）式把 i 以 I_{max} 所取代，而 i_m 以 I_M 所取代。結果是

$$I_{\max} = \left(\frac{R_M + R_p}{R_p} \right) I_M \qquad (9.3)$$

例 9.2：一達松發爾轉動裝置額定為 1 mA，50Ω。使它如圖 9.8 安培表之結構。並使能測量最高 1 安培的電流。求所需分流電阻 R_p 之值。

解：已知 $R_M = 50\,\Omega$，$I_M = 1\,\mathrm{mA} = 10^{-3}\,\mathrm{A}$，且 $I_{\max} = 1\,\mathrm{A}$，由（9.2）式分流電阻是

$$R_p = \frac{50(10^{-3})}{1 - 10^{-3}} = \frac{50}{999} = 0.05005\ \Omega$$

卽使用分流電阻是一近似值為 0.05Ω 之電阻。

極　性

每一直流電表都標有極性，如圖 9.9(a) 所示。當有一正電流 i 如圖所示由正端流入，從負端流出，則指針往上刻度偏轉，指示正讀值。同樣的，＋和－符號亦可以用顏色標示在接線端而取代，以紅色表示＋端，以黑色表示－端。

圖 9.9(b) 的符號為安培表常用的電路符號，理想時，它的兩端沒有電壓，但實際有一小電壓存在，因在圖 9.8 中有 R_p 和 R_M 存在之故。這電壓通常是忽略掉的，因 R_p 值與其它電路電阻之比是非常小的數值。

多範圍之安培表

把圖 9.8 中 R_p 數值改變，由（9.3）式可知可以改變安培表在安全測量下的電流範圍。例如，在例題 9.2 中的 1 mA，50Ω 的電表轉動裝置，當 $R_p = 0.05\,\Omega$ 時，允許測量電流為 1 安培。若 $R_p = 0.005\,\Omega$，利用（9.3）式可測量的最大電流是

$$I_{\max} = \left(\frac{R_M + R_p}{R_p} \right) I_M$$

$$= \left(\frac{50 + 0.005}{0.005} \right)(10^{-3})$$

$$= 10\ \text{安培}$$

一多範圍（multirange）電流表是能測量許多不同範圍電流值，可經由建立一組不同數值的分流電阻器而組成，每一個電阻器就當作一個 R_p 來使用。其電流接線可以用手換接許多可利用的外端接頭中的任一個，或如圖 9.10 所

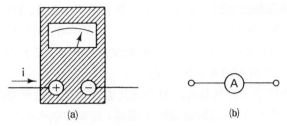

圖 9.9 (a)安培表及(b)它的電路符號

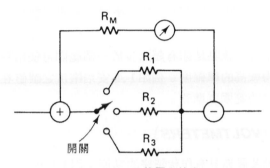

圖 9.10 多範圍安培表

圖 9.11 安培表及伏特表組合在一起的電表

示，使用一旋轉開關去選擇一適當的分流器。例如，圖 9.10 中達松發爾轉動裝置額定是 1 mA，50 Ω，以及 $R_1 = 0.05\,\Omega$，$R_2 = 0.005\,\Omega$，$R_3 = 0.0005\,\Omega$，由（9.3）式可知，所能測量的電流範圍是 0 到 1 A（使用 R_1）0 到 10 A（使用 R_2），及 0 到 100 A（使用 R_3）。

圖 9.11 的例子，就是具有測量交流及直流電流和電壓功能的電表。在做為直流或交流電流表時，使接到適當的接線端，而選擇適合的分流電阻，去測量 0 到 0.6 安培，0 到 3 安培，及 0 到 15 安培等範圍的電流。開關的安排可允許測量高達 3，15，30，和 150 伏特的電壓，有關電壓的測量，留在 9.3 節中再作討論。

多範圍電表附加一優點是如有超過多於一個範圍可使用時，可選擇最小的範圍來測量以獲得較高的準確度。例如 1.5 安培電流之讀值在 0 到 3 安培的範圍比 0 到 15 安培的範圍更準確。

9.3 伏特表 (*VOLTMETERS*)

達松發爾轉動裝置亦具有作伏特表的功能，因刻度盤可刻劃電阻器 R_M 兩端的 IR 壓降。如一個 1 mA，50 Ω 的轉動裝置具有 $50\,I$ 伏特的端電壓，這是它所帶的電流是 I 值之時（限制 $I \leq 1\,mA = 0.001$ 安培）。即刻度盤上是標記為毫伏特而不是毫安培，此時這裝置具有滿刻度 50 毫伏特的伏特表。

倍增電阻

如將達松發爾轉動裝置安培表，當作伏特表使用時是不實際的。但可插入一電阻 R_s 與轉動裝置串聯，而可增加電壓值，如圖 9.12 所示一樣。這電阻稱為倍增器（multiplier），它的阻值遠大於線圈電阻 R_M，目的是限制流過轉動裝置的電流值，就形成了伏特表，而它的滿刻度電壓值由 R_s 所決定。

應用 KVL 於圖 9.12 中的環路，且轉動裝置端電壓為零，可得

$$-v + (R_s + R_M)i = 0$$

或

$$v = (R_s + R_M)i \tag{9.4}$$

因通過轉動裝置之電流不能超過滿刻度值 $i = I_M$，故電表能讀到的最大或滿刻度電壓 $V = V_{max}$，代入（9.4）式中得

$$V_{max} = (R_s + R_M)I_M \tag{9.5}$$

解方程式，倍壓電阻 R_s 為

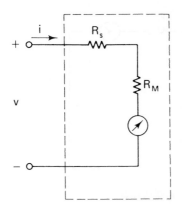

圖 9.12　使用達松發爾轉
動裝置及倍增器
R_s 的伏特表

$$R_s = \frac{V_{\max} - R_M I_M}{I_M} \qquad (9.6)$$

即給予額定 I_M，R_M 及允許滿刻度電壓 $V_{\max}$，可算出 R_s 之值。

例 9.3：有 1mA，50Ω 的達松發爾轉動裝置，加一倍增器 R_s 成為伏特表，如
圖 9.12 所示。若滿刻度電壓為 10 伏特，求倍增器 R_s 之值。

解：在 (9.6) 式中，有 $V_m = 10$ 伏特，$R_M = 50\,Ω$，$I_M = 1\mathrm{mA} = 0.001\,A$。即
倍增器電阻為

$$R_s = \frac{10 - (50)(0.001)}{0.001} = 9950 \ Ω$$

如在 9.2 節中知道，要測量電流值，須把電路割斷，再把電表插入與元件
串聯而測得電流值。安培表兩端有很小的電壓值，所以不影響測量的電流值（
其為很近似於短路）。另一方面，伏特表測量元件兩端電壓，它具有標示極性
的兩外端，為測量元件端電壓如圖 9.13(a) 中接線所示。如果電流 i 是如圖

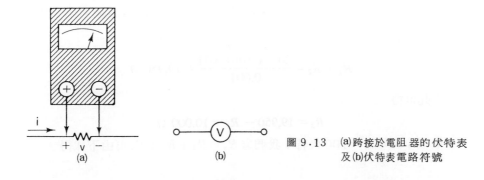

(a)　　　　　(b)

圖 9.13　(a) 跨接於電阻器的伏特表
及 (b) 伏特表電路符號

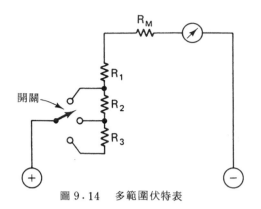

圖 9.14　多範圍伏特表

9.13 (a)中所流過的一樣，電阻器端電壓V是正值，且指針將是上刻度的讀值。

要獲得電壓讀值比獲得電流讀值容易，因不須先割斷電路。然而，伏特表的加入不能影響測量的電壓值，所以通過它的電流要很小（必須是很近似於開路）。如前述倍增器電阻值須很大，理想上是無限大。通常伏特表的電路符號如圖 9.13 (b)中所示。當然，在理想時，它的工作如同開路一樣。

多範圍伏特表

如電流表，伏特表可設計測量多範圍的電壓值。多範圍伏特表由多個倍增器電阻所構成，而只選擇其中一個作爲每一範圍所使用。圖9.14所示爲三個倍增器電阻值的多範圍伏特表。若開關位於最上端，則倍增電阻$R_s = R_1$，位於中間位置$R_s = R_1 + R_2$。位於下方位置時則$R_s = R_1 + R_2 + R_3$。由 9.5 式知道，較大的倍增電阻值，電表具有較大的測量範圍。

例 9.4：求圖 9.14 中的 R_1，R_2 和 R_3，使伏特表的範圍可以高達 10 伏特，
20 伏特，和100 伏特。達松發爾轉動裝置額定爲 1 mA，50 Ω。

解：已知 $I_m = 1\,\text{mA} = 0.001\,\text{A}$，$R_M = 50\,\Omega$，以及 $V_{max} = 10$ 伏特，20 伏特，和 100 伏特。在 $V_{max} = 10$ 伏特時，已在例題 9.3 中求出 $R_s = 9950\,\Omega$。因此 $R_1 = 9950\,\Omega$。在 $V_{max} = 20$ 伏特時，$R_s = R_1 + R_2$，此值可由（9.6）式得

$$R_1 + R_2 = \frac{20 - (50)(0.001)}{0.001} = 19,950\ \Omega$$

因此可得

$$R_2 = 19,950 - R_1 = 10,000\ \Omega$$

最後，在 $V_{max} = 100$ 伏特，我們有 $R_s = R_1 + R_2 + R_3$ 可由下式得

$$R_1 + R_2 + R_3 = \frac{100 - (50)(0.001)}{0.001} = 99,950 \ \Omega$$

因此可得

$$R_3 = 99,950 - R_1 - R_2 = 80,000 \ \Omega$$

歐姆／伏特之額定值

伏特表通常額定為歐姆／伏特（Ω/V），它是偏轉 1 伏特所需的歐姆值。因伏特表總電阻為 $R_s + R_M$，且最大偏轉是 V_{max}，則歐姆／伏特額定值由下列可得

$$\Omega/V = \frac{R_s + R_M}{V_{max}} \tag{9.7}$$

伏特表這個數值是常數，可從（9.5）式中帶入 V_{max} 簡化得

$$\Omega/V = \frac{1}{I_M} \tag{9.8}$$

歐姆／伏特額定值亦稱為伏特表之靈敏度（sensitivity），並從（9.8）式可知它是滿刻度電流表的倒數。以後會了解，它也是一測試伏特表品質的一個因素。

例 9.5 ：求例題 9.3 中伏特表的歐姆／伏特額定值，分別利用(a)（9.7）式的方法及(b)（9.8）式的方法。

解：已知 $I_M = 0.001$ 安培，$R_M = 50 \ \Omega$，$V_{max} = 10$ 伏特，和 $R_s = 9950 \ \Omega$，由（9.7）式，Ω/V 額定值是

$$\Omega/V = \frac{9950 + 50}{10} = 1000$$

同樣的，利用（9.8）式可得

$$\Omega/V = \frac{1}{0.001} = 1000$$

Ω/V 額定值是表示伏特表近似理想伏特表的程度。理想狀況時，Ω/V 額定值為無限大，因此伏特表是開路，亦即沒有電流。一般較高 Ω/V 值的伏特表，在操作時能獲得最佳的成果，由下列例子來說明。

例9.6：在圖9.15中伏特表滿刻度電壓是100伏特，而它的 Ω／V 額定值為 (a) 1000 和(b) 20,000，求伏特表的讀值，並和電壓 V_{ab} 的實值比較。

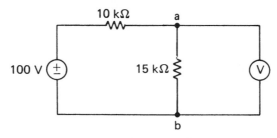

圖9.15　包含一伏特表的電路

解：在狀況(a)中，由（9.7）式可得

$$R_s + R_M = (\Omega/V) V_{max}$$

$$= (1000)(100) = 100,000 \ \Omega = 100 \ k\Omega$$

從 $a-b$ 端看入等效電阻 R_{ab} 是 $R_s + R_M$ 和 15 kΩ 電阻並聯。

$$R_{ab} = \frac{100(15)}{100+15} = \frac{300}{23} \ k\Omega$$

因此，使用分壓定理，得電表之讀值 V_1 為

$$V_1 = 100\left(\frac{300/23}{300/23 + 10}\right) = 56.6 \ \text{伏特}$$

(b)此時 $R_s + R_M = (20,000)(100) \ \Omega = 2000 \ k\Omega$ ，即

$$R_{ab} = \frac{2000(15)}{2015} = \frac{6000}{403} \ k\Omega$$

使用分壓定理，電表讀值 V_2 為

$$V_2 = 100\left(\frac{6000/403}{6000/403 + 10}\right) = 59.8 \ \text{伏特}$$

正確的讀值，使用分壓定理為

$$V_{ab} = 100\left(\frac{15}{15+10}\right) = 60 \ \text{伏特}$$

因此可知較高 Ω／V 額定值的伏特表，在測試時比較低額定值伏特表為準確。

9.4　歐姆表(*OHMMETERS*)

　　圖9.12中由達松發爾轉動裝置和倍壓器組合而成伏特表，可加入一電池轉換成歐姆表，如圖9.16(a)所示。測量電阻時，是接於輸入端點，如圖9.16(b)中 R_x 電阻，此時有一電流 I 使指針偏轉。如果電池電壓 V 和電阻 R_s，R_M 是定值，則 I 值由 R_x 來決定。因此，刻度盤可以以歐姆值來刻劃，而讀得 R_x 值，此種裝置即為歐姆表。

　　圖9.16中為串聯歐姆表，因為組件是串接的，欲測電阻也是插入串聯電路中。應用 KVL 於9.16(b)電路，可得

$$V = (R_s + R_M + R_x)I \qquad\qquad (9.9)$$

或
$$I = \frac{V}{R_s + R_M + R_x} \qquad\qquad (9.10)$$

同樣，從（9.9）式可得 R_x

$$R_x = \frac{V}{I} - R_s - R_M \qquad\qquad (9.11)$$

　　在歐姆表的刻度盤指示了電阻 R_x 以歐姆為單位的數值。讀值是往上刻度，因內部電池的連接使電流方向是正方向。

刻度盤的刻劃

　　要刻劃刻度盤以讀出被測的電阻值，當 $R_x=0$ 時產生滿刻度電流 $I=I_M$（短路跨於歐姆表端點）。因此，由（9.10）式滿刻度電流為

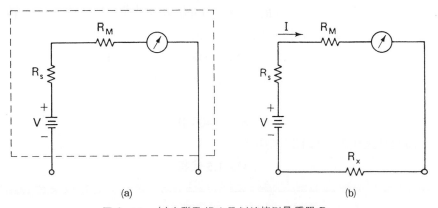

(a)　　　　　　　　　　　　(b)

圖9.16　(a)串聯歐姆表及(b)連接測量電阻 R_x

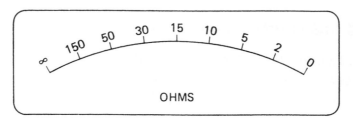

圖 9.17　歐姆表刻度盤

$$I_M = \frac{V}{R_s + R_M} \tag{9.12}$$

這滿刻度偏轉量標記爲 0Ω 。當歐姆表端點是開路時 ， R_x 爲無限大（ $R_x = \infty$ ）
，且沒有電流流過。因此零電流時刻度盤標記爲 ∞ 。位於 0 和 ∞ 間的 R_x 可以
同樣方法標記出來。典型歐姆表刻度盤如圖 9.1 中 VOM 的上端刻度盤，此種
方式和圖 9.17 所示歐姆表刻度盤十分類似，刻度是非線性的，因電阻是以 1
／ I 而變化的。

例 9.7 ：在圖 9.16(a) 中歐姆表具有 1 mA ， 100 Ω 的達松發爾轉動裝置。當
　　　半刻度時產生 $R_x = 1500\,\Omega$ ，決定 V 和 R_s 的數值。（半刻度爲刻度盤
　　　中央，如圖 9.17 中 15 Ω 之位置）

解 ：已知 $I_M = 1\,mA = 0.001\,A$ 及 $R_M = 100\,\Omega$ ，因此滿刻度偏轉時，由 (9.9
　　　) 式可得（ $R_x = 0$ 與 $I = I_M$ ）

$$V = (R_s + 100)\,(0.001) \tag{9.13}$$

在半刻度時（ $I = I_M / 2 = 0.0005\,A$ 及 $R_x = 1500\,\Omega$ ）可得

$$V = (R_s + 100 + 1500)\,(0.0005) \tag{9.14}$$

將 (9.13) 式的 V 值代入 (9.14) 式中，結果是

$$0.001(R_s + 100) = 0.0005(R_s + 1600)$$

或　　　　　　　　　　$2(R_s + 100) = R_s + 1600$

解 R_s ，可得

$$R_s = 1400\ \Omega$$

將此結果代入 (9.13) 式中得

$$V = 1.5\ 伏特$$

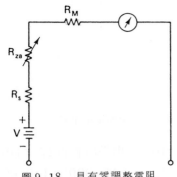 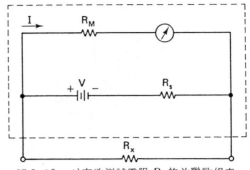

圖9.18　具有零調整電阻
器的串聯歐姆表

圖9.19　具有欲測試電阻 R_x 的並聯歐姆表

零調整電阻器

實際上，歐姆表中 R_s 的有效值可用可變電阻 R_{za} 而可調整，如圖9.18所示。R_{za} 稱爲零調整電阻器，當輸入線是短路時，利用它設定指針爲零，此時在（9.9）式到（9.12）式中的 R_s 要被 $R_s + R_{za}$ 所取代。

並接歐姆表

串接歐姆表對測量高電阻十分有用，因通過轉動裝置的電流被限制爲小的數值。爲了測量低電阻，常用如圖9.19中的並聯歐姆表，包含了轉動裝置，電池和 R_s，及未知電阻 R_x 三個並聯路徑所組成。

指針的偏轉

當 $R_x = \infty$（開路）時並聯歐姆表滿刻度電流 $I = I_M$，因此可從圖9.19中得知

$$I_M = \frac{V}{R_s + R_M} \tag{9.15}$$

此式和（9.12）式相同。如果 $R_x = 0$（短路），所有電流流經此短路路徑，所以 $I = 0$。所以它是和串聯歐姆表成一對比，並聯歐姆表的指針是從左往右偏轉，它的零歐姆刻度對應於 $I = 0$，而無限大歐姆是對應於 $I = I_M$。

如同串聯歐姆表，有一零調整電阻器 R_{za} 和 R_s 串接在一起，故須把所有結果，如9.15式中的 R_s 以 $R_s + R_{za}$ 所取代。

多範圍歐姆表

提供不同數值的 R_s 在歐姆表內，可組成一具有多範圍電阻值的裝置。這程序和多範圍安培表和伏特表中十分相似。如圖9.20中的範圍開關，是用來改變 R_s 之值，因此能改變測量電阻之範圍。若指針指向 15，而開關位於 $R \times$

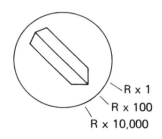

R x 1
R x 100
R x 10,000

圖 9.20 歐姆表的範圍開關

1，則測量值爲 $15 \times 1 = 15\,\Omega$。若開關位於 $R \times 100$，則電阻值爲 $15 \times 100 = 1500\,\Omega$。若開關位於 $R \times 10,000$，則電阻值爲 $15 \times 10,000 = 150,000\,\Omega$。

　　一多範圍開關如圖9.1中所示的VOM，它提供了多範圍數值伏特表，安培表及歐姆表，其範圍爲 $R \times 1$，$R \times 100$，及 $R \times 10,000$ 的位置。

9.5　其他的電表（*OTHER METERS*）

　　因安培表，伏特表，和歐姆表可以共同使用同一個達松發爾轉動裝置，因此可組合成單一電表。如伏特 - 歐姆 - 毫安培表（VOM），如圖9.1中作了說明。VOM是很有用的，可測量直流和交流電壓，直流電流，和電阻的功能。作爲直流和電阻的測試時，達松發爾轉動裝置的使用已在前面說明了。當作爲交流的測試時，所有訊號（電壓）都要由整流器轉換成震動直流信號，且刻度盤爲平均值之讀值。

整流之交流電壓

　　整流器可把交流電壓的負半波去掉或變爲正而產生振動直流信號。在第一種狀況的訊號爲一半波整流電壓，僅含有原來交流電壓的正半波。第二種狀況的訊號爲一全波整流電壓。其例子如圖9.21中所示，圖9.21(a)的交流訊號全被整流如圖9.21(b)中的振動直流訊號。

多用表

　　VOM是一種特殊狀況，稱爲多用表（multimeter），僅使用一個轉動

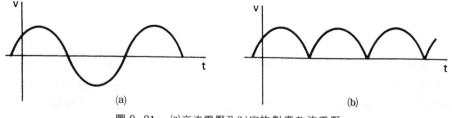

(a)　　　　　　　　　　　(b)

圖 9.21 (a)交流電壓及(b)它的對應整流電壓

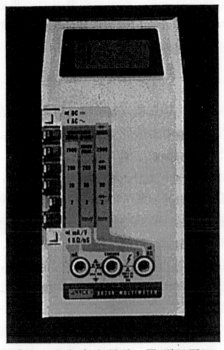

圖 9.22　多用表

裝置而能測量直流和交流兩種，及測量電阻。圖9.1的VOM有標準的標度盤
，可設定直流和交流電壓值由2.5伏特至500伏特，直流電流從1至500 mA
，電阻值由0至無限大歐姆。

　　另一多用表例子如圖9.22所示，由John Fluke公司製造的8020A多
用表。及圖9.23所示，由Simpson公司製造的夾式型VOM表。8020A是

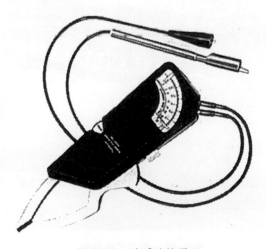

圖9.23　夾式交流電表

多用途攜帶型電表，可測量 26 種範圍的功能。在夾式型電表中，測量交流電流時可免掉切斷電路的問題。是由探棒夾在通以電流導線的週圍，由電流所生的磁場使得指針產生偏轉。接觸用導線是測量電壓和電阻之用。8020A 亦具有可使用的夾式配件。

電子式的多用表

其它型式的多用表是電子式多用表，是由眞空管或電晶體所組成的。並可分爲類比（analog）電表，是以電動機械轉動裝置和指針顯示測量值。另一種爲數位（digital）電表，是把測量值指示在數字顯示器上。

類比電表的例子是電子電壓表（EVM）或電晶體電壓表（TVM），老式的爲眞空管電壓表（VTVM）。在任一種狀況，電子電路是用來作訊號整流及訊號放大後再送到轉動裝置，而使它偏轉。

數位多用表在低頻時比類比多用表精確，如數位伏特表（DVM），因它是一有限數值，消除了讀刻度所產生的誤差，這數值是由電子式所產生，而不需電動機械轉動裝置。其最大優點是電表所取用的電流很小。如圖9.22中的8020A多用表就是數位裝置的例子。

另一數位式多用表爲 John Fluke 公司製造的 8600A 型電表，如圖9.24 所示。可在數個數值範圍內顯示交流和直流電壓及電流，亦有顯示電阻的能力。亦可設定自動調整電壓和電阻讀值小數點的位置。

另一例子如圖9.25所示，由 Simpon 公司製造的自動調整範圍的數位式

圖9.24　數位式多用表

圖 9.25　自動調整範圍的數位式多用表

多用表。它亦可設定自動調整顯示數目小數點的位置之功能。

其他轉動裝置

　　本章僅討論電動機械轉動裝置的達松發爾裝置。其它如鐵帆轉動裝置（iron-vane movement）和電流計轉動裝置（electrodynamomter movement）也是廣泛被使用的裝置。這兩種都是電流測試裝置，並於交流電表廣泛的被使用。

　　鐵帆轉動裝置由兩鐵棒所形成，一為靜止，另一為可動，每一鐵棒經由測試電流而磁化，產生與電流成正比的排斥力。因此可使可動鐵棒旋轉，而帶動指針旋轉，和達松發爾轉動裝置一樣。

　　電流計轉動裝置使用兩個線圈，一為靜止線圈，及附有指針的可動線圈。測試電流流過每一線圈，而使線圈四週產生磁場。這磁場間的作用力，使可動線圈和指針成正比於電流的平方而旋轉。因此刻度盤可刻劃而讀出直流或交流電流的平方平均值（一交流電流的平方值是脈動直流）。動力計（dynamometer）轉動裝置通常使用於組成瓦特表，此裝置將在交流電路中討論。

9.6　摘　要（*SUMMARY*）

　　電表是用來測量電氣的量，如電流、電壓、電阻、和功率，可以由指針的機械轉動裝置或具有數字顯示的類比數位轉換器裝置來完成。機械轉動裝置包括達松發爾轉動裝置，鐵帆轉動裝置，和電流計轉動裝置，它們都藉著可動鐵棒或可動線圈的旋轉，而使指針產生偏轉。

達松發爾轉動裝置再加上一電阻器就構成安培表，伏特表，及歐姆表。在歐姆表中，還須加入一電池。

有很多用途的電表，稱爲多用表，可由單獨的轉動裝置測量電流，電壓和電阻的裝置。最常用的爲伏特－歐姆－毫安培表（VOM）。電子式多用表，如電晶體電壓表（TVM）和眞空管電壓表（VTVM）。數位式多用表，如數位電壓表（DVM）。數位電表提供一測量值的顯示儀器，並使用類比至數位轉換器，而不用電動機械轉動裝置。

練習題

9.1-1 若通過轉動裝置的電流爲滿刻度電流的五分之一，求跨於額定值爲 50μA，1000Ω 之達松發爾轉動裝置的電壓。

答：0.01 伏特。

9.1-2 在練習題9.1-1中達松發爾轉動裝置，若電流不超過滿刻度電流，求最大的端電壓。

答：0.05 伏特。

9.2-1 一達松發爾裝置額定爲 50μA，1000Ω，如圖9.8的安培表，它能測量高達 1 毫安培的電流，求分流電阻 R_p。

答：52.63Ω。

9.2-2 重覆練習題9.2-1的問題，若最大測量電流爲 1 安培。

答：0.05Ω。

9.2-3 練習題9.2-2中，當安培表測量值爲 0.5 A，求通過轉動裝置及分流器的電流。

答：25μA，499.975μA。

9.3-1 例題9.3中伏特表的滿刻度電壓爲 1 伏特，求倍增器電阻值。

答：950Ω。

9.3-2 圖9.14中達松發爾轉動裝置額定爲 50μA，1000Ω，且伏特表範圍最高爲 10 V，20 V，和 100 V，求 R_1，R_2，和 R_3 之值。

答：199，200，1600 kΩ。

9.3-3 如圖電路伏特表正確讀值應爲 30 伏特，若伏特表滿刻度電壓爲 50 V，及 Ω/V 值爲 1000，求伏特表眞正讀值。

答：28.6 伏特。

9.3-4 重覆練習題9.3-3之問題，若 Ω/V 值爲 20,000。

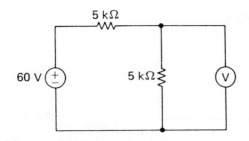

練習題 9.3-3

答：29.9 伏特。

9.4-1　有 1 mA，50 Ω 之達松發爾裝置作爲圖 9.16 (a)串聯歐姆表。若 V ＝ 4.5 伏，$R_s = 4450\,\Omega$，求 R_x 在(a)半刻度偏轉時，(b)四分之一刻度偏 轉時，(c)十分之一刻度偏轉時之值。（建議：在這狀況下，$I = I_M /$ 2，$I = I_M / 4$，$I = I_M / 10$。）

　　　答：(a) 4.5 kΩ，(b) 13.5 kΩ，(c) 40.5 kΩ。

9.4-2　圖 9.16 (a)的歐姆表具有 1 mA，50 Ω 的轉動裝置，當半刻度偏轉時 $R_x = 2\,\mathrm{k}\Omega$，求 V 和 R_s。

　　　答：2 伏特，1950 Ω。

9.4-3　圖 9.19 的並聯歐姆表轉動裝置額定爲 1 mA，50 Ω，及 V＝4.5 伏 特，求 R_s 之值。（建議：當 $I = I_M$ 時，必須符合 9.15 式）

　　　答：4450 Ω。

習　題

9.1　一達松發爾轉動裝置額定爲 1 mA，100 Ω，和一分流器 R_p 連接成圖 9.8 電路，成爲安培表。若滿刻度電流分別爲(a) 2 mA，(b) 10 mA，(c) 1 A，求 R_p 之值。

9.2　若達松發爾轉動裝置額定爲 500 μA，500 Ω，重覆練習題 9.1 之問題。

9.3　有一 1 mA，50 Ω 的轉動裝置使用如圖 9.8 中，以構成能測量高到 150 mA 的安培表，當讀值爲半刻度電流時，求流經 R_p 之電流值，以及 R_p 之數值。

9.4　在圖 9.10 中多範圍安培表，若轉動裝置額定是 1 mA，50 Ω，而三個 範圍可測量最大電流分別爲 2 mA，10 mA，及 100 mA，求 R_1，R_2，和 R_3 之值。

9.5　若轉動裝置額定爲 500 μA，1000 Ω，重覆練題 9.4 的問題。

9.6　如圖電路所示安培表有 1 mA，54 Ω 的轉動裝置，內部並聯 $R_p = 6\,\Omega$ 的

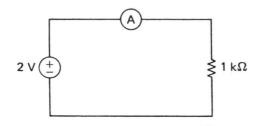

習題 9.6

電阻。求(a)它的滿刻度偏轉電流量，(b)它在電路中眞正的讀值，(c)當以 2 mA 通過理想電流表爲基準，求它的讀值百分比誤差爲多少。（建議：求從電源看入的眞實電阻值。）

9.7 重覆習題 9.6 的問題，若電表的轉動裝置額定爲 1 mA，49 Ω，且 $R_p = 1 Ω$。

9.8 有一 1 mA，100 Ω 之轉動裝置是使用於如圖 9.12 中伏特表，若滿刻度電壓爲(a) 10 伏特，(b) 50 伏特，(c) 200 伏特，求倍增器電阻 R_p 之值。

9.9 若轉動裝置額定爲 10 mA，4 Ω，重覆習題 9.8 問題。

9.10 圖 9.14 中多範圍伏特表具有 1 mA，100 Ω 的轉動裝置，且電阻 $R_1 = 9.9 kΩ$，$R_2 = 40 kΩ$，和 $R_3 = 150 kΩ$。求電表能測量的三個滿刻度電壓值。

9.11 圖 9.14 中多範圍伏特表具有 1 mA，50 Ω 的轉動裝置。若伏特表測量範圍可分別高到 10 伏特，50 伏特，和 100 伏特，求 R_1，R_2，和 R_3。

9.12 有一伏特表，$R_M = 40 Ω$，$R_s = 4960 Ω$，以及(a) $V_{max} = 2$ 伏特，(b) $V_{max} = 5$ 伏特，(c) $V_{max} = 10$ 伏特，求它的 Ω/V 之額定值。

9.13 若 $R_s = 9960 Ω$，重覆習題 9.12 問題。

9.14 如圖電路伏特表的靈敏度爲 20,000 Ω/V，及有 50 伏特之滿刻度偏轉。以理想伏特表之 40 伏特讀值爲基準，求它的眞實讀值及百分比誤差。

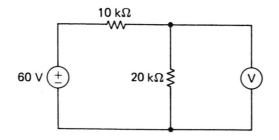

習題 9.14

9.15 若靈敏度爲 2000 Ω/V，重覆習題 9.14 的問題。

9.16 在圖 9.16(a)中串聯歐姆表具有 1 mA，100 Ω 之轉動裝置。當半刻度

偏轉發生在 $R_x = 3\,\mathrm{k}\Omega$ 時，求 V 和 R_s 。

9.17 若半刻度偏轉發生在 $R_x = 6\,\mathrm{k}\Omega$ ，重覆習題 9.16 的問題 。

9.18 求具有額定爲 $1\,\mathrm{mA}$ ， $50\,\Omega$ 的轉動裝置，及有 1.5 伏特電池串聯歐姆表中的 R_s 之值 。

9.19 證明圖 9.19 中並聯歐姆表通過轉動裝置的電流爲

$$I = R_x V / (R_s R_M + R_M R_x + R_x R_s)$$

使用這結果，求習題 9.18 中歐姆表偏轉在 (a) 四分之一刻度 ， (b) 半刻度 和 (c) 四分之三刻度所需的 R_x 值 。

9.20 圖 9.19 中並聯歐姆表使用 $1\,\mathrm{mA}$ ， $100\,\Omega$ 的轉動裝置，及在 $R_x = 95\,\Omega$ 時偏轉爲半刻度 。求 V 和 R_s 之值 。

第10章

導體和絕緣體

如第一章所述，導體（condnctor）是容易通過電流的物質。因它的電阻值與電阻器比較是可以忽略。理想狀況時，導體的電阻值為零。

另一種極端的材料，是絕緣體（insulator），它是很難通過電流的材料。比較上，一導體的電阻值僅有數分之一歐姆，而一絕緣體則可高達數佰萬歐姆。

如前述，銀是最好的導電材料，但為了經濟，最常用的導體是銅線。鋁線也常使用，但是鋁並不是十分好的導體，因此若通過相同的電流，鋁一定比銅的體積來得大。

通常絕緣材料的例子為空氣、雲母、玻璃、橡膠、陶器等材料。它們具有對電流極高阻力的共同特性。

半導體（semicondnctor）材料如碳、矽、鍺。其導電力介於導體和絕緣體之間。即，它與導體比較為高的電阻值，與絕緣體比較則為低電阻。固態元件，如二極體和電晶體包含了矽和鍺，而碳是做電阻器的重要材料。

本章將詳細討論導體和絕緣體的性質，而特別強調導體線和電阻器。為完成這工作，將介紹電阻係數（resistivity）和溫度係數的觀念，它們可說明電阻值是決定在材料的種類及材料工作的溫度。

我們將簡短討論開關及保險絲，它們有時為導體，有時却是絕緣體。

10.1　電　阻（*RESISTANCE*）

每一種材料，可能是導體、半導體，或絕緣體中的一種，且有電阻的性質。在導體時電阻值很低，在絕緣體時電阻值又很高。但在任何狀況下，電荷通過材料，將與物質中的原子遭到不同程度的碰撞，因此遇到了"電摩擦"或電阻。

影響電阻值的因素

若一導體（或絕緣體）有一均勻的截面積，如圖10.1所示，其電阻值是由好幾個因素來決定。其中四個主要因素是①材料種類，②長度，③截面積和④溫度。

明顯的，電阻值是受材料的影響，如銅材料含有很多的自由電子，因此它

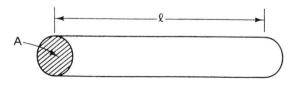

圖10.1　具有均勻截面積的導體

比幾乎沒有自由電子的碳或雲母更容易導電。在長度方面，較長的導體中，因電荷有更多的碰撞及高電阻。因此，電阻值與長度成正比，在圖10.1中長度以 ℓ 來註明。另一方面，電荷通過大的截面積比截面積較小的容易。因此，電阻值與截面積成反比，這是表示於圖10.1中的 A。（具有較小的面積，則有較大的電阻，反之亦然。）

電阻值的公式

若第四個因素溫度不變，可寫出電阻值的公式，如圖10.1所示導體，因電阻與 ℓ 成正比，與 A 成反比，所以可寫成

$$R = \rho \frac{\ell}{A} \tag{10.1}$$

此處 ρ（希臘字母 rho 小寫）是比例常數，稱爲材料的電阻係數，其值隨著材料而變，在不良導體（高電阻），其值比較高，在良導體（低電阻），其值較小。

圓密爾

使用（10.1）式，將排除 SI 單位，因在美國導線仍然以呎出售的。因導線是以圓面積所形成，我們定義一種新單位，稱爲圓密爾（circular mil）。一密爾定義爲 $\frac{1}{1000}$ 吋。亦卽

$$1 \text{ mil} = \frac{1}{1000} \text{ in.} = 0.001 \text{ in.} = 10^{-3} \text{ in.}$$

或　　　　　　　　$1000 \text{ mils} = 1 \text{ in.}$

1 平方密爾是 1 密爾×1 密爾的面積，如圖10.2(a)所示。而定義直徑爲 1 密爾的圓面積爲 1 圓密爾（1 cmil）如圖10.2(b)陰影部份，因此圖10.2(b)中圓面積以平方密爾爲單位等於

$$A = \frac{\pi d^2}{4} = \frac{\pi (1)^2}{4} = \frac{\pi}{4} \text{ sq mils}$$

而它的定義爲 1 圓密爾，卽

$$\frac{\pi}{4} \text{ sq mils} = 1 \text{ cmil} \tag{10.2}$$

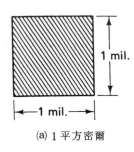

(a) 1 平方密爾

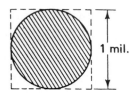

(b) 1 圓密爾

圖 10.2

或
$$1 \text{ sq mil} = \frac{4}{\pi} \text{ cmil} \tag{10.3}$$

一直徑為 d 密爾的圓具有 $\pi d^2 / 4$ 平方密爾的面積，由（10.2）式可知它是等於 d^2 圓密爾。即圓密爾為直徑平方的圓面積。欲求面積以圓密爾為單位，若直徑是吋，須把小數點向右移三位，而變成以密爾為單位，再平方而求得。

例10.1：求直徑為 0.025 吋圓面積，以圓密爾為單位。

解： 直徑　　　　　　　$d = 0.025$ in. $= 25$ mils

　　　所以面積　　　　$A = d^2 = (25)^2 = 625$ cmil

電阻係數的單位

若導體截面積 A 並以圓密爾為單位，長度為 ℓ 呎，及以歐姆為單位的電阻 R，而電阻係數 ρ 的單位由（10.1）式可求出。解 ρ 得

$$\rho = \frac{AR}{\ell} \tag{10.4}$$

因此它的單位是圓密爾──歐姆／呎。

若導體不是圓形，則有比圓密爾更常用的單位。在 SI 中，A 是以平方公尺測量，ℓ 是以公尺，而 R 是歐姆。因此由（10.4）式知 SI 中 ρ 單位是歐姆-公尺²/公尺，或歐姆-公尺（Ω-m）。若 A 是平方公分，ℓ 是公分，R 是歐姆為單位，則 ρ 的單位是歐姆-公分（Ω-cm）。

為了說明導體、半導體、絕緣體有不同的電阻係數，一些材料的電阻係數列於表10.1中。在前三項（銀、銅、鋁）是導體，再下的三項（碳、鍺、矽）是半導體，最後兩項（玻璃和橡膠）是絕緣體。ρ 是在20°C（68°F）的室溫所給的，表中安排是從導體至絕緣體一直增加上去的。

表 10.1 選擇的電阻係數

材　料	電阻係數（歐姆 - 公分在 20°C 時）
銀	1.6×10^{-6}
銅	1.7×10^{-6}
鉛	2.8×10^{-6}
碳	4×10^{-3}
鍺	65
矽	55×10^{3}
玻　璃	17×10^{12}
橡　膠	10^{18}

例 10.2：求一段具有截面積爲 5 平方公分及長爲 200 公分的銅線電阻值。

解：由表 10.1 中查得 $\rho = 1.7 \times 10^{-6} \Omega \text{-} \mathrm{cm}$，由（10.1）式得

$$R = \frac{\rho l}{A} = \frac{(1.7 \times 10^{-6}\ \Omega\text{–cm})(200\ \mathrm{cm})}{5\ \mathrm{cm}^2} = 6.8 \times 10^{-5}\ \Omega$$

注意，所有單位除了歐姆外已完全消掉。

10.2　導體線（*WIRE CONDUCTORS*）

　　導體最主要用在電路中傳導電流，從一電氣元件傳到另一個元件。爲此目地通常使用圓形金屬線，而最常用的是銅。如在圖 10.3 中電路是由兩條導體連接 240 Ω 電阻和 120 V 電源所組成，這導體可爲兩段圓形銅線。

　　圖 10.3 導體線電阻是由其長度和截面積所決定，可能爲 0.5 Ω 的總電阻。因此導體不是理想的（因電阻不爲零），但大部份可能接近於理想導體，因

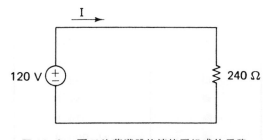

圖 10.3　兩元件藉導體的連接而組成的電路

$0.5\,\Omega$ 與 $240\,\Omega$ 比較可忽略不計。在真實狀況時，由電源所看的電阻 R 等於電阻器加上導體的電阻，因它們串聯在一起，得

$$R = 240 + 0.5 = 240.5\ \Omega$$

而電路中電流為

$$I = \frac{120}{240.5} = 0.499\ \text{A}$$

這與 $\dfrac{120}{240} = 0.5\,\text{A}$ 比較，可說明理想導體。

由上述可知，導體的電阻值小到可忽略不計。然而在某些狀況下，必須把導體電阻計算進去，為了這理由，需要相當容易計算電阻值的方法。可依（10.1）式很容易完成，且導體的截面積若以圓密爾為單位，而 ρ 以圓密爾 - 歐姆／呎，則工作更為簡化。

一些常用導電材料及它們以圓密爾 - 歐姆／呎為單位的電阻係數列於表 10.2 中，以增大電阻係數的順序排列。並且為了比較把半導體碳也包括在表中。

例 10.3: 求直徑為 40.3 密爾，長度為 2000 呎的圓形銅線在 $20\,^\circ\text{C}$ 時的電阻值。

解: 銅線的截面積是 $A = (40.3)^2\ \text{cmil}$，由表 10.2 查得 $\rho = 10.4\ \text{cmil-}\Omega/\text{ft}$，由（10.1）式可得

表 10.2　電阻係數 ρ（在 $20\,^\circ\text{C}$ 時以圓密爾 - 歐姆／呎為單位

材　料	ρ
銀	9.9
銅	10.4
鋁	17.0
鎢	33.0
鎳	47.0
鐵	74.0
碳	21,000.0

$$R = \frac{\rho\ell}{A} = \frac{(10.4 \text{ cmil–}\Omega/\text{ft})(2000 \text{ ft})}{(40.3)^2 \text{ cmil}} = 12.8 \ \Omega$$

上式中除了歐姆外，所有單位都被消掉。

標準線規的大小

計算銅線電阻值可依表10.3而獲得更簡化，表中標準導線號數系統爲著名的美國線規（American wire gage，縮寫爲 AWG）。線規號數是1，2，3，及依序而上，數目大小與導線直徑有關，較大的號數爲較細的導線。即直徑變小，而電阻值增大，這和線規號數增大一樣。

每隔三個線規的大小，以 cmil 爲單位的截面積減半，因此，電阻值增大一倍。例如第14號線每仟呎有2.525Ω的電阻，而第17號導線有每仟呎爲5.064Ω的電阻。

例10.4： 爲了說明如何使用表10.3，求一2000呎長的18號導線在20°C時的電阻值。

解： 由表10.3知每仟呎電阻值爲6.385Ω，因此2000呎導線電阻是

$$R = 2 \times 6.385 = 12.8 \ \Omega$$

表 10.3　美國線規（AWG）的號數（實心圓形銅線）

線規號數	直徑（密爾）	面積（圓密爾）	歐姆/1000英尺（20°C）
1	289.3	83,690	0.1239
2	257.6	66,370	0.1563
3	229.4	52,640	0.1970
4	204.3	41,740	0.2485
5	181.9	33,100	0.3133
6	162.0	26,250	0.3951
7	144.3	20,820	0.4982
8	128.5	16,510	0.6282
9	114.4	13,090	0.7921
10	101.9	10,380	0.9989
11	90.74	8,234	1.260
12	80.81	6,530	1.588
13	71.96	5,178	2.003
14	64.08	4,107	2.525
15	57.07	3,257	3.184
16	50.82	2,583	4.016
17	45.26	2,048	5.064
18	40.30	1,624	6.385

表 10·3 （續）

線規號數	直徑（密爾）	面積（圓密）	
19	35.89	1,288	8.051
20	31.96	1,022	10.15
21	28.46	810.1	12.80
22	25.35	642.4	16.14
23	22.57	509.5	20.36
24	20.10	404.0	25.67
25	17.90	320.4	32.37
26	15.94	254.1	40.81
27	14.20	201.5	51.47
28	12.64	159.8	64.90
29	11.26	126.7	81.83
30	10.03	100.5	103.2
31	8.928	79.70	130.1
32	7.950	63.21	164.1
33	7.080	50.13	206.9
34	6.305	39.75	260.9
35	5.615	31.52	329.0
36	5.000	25.00	414.8
37	4.453	19.83	523.1
38	3.965	15.72	659.6
39	3.531	12.47	831.8
40	3.145	9.88	1049.0

　　這結果與例題 10.3 答案一樣。由表 10.3 知 18 號線直徑是 40.3 mil，因此例題 10.3 和 10.4 是討論相同的導體，而答案也相同。這說明使用查線規表的方法較使用計算電阻值的公式更為容易。

例 10.5： 若導線長度為 750 呎，重覆例題 10.4 之問題。

解： 因 750 呎是 1000 呎的 $\dfrac{750}{1000}$ 倍，所以

$$R = \frac{750}{1000}(6.385) = 4.8\ \Omega$$

　　在電子電路中，所通過電流為 mA，所用導線號數約為 22 號，這規格可以通過高達 1A 電流而不會燒壞。屋內接線，電流約為 5 到 15 A，則需使用 14 號（或更大）導線。

10.3　溫度效應（*EFFECT OF TEMPERATURE*）

大部份導體，溫度增高會使電阻增大，因較高溫度使導體中有更多的分子在運動，使電荷與分子碰撞的機會增多。本節將了解溫度如何影響某特定導體的電阻值，並獲得把溫度考慮進去的電阻公式。

電阻－溫度的關係圖：

若導體的電阻 R 是以 °C 為單位畫出的，結果如圖 10.4 中近似的實線圖。在大部份範圍內是直線。但在非常高和非常低的溫度時為非線性，若為直線，如虛線表示的電阻曲線。在大部份實用範圍內提供了良好近似真實的電阻曲線。

電阻在絕對溫度（−273°C）時的值如圖所示為零，因在這溫度時所有份子的移動完全停止。虛線的直線在 T_0 處趨近於零，稱為推論的絕對零度（inferred absolute zero）。直線的斜率在點 $R = R_1$ 和 $T = T_1$ 處，在移動溫度 x 值，而增大了 R_1 的電阻。同樣的，在 $R = R_2$ 和 $T = T_2$ 處，斜率在移動溫度 y 值，而增大了 R_2。因斜率是相同的，所以可得

$$\frac{R_1}{x} = \frac{R_2}{y} \tag{10.5}$$

由圖 10.4 知 $x = T_1 - T_0$ 及 $y = T_2 - T_0$，因此（10.5）式變為

$$\frac{R_1}{T_1 - T_0} = \frac{R_2}{T_2 - T_0}$$

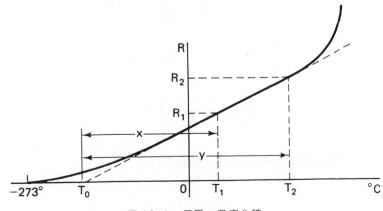

圖 10.4　電阻－溫度曲線

可得

$$R_2 = \frac{T_2 - T_0}{T_1 - T_0} R_1 \tag{10.6}$$

電阻的計算

由（10.6）式知，若推論的絕對零度為已知，且知道在溫度 T_1 的電阻值 R_1，可求出在溫度 T_2 的電阻 R_2。在銅的例子中，T_0 為 $-234.5°C$，因此（10.6）式變成

$$R_2 = \frac{234.5 + T_2}{234.5 + T_1} R_1 \tag{10.7}$$

因此在 $T = T_1$ 時知道 $R = R_1$，可求出溫度 T_2 時的電阻 R_2。

例 10.6：求在 $T = 50°C$ 的溫度下，一條 1000 呎 14 號銅線的電阻。

解：由表 10.3 中知 $T_1 = 20°C$ 時 $R_1 = 2.525\ \Omega$。若 $T_2 = 50°C$ 時，由（10.7）式可得

$$R_2 = \frac{234.5 + 50}{234.5 + 20} (2.525) = 2.823\ \Omega$$

電阻的溫度係數

把（10.6）式右邊分子加 T_1 及減 T_1，可得

$$R_2 = \frac{T_1 - T_1 + T_2 - T_0}{T_1 - T_0} R_1$$

或

$$R_2 = \left(\frac{T_1 - T_0}{T_1 - T_0} + \frac{T_2 - T_1}{T_1 - T_0} \right) R_1$$

$$= \left(1 + \frac{T_2 - T_1}{T_1 - T_0} \right) R_1 \tag{10.8}$$

且定義 α（希臘字母 alpha 之小寫）的量為

$$\alpha = \frac{1}{T_1 - T_0} \tag{10.9}$$

表10.4 各種材料在20°C時的溫度
係數 α

材　料	α
銀	0.0038
銅	0.00393
鋁	0.00391
鎢	0.005
鎳	0.006
鐵	0.0055
碳	−0.0005

因此（10.8）式變爲

$$R_2 = R_1 \left[1 + \alpha(T_2 - T_1)\right] \tag{10.10}$$

α 稱爲電阻的溫度係數，由導體的材料和溫度 T_1 所決定（因所給材料 T_0 是定值。各種材料在 $T_1 = 20°C$ 時 α 之值列在表10.4中。

注意碳具有一負溫度係數。這是典型的半導體材料，其電阻值隨溫度的增加而降低。

在銅的例子中，若 $T_1 = 20°C$，則 $\alpha = 0.00393$，因此把 R_1 電阻在 20°C 時表示爲 R_{20}，而分別把 R_2 和 T_2 以 R 和 T 來表示，則（10.10）式變爲

$$R = R_{20}[1 + 0.00393(T - 20)] \tag{10.11}$$

因此銅線電阻 R 在任何溫度 T 是以 R_{20} 爲名稱所給之值。R_{20} 的數值列於表10.3中。

例10.7：利用（10.11）式解例題10.6。

解：因 $R_{20} = 2.525\ \Omega$，及 $T = 50°C$，如前可得

$$R = 2.525[1 + 0.00393(50 - 20)]$$

$$= 2.823\ \Omega$$

10.4　絕緣體（*INSULATORS*）

如前述，絕緣體，或介質材料，具有非常高的電阻值，且在平常電壓下不

表 10.5 常用絕緣體的介質強度

材　　　料	平均介質強度 （仟伏特／公分）
空　　　氣	30
磁　　　器	70
樹　　　脂	150
橡　　　膠	270
鐵　服　龍	600
玻　　　璃	900
雲　　　母	2000

會有電流導通。絕緣體有兩大功能，一是在物理上阻絕兩導體間電流的流通。例如，若可能的話，在電路中兩導體接觸在一點而不是一節點，一固態的絕緣材料是用來分開這兩個導體。例如在電燈電路中兩條導線，封在絕緣材料之中以維持它們的分開。另一種功能是當供給電壓時用來儲存電荷之用。將在第十一章中討論電容器而了解這種功能，而電容器是簡單以一介質或絕緣體分開兩導體而構成。

介質強度

　　一般絕緣體有空氣、橡膠、玻璃、雲母、和陶器，當然這其中某些材料的絕緣性會比其它的好。但無論其絕緣性如何好，如加一足夠高的電壓在其上，將會使材料物理上的結構分裂，而致使它能導電。能使絕緣材料內部結構崩潰的電壓稱爲絕緣體的崩潰電壓（breakdown voltage）或稱介質強度（ diel-ectric strength），可用來測量材料絕緣性好到什麼程度的依據。

　　一些常用絕緣體以及它們的平均介質強度列於表10.5中，其單位爲仟伏特／公分（kV/cm），並可將此單位乘以2.54而轉換以伏特／密爾爲單位。

例10.8：求空氣以伏特／密爾爲單位的崩潰電壓。且使兩間隔爲⅛吋的導體，以空氣爲介質的崩潰電壓爲多少？

解：由表10.5中可查出空氣崩潰電壓爲30 kV/cm，因此

$$V/mil = 2.54 \times 30 = 76.2$$

因1吋＝1000 mil，故⅛吋＝125 mil，因此要貫穿⅛吋介質電壓爲$V = 125 \times 76.2 = 9525$ 伏特，卽當有9525伏特或更高電壓，將會使⅛吋長的空氣產生弧光。

10.5　開關和保險絲（*SWITCHES AND FUSES*）

電路中兩個常用的裝置，依其位置狀態，其功能可爲理想導體（短路）及理想絕緣體（開路），即爲開關和保險絲，將在本節中討論。另一種裝置稱爲斷路器（circuit breaker），它可完成保險絲的功能，且可藉著重置（reset）再重覆使用。

接續和阻斷

前面已使用開關在少數電路中，並了解它如何被使用。開關可以閉合或在接續（make）的位置，也可以打開或在阻斷（break）位置。圖10.5(a)是開關的例子，圖10.5(b)是它的電路符號，這兩開關都是開的位置。將開關閉合，如圖10.5(a)中箭頭所指示的，就是把兩個導體連接在一起，因此把開路變成短路。

極和投

開關中用來打開或閉合的零件，稱爲開關極（pole），開關可能有單極、雙極或更多極，圖10.5就是單極開關。

若開關的每一接點僅打開或閉合一個電路，如圖10.5所示圖形，稱爲單投開關。雙投開關是一種當把一電路打開同時又把另一電路閉合的開關。因此可有單極單投開關（SPST）、單極雙投開關（SPDT）、雙極單投開關（DPST）、雙極雙投開關（DPDT）或多極單投及多極雙投開關。四種最常用的例子如圖10.6所示。具有2個至10個可用位置的單極單投開關的照片如圖10.7中，而圖10.8爲雙極雙投開關。在後者，紅色和橘黃色導線（R和O）是連接至黃色或綠色（Y或G）及棕色或黑色導線（BR或BL），是由開關的動作來決定。

捺跳開關

開關中藉著按鈕在小的弧形導體上移動而能打開或閉合電路的接點稱爲捺跳（toggle）開關。接點是快速的閉合或打開，以及閉合位置是緊密的連接在一起。爲了這個理由，大部份住家中的電燈開關都是捺跳開關。打開（off）或

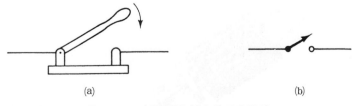

(a)　　　　　　　　　　　　　　(b)

圖 10.5　　(a)開關及(b)它的電路符號

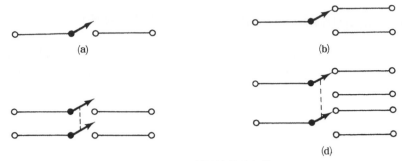

圖10.6　開關的電路符號

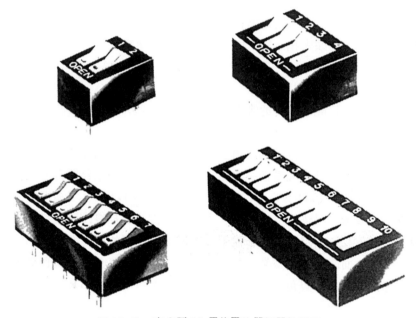

圖10.7　有 2 至 10 個位置的單極單投開關

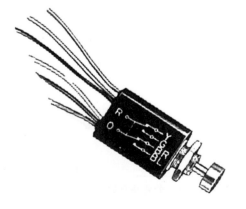

圖10.8　雙極雙投開關

閉合（on）位置的捺跳開關如圖10.9所示，及四個單極雙投的捺跳開關照片在圖10.10中。

其他類型開關

開關的動作，除了捺跳開關的開－閉合（on-off）之外，尚有數種方式能完成此動作。例如，圖10.11所示的按鈕（pushbutton）開關，或圖11.12多接點的按鈕開關。也有一種稱為滑動（slide）開關，藉著一滑動接點移動來閉合電路。以及水銀開關，其包含裝有水銀的管子，而此管在水平時可把兩導體接在一起，當玻璃管傾斜時接點是斷路。

旋轉（rotary）開關是當它的轉軸旋轉時，能使電路接續或斷路的開關。開關有一旋鈕是用來轉動開關中的轉軸，而可旋轉電的接點。這個旋轉接點使位於環繞軸上的一個或更多的絕緣薄片或絕緣片上的導體端點能連接在一起。因此旋轉開關具有很多極，可設在許多不同的位置。圖10.13為三個旋轉開關，以及稍有不同型式開關在圖10.14中。

保險絲

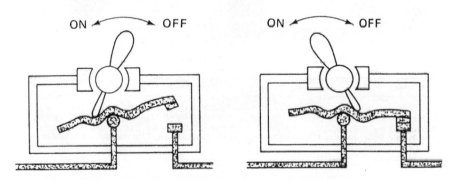

圖 10.9　捺跳開關位於⒜開及⒝閉合的位置

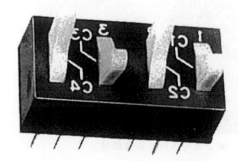

圖 10.10　單極雙投捺跳開關

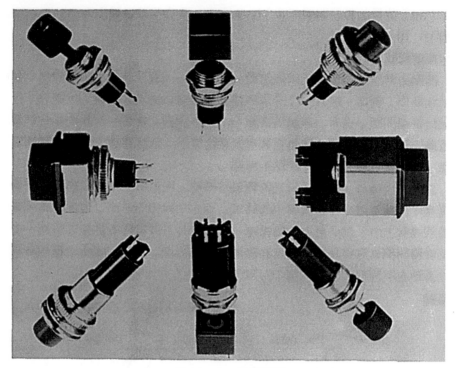

圖 10.11　按鈕開關

圖10.12　有多接點的按鈕開關

圖 10.13　有三層，一層，兩層薄片的旋轉開關

圖 10.14　旋轉開關

圖 10.15　保險絲的電路符號

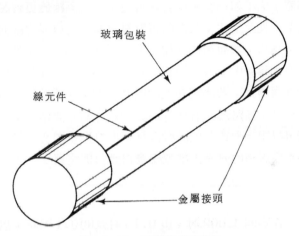

玻璃包裝

線元件

金屬接頭

圖 10.16　玻璃管式保險絲

　　另一元件起先是導體（短路）的功能，而隨後可如同一絕緣體的是保險絲（fuse），保險絲電路符號如圖10.15所示。保險絲的用途是當電路正常操作時作為導通電流之用，當有大的湧浪電流時可能損壞電路，它的作用如同絕緣體，而大的湧浪電流導因於過載或短路。

　　保險絲基本上是當溫度上昇時，會熔斷的一條細導線會把電路斷路，這是當它電流超過最大額定時才發生。典型的保險絲如圖10.16所示的玻璃管型式的保險絲，例如它可用於汽車電路中，外部的連接是由與玻璃管內的金屬元件接在一起的金屬接點來完成。當然，當元件熔掉時，保險絲就“燒斷”。

　　保險絲的額定值可以小到幾分之一安培，而大到數佰安培。它是用來保護諸如汽車、住家，以及電視機中各種電路。典型家庭保險絲額定值是 15 安培，而電視機的高壓電路可用¼安培額定值的玻璃管式保險絲來保護。

斷路器

當保險絲燒斷，就已毀壞，這是因導線元件已燒斷。有一裝置其操作與保險絲相似，但可重置再度使用稱爲斷路器（circuit braker）。斷路器是一個開關，當有大電流通過時，由於磁場或熱的反應而把開關打開。在第一種狀況中，通有電流之線圈中的鐵棒被磁化，會把開關打開。而熱型式斷路器，則由於電流的加熱把彈簧延伸，打開電路。

10.6 摘 要（*SUMMARY*）

材料可依其導電的容易性分成導體、半導體或絕緣體，導體具有小的或可忽略的電阻，而容易導通電流。絕緣體有高電阻，防止電流的流通。介於它們之間是半導體，它不如導體那樣容易導電，却比絕緣體更容易導電。

已知材料的外型及型式，其電阻可計算出來。若材料的截面積是均勻的，電阻值與長度成正比，與面積成反比。而比例常數爲電阻係數，在所給材料中此數是定值。在銅導線中，有一線規表可以快速計算出電阻的數值。導體電阻會因溫度的增加而增加，乃決定在它的溫度係數，在所給的材料中它也是定值。

開關、保險絲、斷路器在有些時間如同絕緣體（開路），有時如同導體（短路）。開關可以由手動或其它設計的反應而打開或閉合，另一方面保險絲和斷路器在可能損壞電路的異常大電流時會自動打開電路。

練習題

10.1-1　求直徑爲(a) 0.002 吋，(b) 0.15 吋及(c) 0.1 呎時，以圓密爾爲單位的面積。

答：(a) 4 ，(b) 22,500 ，(c) 1.44×10^6 。

10.1-2　把下列面積的單位轉換成圓密爾，(a) 20 平方密爾，(b) 20 平方吋，(c) 20 平方呎。（提示：1 平方吋＝$10^3 \times 10^3 = 10^6$ 平方密爾）

答：(a) $\dfrac{80}{\pi} = 25.46$ ，(b) 2.546×10^7 ，(c) 3.67×10^9 。

10.1-3　有截面積爲 2 平方公分及長度爲 1000 公分的材料。如果材料分別爲(a)銅，(b)矽及(c)玻璃，求它們以歐姆爲單位的電阻。

答：(a) 8.5×10^{-4} ，(b) 2.75×10^7 ，(c) 8.5×10^{15} 。

10.2-1　有長 4000 呎的 10 號銅線，求在 20°C 時的電阻。

圖：$3.996\,\Omega$ 。

10.2-2　在 20°C 時，求 31 號銅線長度分別為(a) 6000 呎，(b) 500 呎，及(c) 25 呎時的電阻。

圖：(a) $780.6\,\Omega$，(b) $65.05\,\Omega$，(c) $3.25\,\Omega$。

10.2-3　在圖 10.3 中連接兩元件的導線為 22 號導線，每一線長都是 600 呎。求電路中的電流 I。（溫度為 20°C）

圖：0.46 安培。

10.3-1　求長為 4000 呎的 20 號導線在(a) 20°C，(b) 100°C，及(c) 0°C 時的電阻值。

圖：(a) $40.6\,\Omega$，(b) $53.36\,\Omega$，(c) $37.41\,\Omega$。

10.3-2　有一材料在 20°C 時具有 $10\,\Omega$ 的電阻，求在 70°C 時的電阻值，材料為(a)銀，(b)鎢，(c)碳。

圖：(a) $11.9\,\Omega$，(b) $12.5\,\Omega$，(c) $9.75\,\Omega$。

10.4-1　兩導體間的絕緣體厚度為¼吋，若介質材料為(a)空氣，(b)橡膠，(c)雲母，求使其崩潰的最低電壓。

圖：(a) $19.05\,\mathrm{kV}$，(b) $171.45\,\mathrm{kV}$，(c) $1.27\,\mathrm{MV}$。

10.4-2　重覆練習題 10.4-1 問題，若絕緣體厚度為¹⁄₁₆吋。

圖：(a) $4.76\,\mathrm{kV}$，(b) $42.86\,\mathrm{kV}$，(c) $317.5\,\mathrm{kV}$。

10.5-1　如圖保險絲額定為 5 A，求能使保險絲燒掉之電源最小電壓。

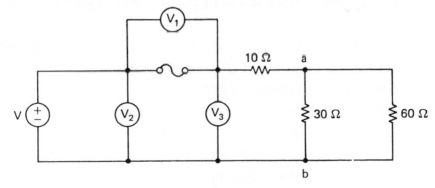

練習題 10.5-1

圖：150 伏特。

10.5-2　在練習題 10.5-1 中電路，若 V＝100 伏特，求電壓表 V_1，V_2，V_3 的讀值。（提示：保險絲為理想，如短路。）

圖：0 伏特，100 伏特，100 伏特。

10.5-3 若 $V = 200$ 伏特，重覆練習題 10.5-2 中的問題。（提示：此時保險絲已燒斷而如同一開路。）

圖：200 伏特，200 伏特，0 伏特。

習 題

10.1 有一導線的直徑為(a) 0.017 吋，(b) 0.001 吋，(c) 0.02 公分及(d) 51 密爾，求以圓密爾為單位的截面積。

10.2 有一圓面積以圓密爾為單位分別等於(a) 1225，(b) 174.24，(c) 11.56，(d) 12,100，求以吋為單位的圓直徑為多少？

10.3 求有 10 cm² 截面積及 50000 cm 長導體的電阻值。若導體的材料是(a)銀，(b)銅，(c)碳。以及溫度為 20°C。

10.4 有一導體具有 0.5Ω 及 0.2 cm² 的截面積，若材料是(a)銅及(b)鋁，溫度為 20°C 時，求以公分為單位的長度。

10.5 有一銅導體有 1 吋 × 4 吋的長方形截面以及 1000 呎的長度。在 20°C 時，求銅導體的電阻。（提示：1 平方密爾 = $\dfrac{4}{\pi}$ 圓密爾。）

10.6 解習題 10.5，若材料是鋁。

10.7 求在 20°C 時長為 5000 呎的(a) 12 號銅線，(b) 24 號銅線及(c) 40 號銅線的電阻值。

10.8 有長 472 呎的(a) 6 號銅線，(b) 19 號銅線，及(c) 38 號銅線在 20°C 時的導線電阻值為多少？

10.9 有 100 伏特電池和 250Ω 電阻器連接在一起，連接的導線各長 100 呎的 10 號銅線，在溫度 20°C 時，求電路所通過的電流。

10.10 若兩條導體是 40 號銅線，解習題 10.9。

10.11 在習題 10.7 中導體在 50°C 時，求它的電阻值。

10.12 求習題 10.7 中導體在 100°C 時的電阻值。

10.13 有一材料在 20°C 時有 20Ω 的電阻。若材料分別是(a)銅，(b)鋁，及(c)鎳，求材料在 100°C 時的電阻值。

10.14 求習題 10.13 中導體在 0°C 時的電阻值。

10.15 在練習題 10.5-1 中電路，若 $V = 120$ 伏特，求伏特表 V_1，V_2，及 V_3 的讀值。保險絲的額定值和以前一樣是 5 安培。

10.16 解習題 10.15，若電路中置一短路跨於 a 和 b 之間。

第11章

電容器

　　前面章節中僅討論包括電源和電阻器的電阻電路。其元件的端點特性很容易表示出來，例如 $v=6$ 伏特是電源，或 $v=Ri$ 是電阻的狀況。電路方程式是相對簡單的代數式，且有多種方法解出電路的電流和電壓。

　　電阻性電路方程式的簡單，是因電阻器上的電壓值受電流值所決定。另有兩個重要的電路元件，就是電容器和電感器，每一元件的兩個量（電壓和電流）是受另一量的變化率所決定。因此有電容器和電感器的電路，不能用簡單代數式來支配電路。與電阻電路成對比的這些更通用電路，可以在某一時間儲存能量，而在以後的時間取用這些能量。換言之，電容器和電感器電路有記憶（儲存能量可重新叫出）的能力，而電阻電路只能產生瞬間的效果。

　　例如，照相機的電子閃光燈，可把能量儲存在電路中，而在以後照相需要閃光時使用。以後將了解，電容器儲存能量是以電壓型式儲存起來，這電壓維持定值，一直到要產生閃光時才供給功率。

　　本章中將討論電容器，討論它的容電性質，電壓 - 電流的關係，所儲存的能量，及電路中的串並聯。也將簡短討論電場（electric fiel）的觀念，電容器能量就是儲存在電場之中，並討論電容器的各種型式外貌及物理結構。電感器將在討論磁場後，第十四章中討論。

11.1　定　義（*DEFINITIONS*）

　　電容器是兩導體被介質材料所隔開的兩端元件。例如圖11.1中兩平行板電容器，其導體是兩長方形平面的導體，而介質材料是它們之間的空氣。跨於左邊端點電壓 v，使用 KVL，如圖所示亦跨於兩平板上。

　　外加的電壓 v 使得正電荷由下平面板移到上平面板，如圖所示。若介質是理想的（完全絕緣體），沒有電荷可在兩板間流動。因此電荷是從外接導線移

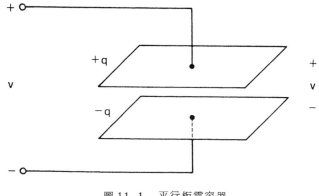

圖11.1　平行板電容器

動過去。使上平板有 $+q$ 電荷，下平板失去了 $+q$ 電荷，但有 $-q$ 的電荷（其實電子流，是 q 庫倫的電子從上板移到下板，而把正電荷留在上板）。此時電容器會充電到電壓 v，若兩端點是開路，則電壓會繼續保持下去。

電容量

在電容器的電荷 q（$+q$ 在一導體上，$-q$ 在另一導體上）與所給電壓 v 成正比，若電壓高，則有更多的電荷移動。因此可寫成

$$q = Cv \tag{11.1}$$

此處 C 為比例常數，稱為元件的電容量，由（11.1）式可得

$$C = \frac{q}{v} \tag{11.2}$$

故電容的單位是庫倫／伏特（C/V）。1 C/V 在 SI 單位為法拉（farad，縮寫為 F），是紀念英國物理學家法拉第而命名。

電容量是測量電容器儲存電荷的能力。即若電容為 1 法拉，有 1 伏特電壓跨其平板兩端，則有 1 庫倫電荷儲存在平板上。但法拉為單位是太大了，因此典型電容器儲存電荷是在微庫倫或更小。故電容量一般以微法拉（μF）和微微法拉（$\mu\mu$F）為單位，其關係為

$$1 \ \mu\text{F} = 10^{-6} \ \text{F}$$

$$1 \ \text{pF} = 10^{-12} \ \text{F}$$

例 11.1：求儲存在 2μF 電容器的電荷，若平板間電壓為 25 伏特。

解：由（11.1）式可得

$$q = Cv = (2 \ \mu\text{F})(25 \ \text{V}) = 50 \ \mu\text{C}$$

電　場

如在 1.2 節所述的，兩帶電體之間有作用力存在 —— 若帶電荷不同則有吸引力，如相同則有排斥力。若考慮稱為電場者，會幫助我們了解這些力量。電場是由電力線或電通量所組成的，它存在環繞電荷的區域內。如圖 11.2 (a) 電場中的電力線是從兩互相排斥的正電荷往四週放射出來。圖 11.2 (b) 為兩不同電荷的吸引力，電力線由正電荷出發而終止於負電荷。

電容器的構成是使電力線集中兩板間，而不是往所有的方向擴散。如一平

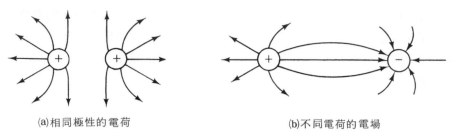

(a)相同極性的電荷　　　　　　　　(b)不同電荷的電場

圖 11.2

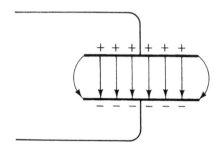

圖 11.3　在平行板電容器中的電場

行板電容器的截面如圖 11.3 所示，上極板比下極板電位爲正，因此，除邊緣外，電力線維持在兩平板之間。

儲存能量的容積

　　電容如同一容積去儲存電荷，或把能量儲存在平板電場中。在平行板電容器中，電場強度，能量的儲存和電容量決定在①介質材料，②平板面積，③平板間的距離。在第一種情況，以後將了解某些介質材料比其它材料更容易建立電場。在第二種情況，較大的平板面積，能容納更多的電力線，因此電容量與面積 A 成正比。最後的一個情況，愈靠近的電荷，有較强的電場，且有較高的電容。因此，電容量與距離 d 成反比。

介質常數

　　前面獲得平板電容器以物理特性的電容公式，這說明於圖 11.4 中，因電容 C 與面積 A 成正比，與平板間距離 d 成反比，可寫出

$$C = \frac{\epsilon A}{d} \tag{11.3}$$

此處 ϵ（希臘字母 epsilon 小寫）是比例常數，是由介質所決定。因 ϵ 是容易測量那些介質允許電場所建立的數值（高的 ϵ 值，具有大的電容量），所以它稱爲材料的介質係數。

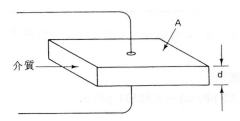

A

介質

d

圖11.4　有面積 A 及寬 d 的
平行板電容器

表11.1　介質常數 K 的平均值

介　　　質	$K = \epsilon / \epsilon_0$
眞　　　空	1.0
空　　　氣	1.0006
鐵　福　龍	2.0
合　成　樹　脂	2.5
雲　　　母	5.0
磁　　　器	6.0
電　　　木	7.0
鋇鍶（陶質）	7500.0

由（11.3）式解 ϵ ，可得

$$\epsilon = \frac{Cd}{A} \tag{11.4}$$

在 SI 中，介質係數單位爲法拉－公尺／平方公尺，或法拉／公尺（F／m）。
如眞空的介質係數定爲 ϵ_0，其值爲

$$\epsilon_0 = 8.85 \times 10^{-12} \text{ 法拉／公尺} = 8.85 \text{ 微微法拉／公尺} \tag{11.5}$$

眞空的 ϵ_0 可做爲測量其它材料 ϵ 的標準。可由定義一個 K 來完成，K 是相對介
質係數，其比值爲

$$K = \frac{\epsilon}{\epsilon_0} \tag{11.6}$$

因此材料的介質係數爲

$$\epsilon = K\epsilon_0 \tag{11.7}$$

一些常用的介質係數列於表11.1中。

例 11.2：一平行板電容器面積 $A = 0.1\,\text{m}^2$，距離 $d = 3$ 毫公尺，介質爲空氣，求它的電容量。

解：由表 11.1 知道空氣的介質係數爲

$$\epsilon = K\epsilon_0 = 1.0006\,(8.85\ \text{pF/m}) = 8.85531\ \text{pF/m}$$

在 S I 中知 $A = 0.1\,\text{m}^2$ 及

$$d = (3\ \text{mm})\left(\frac{1}{1000}\ \text{m/mm}\right) = 0.003\ \text{m}$$

利用（11.3）式，電容是

$$C = \frac{(8.85531\ \text{pF/m})(0.1\ \text{m}^2)}{0.003\ \text{m}} = 295.2\ \text{pF}$$

例 11.3：若介質是陶器，重覆例題 11.2。

解：查表 11.1 得介質係數爲

$$\epsilon = K\epsilon_0 = (7500)(8.85 \times 10^{-12}) = 6.6375 \times 10^{-8}\ \text{F/m}$$

因此電容爲

$$C = \frac{(6.6375 \times 10^{-8})(0.1)}{0.003} = 221.25 \times 10^{-8}\ \text{F}$$

或

$$C = 2.2\ \mu\text{F}$$

由上例知道，大電容量可由較高介質係數的介質去獲得。但我們仍然限制實際電容的容量，其與 1 法拉的標準單位比較乃十分之小，如下例就說明了這點。

例 11.4：平行電容器的 $C = 1$ 法拉，$d = 0.1$ 公尺，它的介質是空氣，若平板是正方形，求平板以呎爲單位的邊長。

解：空氣介質係數爲 $\epsilon = 8.85531 \times 10^{-12}$ F/m，利用（11.3）式求 A

$$A = \frac{Cd}{\epsilon} = \frac{1(0.1)}{8.85531 \times 10^{-12}} = 1.1293 \times 10^{10}\ \text{m}^2$$

因此平板邊長爲 $\sqrt{1.1293 \times 10^{10}} = 1.063 \times 10^5$ 公尺的正方形。因爲有

$$1\ \text{m} = (100\ \text{cm})\left(\frac{1}{2.54}\ \text{in/cm}\right)\left(\frac{1}{12}\ \text{ft/in.}\right) = 3.281\ \text{ft}$$

所以邊長是　　　　$(3.281)(1.063 \times 10^5) = 348,770$ ft

此數值超過了 66 哩！

11.2　在電路中的關係 (*CIRCUIT RELATIONSHIPS*)

　　雖然電容器有很多不同的形狀和大小，將於 11.4 節中看到這些例子，平行板電容器是用來當作一般電路電容器的符號模型。這符號近似平板電容器的截面，但一絲線有些微的彎曲。我們將直線表示為正極，這種表示法，除了有些不管符號的型式外，都以此符號表示，如圖 11.5 所示。

　　電路中電荷 q 和電壓 v 的關係式已表示在 (11.1) 式中，此式是很方便方程式，重覆如下

$$q = Cv \tag{11.8}$$

這關係式在電路中並不方便應用，因沒有將電流 i 考慮進去。而我們所需要的如同說明 v 和 i 關係的歐姆定律一樣。

變化率

　　如同我們已知的，電流是電荷的變化率。因此，若電流在一段時間 t 內是定值，則所給的電荷 q 為

$$q = it$$

或電流以庫倫／秒為單位的是

$$i = \frac{q}{t} \tag{11.9}$$

即，在 t 秒內通過某一點的電荷為 q 庫倫。在圖 11.6 (a)的例子可看出 $i = q/t$，它是 q 曲線的斜率，且 i 為常數，這是因 q 曲線是一直線。而實際上，這

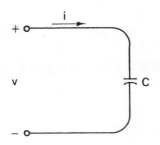

圖 11.5　電容器的電路符號

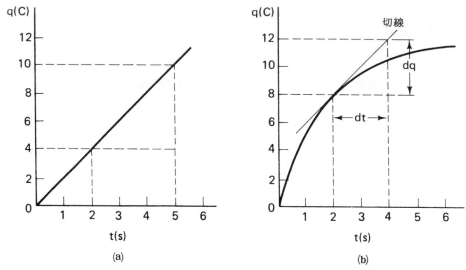

圖 11.6　電荷對時間具有(a)固定斜率(b)改變斜率的曲線圖

例子電流 i 為 q 上昇 $10-4=6$ 庫倫除以時間 $5-2=3$ 秒，因此可得

$$i = \frac{6}{3} = 2 \ C/s = 2 \ A$$

　　考慮如圖 11.6 (b)中，圖中 q 曲線不是直線，在這種狀況電流 i 是多少？很明顯的，i 不是常數而是變量，因 q 曲線的斜率是隨時間改變的。在時間內可藉著 q 值變化量（昇值）和它對應時間 t 的變量，而得近似的 i 值。在非常小的昇值／跑值（run）的比值是電流在那點的切線斜率。

　　若令 dq 表示 q 的變化，而 t 的變化為 dt，圖 11.6 (b)中表示在 $t=2$ 的一條切線，其斜率是在 $t=2$ 時電流 i 之值。此時 i 的昇值 dq 除以跑值 dt，而為

$$i = \frac{dq}{dt} = \frac{12-8}{4-2} = \frac{4}{2} = 2 \ A$$

若 dq 和 dt 的變化量非常小，部份的切線形成直角三角形的斜邊，而三角形另兩邊 dq 和 dt 將重合在一起，實用的 q 曲線都是如此。因此證實電流在任何時間均為電荷變化率的說明

$$i = \frac{dq}{dt} \tag{11.10}$$

　　dq/dt 的量稱爲導數，可用微積分方法直接從 q 曲線方程式中求出。不論如何，將以 i 是電荷 q 在時間 t 內對時間的變化率來作說明，而它是由 q 曲線的切線斜率求知。

電容器中電壓與電流的關係

　　現在須求電容器中的電壓－電流（v-i）關係。因由（11.8）式知 $q = Cv$，及由（11.10）式知 i 是 q 的變化率，Cv 的變化率是 C 乘以 v 的變化率。

$$i = C\frac{dv}{dt} \qquad (11.11)$$

此式如同圖 11.5 中具有同樣電壓極性和電流的電容器之 v-i 關係式。若電壓和電流任一極性改變，則必須改變（11.11）式等號任一邊的符號。

例 11.5：圖 11.7 中的電壓跨接於 $2\,\mu$F 的電容器，求通過電容器的電流。

解：因電壓曲線爲直線，所以 dv/dt 爲定值，在虛線時它的值爲

$$\frac{dv}{dt} = \frac{\text{rise}}{\text{run}} = \frac{-(16-6)}{5-1} = -2.5 \text{ V/s}$$

（注意：昇值是負數，從 16 至 6，故斜率爲負值）

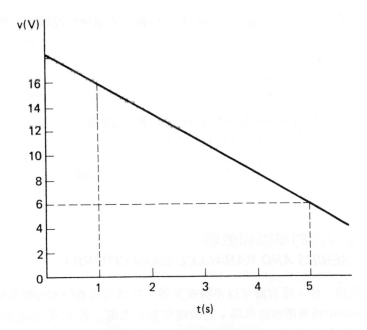

圖 11.7　電容器的電壓曲線

因此利用（11.11）式，可得

$$i = (2\ \mu F)(-2.5\ V/s)$$
$$= -5\ \mu A$$

故進入正電壓端的電流爲負值，因此從正電壓端流出的電流爲 $5\ \mu A$ 的正電流。

電容器中所儲存的能量

　　如我們已知的，電容器可接電源充電到電壓 v。然後將電源拿掉使電容器開路，且電壓及電荷也保持下來。若後來電容器接上負載，如電阻器，此時電容器會放電。即其電壓使電流通過電阻器，而此電流一直到電壓爲零才停止。因此只要電壓跨在電容器兩端，就有能量儲存在它的裏面。這能量以熱的形式從電阻器散逸出去。

　　理想電容器不會散逸能量。在充電時僅儲存能量，而放電時把能量歸還給外面電路。所儲存能量可以考慮以功率供給電容器及所供給的時間來求得。不論如何，電壓 v 和電流 i 都是時變的，所以必須使用微積去得到這結果。

　　若電容量 C 和端電壓 v 之電容器所儲存的能量爲 W_C，由微積分可證明下式成立。

$$w_c = \frac{1}{2}\ Cv^2 \tag{11.12}$$

若 C 的單位爲法拉，v 爲伏特，則 W_C 爲焦耳。

例 11.6：有 $1\mu F$ 電容器充電到 300 伏特，求儲存的能量。

解：因 $1\mu F = 10^{-6}$ 法拉，由（11.12）式可得

$$w_c = \frac{1}{2}(10^{-6})(300)^2 = 0.045\ J = 45\ mJ$$

11.3　電容器的串聯和並聯
(*SERIES AND PARALLEL CAPACITORS*)

　　如電阻器一樣，電容器可以串聯或並聯，並且可以獲得它的等效電路。例如圖 11.8 (a)中爲兩電容器串聯，且被電壓源 v 充電。若 q_1 是充電在 C_1 的電荷，而 q_2 是 C_2 的電荷，極性如圖所示，則 q_1 必須充了從電源看入的電荷 q_T

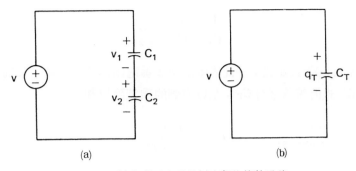

圖 11.8　(a)串聯電容器及(b)它們的等效電路

在它的正端。同樣在 C_2 上平板電荷 q_2 必須從 C_1 下平板所得來，因此它必須是 q_1，換句話說

$$q_T = q_1 = q_2 \qquad (11.13)$$

串聯電容器的等效電路

使用（11.11）式和（11.8）式可得兩串聯電容器的等效電路。如圖 11.8(b)所示，利用（11.8）式等效時必爲

$$v = \frac{q_T}{C_T} \qquad (11.14)$$

同樣，在圖 11.8(a)中應用 KVL 可得

$$v = v_1 + v_2$$

利用（11.8）式和（11.13）式可變爲

$$v = \frac{q_1}{C_1} + \frac{q_2}{C_2}$$
$$= \frac{q_T}{C_1} + \frac{q_T}{C_2} \qquad (11.15)$$

比較（11.14）式及（11.15）式可得

$$\frac{q_T}{C_T} = \frac{q_T}{C_1} + \frac{q_T}{C_2}$$

把 q_T 去掉得

$$\frac{1}{C_T} = \frac{1}{C_1} + \frac{1}{C_2} \tag{11.16}$$

這結果與（4.20）式類似，在此式中是兩並聯電阻器的等效值。如同前述的來解（11.16）式的等效電容 C_T，是以它們的乘積除以和。

$$C_T = \frac{C_1 C_2}{C_1 + C_2} \tag{11.17}$$

串聯電容器的一般狀況

在有 N 個電容器串聯時，如圖11.9所示，可獲得以 C_T 的等效電路如圖11.8(b)。除了有更多的項目要考慮外，其求解步驟與兩電容器相同。在圖11.9中應用 KVL 可得

$$v = v_1 + v_2 + \cdots + v_N$$

因每一電容器的電荷都是 q_T，所以上式變爲

$$\frac{q_T}{C_T} = \frac{q_T}{C_1} + \frac{q_T}{C_2} + \cdots + \frac{q_T}{C_N}$$

把 q_T 去掉得

$$\frac{1}{C_T} = \frac{1}{C_1} + \frac{1}{C_2} + \cdots + \frac{1}{C_N} \tag{11.18}$$

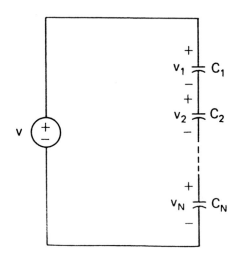

圖11·9 具有 N 個電容器的串聯電路

例11.7: 有 3μF和 6μF 兩個電容器串聯，求等效電容 C_T 。
解：利用（11.17）式得

$$C_T = \frac{3 \times 6}{3 + 6} = 2 \ \mu F$$

例11.8: 解例題 11.7，若爲 4μF，8μF，12μF，和 24μF 四個電容器串聯。
解：利用（11.18）式可得

$$\frac{1}{C_T} = \frac{1}{4} + \frac{1}{8} + \frac{1}{12} + \frac{1}{24} = \frac{12}{24} = \frac{1}{2}$$

因此等效電容 $C_T = 2\mu$F 。

並聯電容器

在圖 11.10 所示有 N 個電容器並聯，可求出如圖 11.8 (b)中的等效電容 C_T 。注意跨在每一電容器的電壓都是 v ，因此每個電容器的 q/C 都相同。若 q_1 是置於 C_1 上，q_2 置於 C_2 上，餘此類推，則

$$v = \frac{q_1}{C_1} = \frac{q_2}{C_2} = \cdot \cdot \cdot = \frac{q_N}{C_N} \tag{11.19}$$

爲了使圖 11.8 (b)和圖 11.10 爲等效，由圖 11.8 (b) C_T 之上端的電荷 q_T 必須等於在圖 11.10 中上端平板的電荷 q_1，q_2，$\cdots\cdots q_N$ 之和。

$$q_T = q_1 + q_2 + \cdot \cdot \cdot + q_N \tag{11.20}$$

把（11.14）式和（11.19）式組合在一起可得

$$v = \frac{q_T}{C_T} = \frac{q_1}{C_1} = \frac{q_2}{C_2} = \cdot \cdot \cdot = \frac{q_N}{C_N}$$

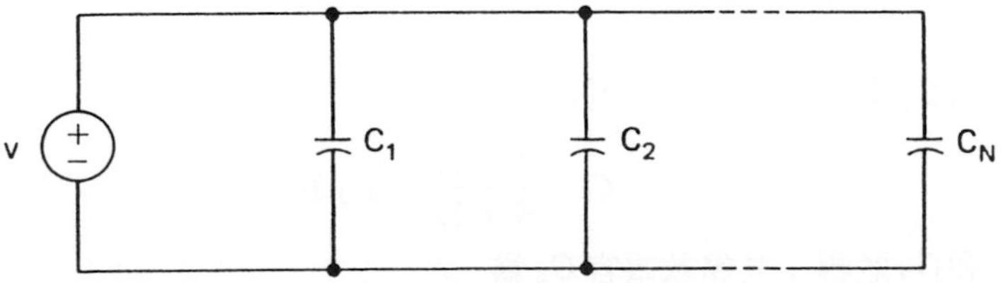

圖 11.10　N 個電容器的並聯電路

或

$$q_1 = C_1 v$$

$$q_2 = C_2 v$$

$$\vdots$$

$$q_N = C_N v$$

$$q_T = C_T v \qquad (11.21)$$

代入（11.20）式中可得

$$C_T v = C_1 v + C_2 v + \cdots + C_N v$$

最後，把 v 除掉結果爲

$$C_T = C_1 + C_2 + \cdots + C_N \qquad (11.22)$$

因此，並聯電容的等效電容值，和串聯電阻一樣，把它們相加而得出。

例 11.9： 求 $2\,\mu\mathrm{F}$，$3\,\mu\mathrm{F}$ 和 $12\,\mu\mathrm{F}$ 三個電容器並聯的等效 C_T。

解： 利用（11.22）式可得

$$C_T = 2 + 3 + 12 = 17 \ \mu\mathrm{F}$$

例 11.10： 圖 11.11 中，若 $C_1 = 6\,\mu\mathrm{F}$，$C_2 = 4\,\mu\mathrm{F}$，$C_3 = 9\,\mu\mathrm{F}$ 和 $C_4 = 12\,\mu\mathrm{F}$，求等效電容 C_T。

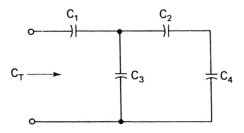

圖 11·11　串 - 並聯電容器電路

解： C_2 和 C_4 串聯可組成等效電容 C_5 爲

$$C_5 = \frac{4 \times 12}{4 + 12} = 3 \ \mu\mathrm{F}$$

C_5 和 C_3 並聯，其等效電容 C_6 爲

$$C_6 = 9 + 3 = 12 \ \mu\text{F}$$

最後 C_6 和 C_1 串聯在一起，它們組合的 C_T 為

$$C_T = \frac{12 \times 6}{12 + 6} = 4 \ \mu\text{F}$$

11.4　電容器的型式（*TYPES OF CAPACITORS*）

　　如同圖11.12所示，電容器有很多不同的大小及形式。可能如同圖11.13中的陶質盤的形狀，或同圖 11.14 中的長方形罐狀，或同圖 11.15 中使用印刷電路底板的並排線包裝的形式。其大小可從置於 IC 晶片中積體電路的電容器，及圖11.16 中的微小型鉭質電容器，及前面所述的圖2.3中的功率電容器。

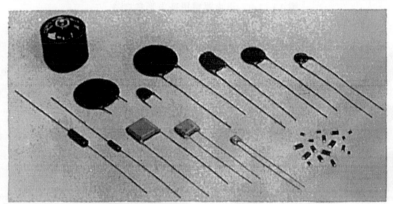

圖11.12　各種不同型式及外觀的電容器

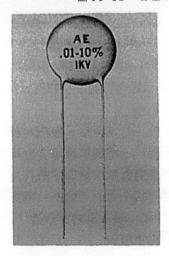

圖11.13　陶質盤電容器

圖 11.14　汽車運轉用長方形電容器

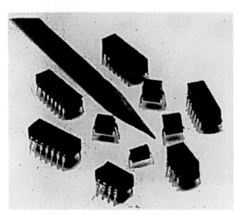

圖 11.15　並排線包裝電容器

圖 11.16　微小型鉭質電容器

　　電容器為各種不同用途而有不同的結構，如圖11.17所示為旋入底板中的旋入電容器，或如圖11.18中自動發生型式的電容器，它們可以懸在小的 IC 晶片上，及大到電力系統上使用 。

　　電容器通常以介質來分類，如雲母、紙、合成樹脂、聚酯樹脂等等 。且電容器由元件所用的介質和物理上的形狀來決定 。簡單電容器是由兩金屬箔片，中間以介質材料隔開而構成的 。金屬箔和介質壓在一起而成薄片，並將它們捲起來而裝入容器之中，而此容器上有導體分別和每一金屬箔片連接而形成接線端 。一些管狀電容器的例子如圖 11.19 所示，浸泡電容器如圖 11.20 所示的鉭質電容器，以及圖11.21所示的浸泡雲母電容器 。

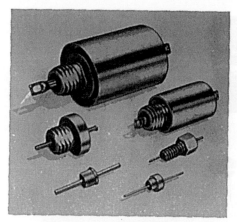

圖 11.17 旋入式電容器

圖 11.18 自動發生型式電容器

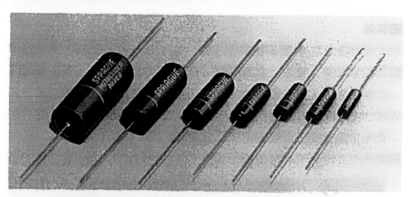

圖 11.19 各種不同大小型式的管狀電容器

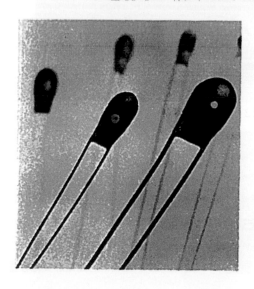

圖 11.20 小型浸泡鉭質電容器

圖 11.21 浸泡雲母電容器

電解電容器

　　最大電容量的電容器為電解電容器，通常由一鋁片或鉭片作為導體，而另一導體為電解糊膏。當加上直流電壓，則金屬片上會形成一氧化鋁或氧化鉭的薄層，此氧化薄層當作介質的功能。三明治的導體和介質是捲旋入一圓柱體之中。這種方式的構造有一缺點是電容器的電壓極性必須知道，若使用不正確的極性，則氧化物會減少而致使兩板間會導通。

　　圓柱形狀的電解電容器的例子如圖11.22和圖11.23所示。從圖中可看出

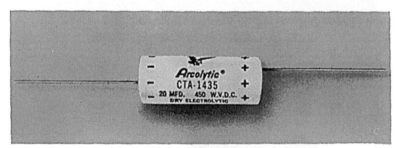

圖 11.22 電解質電容器

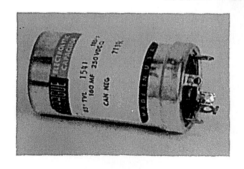

圖 11.23 圓柱形的鋁電解質電容器

，它們的電容量分別爲很大的 $20\,\mu F$ 和 $160\,\mu F$ 。另如圖 11.20 中的浸泡鉭質電容器的例子，其應用數値範圍從 0.68 至 $22\,\mu F$ ，而另一種由 $2.2\,\mu F$ 至 68 μF 。

可變電容器

到目前所考慮的都是固定値的電容器。但如同電阻器一樣，電容器亦須要可變數値的電容器。最通用的可變電容器如圖 11.24 所示的可變空氣電容器。是由數層的平板所組成，且可一對一的旋轉，而改變互相重疊的平板面積，使電容量改變。平板是共軸而形成一些數目的並聯電容器，因此總電容是大的數値（各別電容之和）。當然，介質是位於平板間的空氣。

爲說明可變空氣電容器有不同的大小，在圖 11.25 中爲一極小的 " 微 " 電容器。

圖 11.24　可變空氣介質電容器

圖 11.25　 " 微 " 可變空氣電容器

圖 11.26　十進制電容器箱

圖 11.27　可變電容器之電路符號

　　可變電容器可應用於十進制箱中，如電阻器一樣，電容值可藉著旋轉一旋鈕而可選擇。在圖11.26中舉了五個十進制箱的例子，它們分別從 0.0001 至 0.11 μF 之範圍，每一步驟差 0.0001。由 0.01 至 1.1 μF，每次進 0.01。由 1 至 10 μF，每一步差 1 μF。及由 10 至 150 μF，每步差 10 μF。

　　一可變電容器的電路符號如圖11.27所示。

11.5　電容器的性質（*PROPERTIES OF CAPACITORS*）

　　當然，電容器最重要的性質就是它的電容量，然而還有其它因素去決定如何選擇電容器適用於某些特殊用途。將在本節中簡單的討論這種電容器的性質。

工作電壓

電容器的額定電壓或工作電壓是它所能維持不使介質損壞或貫穿的最大電壓。這數值就是第十章中所討論的崩潰電壓，它是絕緣材料的介質強度和它的介質薄層厚度的乘積。例如，圖 11.21 中雲母電容器的電容值是從 1 至 390 μF，而它們的額定電壓分別是直流 500，300，100 和 50 伏特。而圖 11.16 中鉭質電容器的範圍是從 0.1 μF，50 V 至 47 μF，10 V 的工作電壓，而圖 11.13 中陶質電容器具有 0.01 μF，而工作電壓為 1 仟伏特。

漏電電流

實際電容器和理想電容器有所不同，通常都會消耗一些小能量。這是因介質是不完全的（電阻不是無限大），而有一稱為漏電電流（leakage current）的小電流流經於兩導電板之間。此時電容器可以想為有漏電電阻 R_c 去抗拒漏電電流，這和電容器具有電容 C 一樣。一由製造廠商所決定的量為 $R_c C$ 的乘積，可以用來測量電容器的品質，具有較高的 $R_c C$ 值，則品質愈好。

例如，陶質電容器的電阻-電容乘積是 10^3 歐姆-法拉，而高品質的鐵福龍（teflon）電容器的乘積可高達 2×10^6 歐姆-法拉。

一些常用的電容器型式，包括了電容的範圍，工作電壓，和漏電電阻等列在表 11.2 中。

色　碼

在很多型式的電容器，其容量貼在電容器的外殼上，但也有如電阻器一樣，以色碼來決定它的容量，誤差值，和工作電壓，在管狀電容器，色碼非常類似電阻器，以色帶來指示電容量。所用的顏色和電阻器一樣，從黑色代表 0，

表 11·2　電容器的特性

介　質	電　容　量	漏電電阻（MΩ）	工作電壓（V）
雲　母	10 ~ 5000 pF	1000	10,000
陶　質	1000 pF ~ 1 μF	30 ~ 1000	100 ~ 2000
合成樹脂	500 pF ~ 10 μF	10,000	1000
聚酯樹脂	5000 pF ~ 10 μF	10,000	100 ~ 600
空　氣	5 ~ 500 pF		500
電解質			
鉭	0.01 ~ 3000 μF	1	6 ~ 50
鋁	0.1 ~ 100,000 μF	1	10 ~ 500

至白色代表 9 。

　　長方型雲母和陶質電容器是使用色碼點有規則的置於電容器的外殼。由三個色點指示出以 pF 爲單位的電容量，顏色所代表的數值與電阻器相同，另一色點則指示誤差值和溫度係數。

　　具有六條色帶的色碼管狀電容器示於圖 11.28 ，色帶的色碼列於表 11.3 中。最先的三條色帶標示爲 a ， b 和 d ，並用來指示電容 C ，其值爲

$$C = (10a + b) \times 10^d \text{ pF} \tag{11.23}$$

第四條色帶爲誤差帶，指示標示電容 C 值所允許最大偏移百分率。 e 和 f 兩色

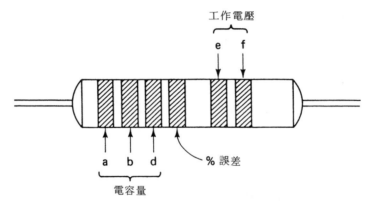

圖 11.28　有色碼的管狀電容器

表 11.3　管狀電容器的色碼

顏色	a , b , c , d 及 f 帶	誤　差（ ±% ）
黑	0	20
棕	1	—
紅	2	—
橙	3	30
黃	4	40
綠	5	5
藍	6	—
紫	7	—
灰	8	—
白	9	10

帶是指示工作電壓 v ，v 值的公式為

$$V = 100(10e + f) \text{ V} \tag{11.24}$$

此式是電壓 v 值超過900伏特時使用 。而

$$V = 100e \text{ V} \tag{11.25}$$

為 V 值等於或小於900伏特所用的公式，此時沒有 f 色帶 。

　　換言之，電容量是兩位數 ab 乘以10的 d 次方，而工作電壓為100乘以兩位數 ef ，或沒有色帶，則是 100 乘以 e 而得 。

例11.11：一電容器由表11.3色碼來決定其值，它的 a , b , d , e 和 f 色帶，
　　　　分別依序為黃、紫、紅、棕，和黑色。誤差色帶為白色。求標示電
　　　　容量，工作電壓，及真正電容值的範圍。

解：由表11.3查得 $a=4$ ，$b=7$ ，$d=2$ ，$e=1$ 及 $f=0$ 。而誤差是 $\pm 10\%$ ，因此由（11.23）式得標示電容量為

$$C = [10(4) + 7] \times 10^2 = 4700 \text{ pF}$$

利用（11.24）式得工作電壓為

$$V = 100[10(1) + 0] = 1000 \text{ V}$$

因誤差值為 $\pm 10\%$ ，故真正容量偏移量為 $\pm 0.1(4700) = \pm 470 \text{ pF}$ 。真正容器位於 $4700 - 470 = 4230 \text{ pF}$ 至 $4700 + 470 = 5170 \text{ pF}$ 之範圍內 。

11.6　摘　要（*SUMMARY*）

　　電容器是兩導體以介質隔開的兩端元件，當兩端加一電壓，兩導體間產生電場，而儲存能量 。而以電容量決定儲存能量的大小 。其標準單位為法拉，而實際的單位是 μF 或 pF 。

　　通過電容器的電流與電壓變化率成正比，而儲存的能量與電壓的平方成正比，在這兩種狀況下，電容都是一比例常數 。

　　電容器串聯可如同電阻並聯一樣組合成單一等效電容 。同樣的，並聯電容如同串聯電阻一樣組成等效電容器 。

電容器最常用介質是空氣、雲母、陶質、聚酯樹脂、合成樹脂。電解質電容器具有較高的容量，且它是僅需標示極性的電容器。

電容器的特性有工作電壓，它是不會貫穿介質的最大電壓。另一特性是漏電電阻，是由非理想介質而產生反抗漏電電流的性質。

最後，電容器有近似電阻器的色碼。這些色碼能決定標示電容量，工作電壓，和從標示值可得眞正電容量的偏移值。

練習題

11.1-1　有 3 μA 電流向電容器充電 10 秒。求(a)所儲存的電荷，(b) 10 秒後電容器端電壓。若 $C=2 \mu F$。（提示：定電流 I 在 t 秒內之電荷 Q $=I \times t$ ）

圈：(a) 30 μC，(b) 15 V。

11.1-2　求 $A=8 \mathrm{~cm}^2$，$d=4 \mathrm{~mm}$，介質爲雲母電容器的電容量。

圈：8.85 pF。

11.1-3　若電容爲(a) 2 μF 和(b) 200 μF，求有 40 伏特電壓跨在上面所儲存的電荷。

圈：(a) 80 μC，(b) 8 mC。

11.2-1　有 100 μF 電容器具有如圖所示電壓 V，求時間在(a) $t=0.5$ 秒，(b) $t=1.5$ 秒，(c) $t=2.5$ 秒進入正端的電流值。

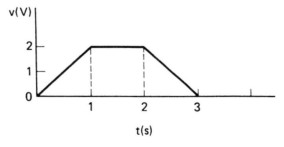

練習題 11·2-1

圈：(a) 200 μA，(b) 0，(c) -200 μA。

11.2-2　10 μF 的電容器端電壓 100 伏特，求所儲存的能量。

圈：0.05 焦耳。

11.2-3　求在練習題 11.2-1 中電容器在(a) $t=1$ 秒，(b) $t=2$ 秒，(c) $t=2.5$ 秒，(d) $t=3$ 秒時所儲存的能量。

圈：(a) 200 微焦耳，(b) 200 微焦耳，(c) 50 微焦耳，(d) 0。

11.3-1　求兩個 $100\,pF$ 電容器接成(a)串聯，(b)並聯的等效電容。
　　　　答：(a) $50\,pF$，(b) $200\,pF$。

11.3-2　求五個 $10\,\mu F$ 電容器接成(a)串聯，(b)並聯的等效電路。
　　　　答：(a) $2\,\mu F$，(b) $50\,\mu F$。

11.3-3　在圖 11.11 中，若 $C_1 = 12\,\mu F$，$C_2 = 10\,\mu F$，$C_3 = 3\,\mu F$，$C_4 =$
　　　　$90\,\mu F$，求 C_T。
　　　　答：$6\,\mu F$。

11.5-1　若電容器的色碼如表 11.3，有一電容色帶從 a 至 f 分別是藍色、
　　　　灰色、紅色、白色、綠色，求電容值、工作電壓，和眞正電容值的
　　　　範圍。
　　　　答：$6800\,pF$，1500 伏特，6120 至 $7480\,pF$。

11.5-2　重覆上題，若色帶分別爲橙色、棕色、黑色、綠色。（f 色帶沒有）
　　　　答：$330\,pF$，500 伏特，264 至 $396\,pF$。

習　題

11.1　有 $5\,\mu A$ 定電流向 $3\,\mu F$ 電容器充電，若在充電前沒有任何電荷，求充
　　　電 30 秒後，電容器的電荷及電壓有多少。

11.2　若平板電容器上有 $100\,\mu C$ 的電荷，端電壓分別是(a) 10 伏特，(b) 20
　　　伏特，(c) 50 伏特，求電容量爲多少？

11.3　正方形平板電容器邊長都是 10 公分，距離爲 2 公厘，若介質爲空氣
　　　，求電容值爲多少？

11.4　平板是 4 公分 × 6 公分的電容器，具有 $68\,pF$ 之容量，若介質是人造
　　　樹脂（bakelite），求平板之距離。

11.5　重覆習題 11.4 的問題，此時介質爲陶瓷，且容量爲 $0.1\,\mu F$。

11.6　若跨於 $2\,\mu F$ 電容器兩端的電壓分別是(a) 10 伏特，(b) 100 伏特，求電
　　　容量所儲存的電荷爲多少。

11.7　跨於 $10\,\mu F$ 電容器電壓 V 如圖所示，求在時間(a) $t = 2$ 秒，(b) $t = 5$ 秒

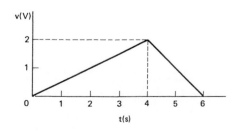

習題 11.7

時進入正電壓端的電流。

11.8　重覆習題 11.7 的問題，若 t 軸的單位是 msec。

11.9　求有 200 伏特端電壓的 0.1 μF 電容器所儲存的能量。

11.10　求在習題 11.7 中電容器在(a) $t=4$ 秒和(b) $t=5$ 秒時所儲存的能量。

11.11　儲存在 2 μF 電容器的能量是 400 微焦耳，求電容器的端電壓。

11.12　求四個 2 μF 電容器串聯時的等效電容量。

11.13　求 12 μF 和五個 20 μF 電容器串聯的等效電容。

11.14　重覆習題 11.13 的問題，若所有電容器都並聯。

11.15　如圖 11.11 中，若 $C_1=40\,μF$，$C_2=6\,μF$，$C_3=6\,μF$，$C_4=12\,μF$，求 C_T。

11.16　在圖 11.11 中所有電容器都是 100 pF，求 C_T。

11.17　求下圖電路的 C 值，若使(a) $C_T=6\,μF$，(b) 8 μF。

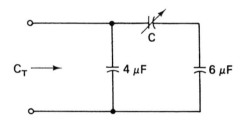

習題 11.17

11.18　如果圖 11.28 中電容器色帶為(a) $a=$ 灰色，$b=$ 紅色，$d=$ 橙色，誤差＝白色，$e=$ 棕色，$f=$ 紅色。以及(b) $a=$ 橙色，$b=$ 橙色，誤差＝黑色，$e=$ 白色（沒有 f 色帶）。求電容器的標示電容量，工作電壓，及真實電容值的範圍。

第12章

RC電路

　　如同十一章中所了解，電容器接到電壓源，可以充電到某一電壓。這建立電荷在電容器平板上及一電壓在平板上，並可將電源去掉，而兩端點接上如電阻器的負載放電。如前述例子，照相機的電子閃光燈，電容器被電池充電，而後放電給會產生光的元件負載，當照相機的快門打開時同時放電而產生光。

　　電容器受電池的充電，使電池電流經外接電路從一極板流向另一極板。而放電是電流倒流經過負載，此時電池已被負載所取代。

　　電路藉開關動作而產生充電和放電現象，這都是簡單的 RC 電路。在充電階段是驅動的 RC 電路，由電容器、電阻器，和驅動電路的電源所組成。而在放電時，電池被排出電路，因此是無源的 RC 電路。

　　本章中，將討論無源的 RC 電路及驅動的 RC 電路。將藉著求電壓和電流的結果來分析電路。在分析中將定義稱為 RC 時間常數的參數，此參數將決定電流和電壓的型態，及決定充電和放電的速度。最後再討論更複雜的 RC 電路，此電路可組合成單一等效的簡單 RC 電路。

12.1　電容器的充電和放電
(*CHARGING AND DISCHARGING A CAPACITOR*)

　　電容器的充電和放電可由圖 12.1 加以說明。在充電時，開關在 1 的位置，且 V_b 使電流 i 以如圖方向流經電阻器 R。使電容器建立了累積電荷，此電荷對應於圖中所示電容器電壓 v_c。

　　使用 KVL，在電阻器的電壓為

$$v_R = V_b - v_c \tag{12.1}$$

因此如果開關維持在位置 1，則電荷會繼續建立直到 v_c 達到電池電壓 V_b 為止。此時利用（12.1）式知 $v_R = 0$，因此電流

$$i = \frac{v_R}{R}$$

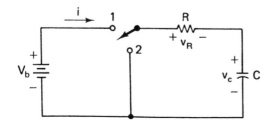

圖 12.1　電容器充電及放電電路

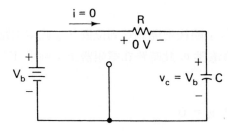

圖12.2　直流穩態中的RC電路

可知電流變為零，則充電階段就完成了。

直流穩態

在圖12.1中 v_c 達到 V_b 時電流停止流動之後的狀況，可由圖12.2來說明。此時電流和所有電壓都是定值（ $i=0$ ， $v_c=V_b$ ， $v_R=0$ ）。此狀況下，稱為直流穩態（DC steady state），或簡稱為穩態。此時所有電壓和電流都是定值沒有變化。只要電路如圖12.2的接法，則電路中沒有電流流通及沒有電壓會改變。

電容器如同直流開路

在直流穩態時，沒有電流流經電容器。因此電容器如同直流開路一樣。可由下式看出

$$i = C\frac{dv}{dt} \tag{12.2}$$

此式已在十一章中討論過。 dv/dt 是電容器電壓 v 的變化率，且在直流穩態時電壓是定值，故沒有變化量，變化率為零，所以 $i=0$ 。

例12.1：圖12.3(a)電路是穩態，求電容器電壓 v 。

解：在穩態時，電容器如同開路，因此圖12.3(b)為其等效電路，電路中電容器以開路取代之。因此沒有電流，所以沒有 IR 壓降，可得 $v=6$ 伏特。

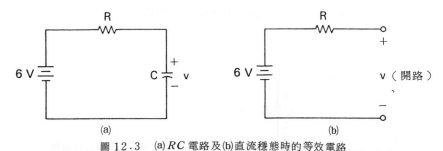

圖12.3　(a)RC電路及(b)直流穩態時的等效電路

電容器的放電

若圖 12.1 中電容器充電到 $v_c = V_0$，隨後把開關移到位置 2 。此時電路如圖 12.4 所示（電池已去掉）。電容器電壓 v_c 此時跨在電阻器上，利用 KVL 可得

$$-v_R + v_c = 0$$

或 $v_R = v_c$（改變 v_R 極性，乃因電流是相反方向流通）。

利用歐姆定律，此電路將有一電流爲

$$i = \frac{v_R}{R} = \frac{v_c}{R} \tag{12.3}$$

電流方向如圖所示，因此電荷將由上平板經電阻器移至下平板，而使電容器放電，初值電流是

$$i = \frac{V_0}{R}$$

因開始時 $v_c = V_0$，隨後 v_c 會因時間的增加而下降，這是因電荷的**轉移**之故，一直到 v_c 等於零爲止（及 i ）。此時已沒有電荷和電壓存在電容器中，則電容器已完全放電。

驅動電源及無源電路

在圖 12.2 是有驅動電源 V_b 的 RC 電路，稱爲驅動 RC 電路。在充電時，電壓 v_c 和電流 i 以某種形式改變，而達到終值 $v_c = V_b$ 及 $i = 0$ 。

另一方面，在圖 12.4 中爲無源 RC 電路，由電阻器和電容器所組成，但不包含電源。在此時，i 和 v_c 會由初值降到完全放電的零值。

本章後面幾節將提出如何求無源和驅動 RC 電路中的電流和電壓，我們將先討論無源電路，因其較簡單，爾後再討論驅動電路。

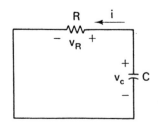

圖 12.4　電容器經由電阻器放電

12.2　無源 *RC* 電路（*SOURCE-FREE* RC *CIRCUITS*）

如圖 12.5 所示爲電阻器 *R* 和電容器 *C* 串聯的簡單無源 *RC* 電路，因它可由單一方程式來說明，此點以後會了解。

電路方程式：

利用 KVL 可知電阻器電壓等於電容器的電壓，因此流經電阻器的電流 *i* 是

$$i = \frac{v}{R} \tag{12.4}$$

且利用（12.2）式，流經電容器電流 i_c 是

$$i_c = C\frac{dv}{dt} \tag{12.5}$$

應用 KCL 在上端的節點，可得

$$i_c + i = 0$$

將（12.4）及（12.5）式代入上式得

$$C\frac{dv}{dt} + \frac{v}{R} = 0 \tag{12.6}$$

這是無源 *RC* 電路的方程式。

爲求得 12.5 中的 *v* ，需要比（12.6）式更多的資料。如必須知道起初 *t* = 0 時的初值電壓 $v = v(t)$，而以 $v(0)$ 來標示。如此則 $v(0) = V_0$，爲一特定常數。而 $v = v(t)$ 必須滿足下列兩方程式

$$\frac{dv}{dt} + \frac{1}{RC}v = 0$$

$$v(0) = V_0 \tag{12.7}$$

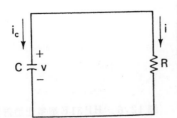

圖 12.5　簡單無源 *RC* 電路

〔上式第一式是（12.6）式除以 C 而得。〕

電容器電壓

如第十一章中，電壓 v 跨於電容器 C 中所儲存的能量是

$$w_c = \frac{1}{2} Cv^2 \tag{12.8}$$

它不能突然間改變能量，因它需時間去移動電荷。因此由（12.8）式知電容器電壓 v 不能在瞬間改變。因此 滿足（12.7）式，而從 V_0 值開始，隨著時間的改變而改變。換言之，v 不會有任何跳值，或非連續值發生。

在（12.7）式中第一式，對應前章電阻電路代數方程式。但有導數出現，必須利用微積分解 v 值。而（12.7）式解答是

$$v = V_0 e^{-t/RC} \tag{12.9}$$

它是 t 的指數函數。

數目 e 是無理數，取五位小數點為

$$e = 2.71828 \tag{12.10}$$

此值可由計算器求得，如圖 12.6 中 HP 31 E 型計算器，利用 $x = 1$ 時求 e^x 而

圖 12.6 HP 31 E 型掌上型計算器

得。當然 e^x 亦可於在時間 t 時求出在（12.9）式中的 V 。

RC 時間常數

在（12.9）式中 v 可以簡潔形式表示

$$v = V_0 e^{-t/\tau} \tag{12.11}$$

此處 τ （希臘字母 Tau 小寫）定義是

$$\tau = RC \tag{12.12}$$

τ 爲電阻和電容的乘積，且容易求得。其單位可由 R ，C 單位求出。使用歐姆定律，$R=v/i$ 單位是伏特／安培，且由（12.2）式知

$$C = \frac{i}{dv/dt}$$

因此 C 的單位爲安培／（伏特／秒）或安培-秒／伏特，則 τ 的單位爲

$$(V/A)(A\text{-}s/V) = seconds$$

因 τ 是時間單位（秒），且由 R 和 C 決定的常數。所以稱它是 RC 時間常數（time constant），或稱 RC 電路的時間常數。以後會了解，它的數值決定電容器放電的快慢。

在表12.1中是時間 t 以時間常數 τ 的倍數，所得 $e^{-t/\tau}$ 的數值。從此表可求得不同時間在（12.9）式中電壓 V 值。例如，電壓初值（$t=0$）爲

$$v(0) = V_0$$

而在一時間常數（$t=\tau$）的電壓是

表 12.1　$e^{-t/\tau}$ 的數值

t	$e^{-t/\tau}$
0	$e^0 = 1.0$
τ	$e^{-1} = 0.368$
2τ	$e^{-2} = 0.135$
3τ	$e^{-3} = 0.0498$
4τ	$e^{-4} = 0.0183$
5τ	$e^{-5} = 0.00674$
6τ	$e^{-6} = 0.00248$

$$v(\tau) = 0.368 V_0$$

因此在一個時間常數後，電容器電壓放電到起始電壓的0.368倍，或初值的 36.8％。因此較小的時間常數，放電速度較快。例如 $\tau = 1$ 秒，則達初值的 36.8％需1秒的時間，但 $\tau = 0.001$ 秒，則僅需1毫秒即可達到。

在理想數學上 $e^{-t/\tau}$ 於時間無限大時不會等於零，在實際上，由表12.1 知只經過幾個時間常數，其值已變為很小。通常在五個時間常數後（ $t = 5\tau$ ），可發現電容器已完全放電。

例12.2： 求圖12.5中電容器的電壓 v ，在時間為(a)所有的時間 t ，(b) $t = 1\tau$ ，(c) $t = 3\tau$ 和(d) $t = 5\tau$ ，若電壓在 $t = 0$ 時是 $V_0 = 10$ 伏特， $R = 100\mathrm{k}\Omega$ 和 $C = 30\mu\mathrm{F}$ 。

解： 時間常數

$$\tau = RC = (100 \times 10^3)(30 \times 10^{-6}) = 3 \text{ s}$$

利用（12.9）式得在所有時 t 為

$$v = v(t) = 10e^{-t/3} \text{ V} \tag{12.13}$$

在 $t = 1\tau = 3$ 秒時，從表12.1中可得

$$v(\tau) = v(3) = 10e^{-1} = 3.68 \text{ V}$$

在 $t = 3\tau$ 和 $t = 5\tau$ 時可得

$$v(3\tau) = v(9) = 10e^{-3} = 0.5 \text{ V}$$
$$v(5\tau) = v(15) = 10e^{-5} = 0.07 \text{ V}$$

電壓的圖形依據（12.13）式在所有時間 t 而繪出。可用計算機算出所有時間的 v 值，再連接這些點而完成（曲線中沒有跳值）。在 $0 < t < 18$ 秒內之結果如圖12.7中實線部份，它是快速下降，而在 $t = 15$ 秒（ 5τ ）後達到零值。

在圖12.7中虛線是 $\tau = 6$ 秒時電容器電壓。它的衰減較緩慢。在 $\tau = 6$ 秒時達到3.68伏特（起始值的36.8％），與 $\tau = 3$ 秒實線相對應，其值由圖中虛線可看出。

電容器的電流

由（12.4）式和（12.11）式可求得圖12.5中離開電容器正端的電流 i ，或流入電流 i_c ，結果是

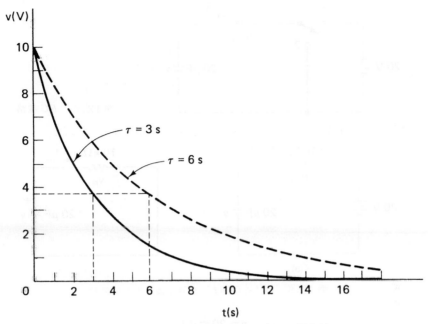

圖 12.7　兩個不同時間常數的電容器電壓曲線

$$i = \frac{V_0}{R} e^{-t/\tau} \tag{12.14}$$

$$i_c = -i = -\frac{V_0}{R} e^{-t/\tau} \tag{12.15}$$

因此在無源 *RC* 電路中，電容器電流和電阻器電流相類似，兩個值都是以指數衰減。

例 12.3： 在圖 12.8 電路中，當開關在位置 1 時是直流穩態。如在 $t = 0$ 將開關移至位置 2，求在所有 $t > 0$ 時的電壓 v 和電流 i。

解： 開關在位置 1 時電路如圖 12.9(a)所示，因電路是直流穩態，電流爲零，因此電容器的初值電壓等於電源電壓，即

$$v(0) = V_0 = 20 \text{ V}$$

在 $t > 0$ 時，開關在位置 2，如圖 12.9(b)中的無源 *RC* 電路，而時間常數爲

$$\tau = RC = (10 \times 10^3)(20 \times 10^{-6}) = 0.2 \text{ s}$$

在 $t > 0$ 時，由（12.9）式可得

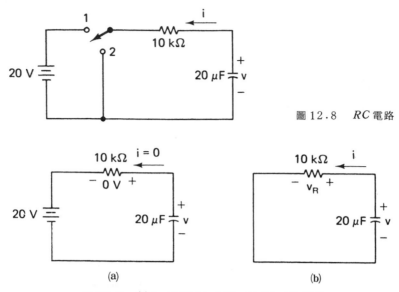

圖 12.8　　*RC* 電路

圖 12.9　(a) *t* < 0 (b) *t* > 0 時，圖 12.8 的電路

$$v = 20e^{-5t} \text{ V}$$

或

$$v = 20e^{-t/0.2} \text{ V}$$

電流 *i* 可從圖 12.9 (b)或從（12.14）式中求得，由 K V L 知電阻器電壓是 $v_R = v$ ，得

$$i = \frac{v_R}{R} = \frac{20e^{-5t} \text{ V}}{10 \text{ k}\Omega} = 2e^{-5t} \text{ mA} \tag{12.16}$$

因此，如我們所期望的，電流和電壓一樣都是指數函數。

一般狀況

已知在無源 *RC* 電路中電流和電壓都是指數函數的形式爲

$$y = Ke^{-t/\tau} \tag{12.17}$$

其 $\tau = RC$ 是時間常數，*y* 可能是 *i* 或 *v* ，而 *K* 是 *i* 或 *v* 的起始值。且可用計算器求得任何時間的 *i* 或 *v* ，但在（12.17）式的一般狀況，可畫出及讀出數值和圖形。爲了一般化，我們取 *K* = 1 並畫出

$$y = e^{-t/\tau} \tag{12.18}$$

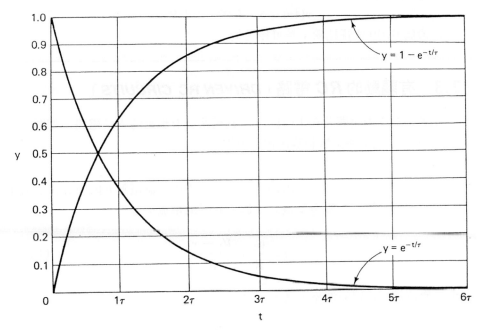

圖 12.10　對於時間常數 τ 的一般性指數曲線

以時間 t 為 τ 的倍數圖形，如圖12.10所示當 t 增大時，它是從 1 衰減到 0 的指數曲線（另一為隨 t 增大而增大的曲線，會在下節討論的驅動 *RC* 電路得知）。(12.17)式的結果可從(12.18)式所劃出的曲線求得 y 再乘以 K 就可獲得。

例 12.4：一電容器電壓 v 為 $v=5\,e^{-2t}$ 伏特，求 v 在(a) $t=1$ 秒，(b) $t=1.5$ 秒和(c) $t=4\tau$ 。

解：比較 e^{-2t} 和 $e^{-t/\tau}$ ，可知 $\tau=0.5$ 秒，因此在圖 12.10 中每一單位的 t 刻度為0.5秒，因此在(a)中的 $v(1)$ 是 $e^{-t/\tau}$ 在 $t=2$ 單位（ $t=2\times0.5=1$ 秒 $=2\tau$ ）乘以 5 ，由圖上得

$$v(1) = 5 \times 0.14 = 0.7 \text{ V}$$

而使用計算器所算出的結果

$$v(1) = 5e^{-2} = 0.68 \text{ V}$$

相比較十分接近。

在(b)中 1.5 秒 $=3\tau$ ，由圖 12.10 中求得近似值

$$v(1.5) = 5 \times 0.05 = 0.25 \text{ V （真正值是 } 0.249 \text{ ）}$$

最後在(c)中得近似值

$$v(4\tau) = 5 \times 0.02 = 0.1 \text{ V}$$

與眞值 0.09 伏特比較，是可接受的 。

12.3　有驅動的 *RC* 電路（*DRIVEN* RC *CIRCUITS*）

在圖 12.1 中開關若在 1 的位置，其電路爲有驅動的 RC 電路，如圖 12.11 所示。這電路由驅動器電源 V_b 所驅動 。

電路方程式

可由圖 12.11 中 a 節點寫出節點方程式而得電容器電壓 v 的方程式。若下面節點爲參考節點 ， a 點電壓爲 v ，進入 a 點的電流 i 是

$$i = \frac{v_R}{R} = \frac{V_b - v}{R} \tag{12.19}$$

離開 a 點流經電容器的電流也爲 i

$$i = C \frac{dv}{dt} \tag{12.20}$$

由（12.19）式及（12.20）式可得

$$C \frac{dv}{dt} = \frac{V_b - v}{R}$$

可以重新安排如下列形式

$$\frac{dv}{dt} + \frac{1}{RC} v = \frac{1}{RC} V_b \tag{12.21}$$

這是圖 12.11 中的電路方程式 。

電容器電壓

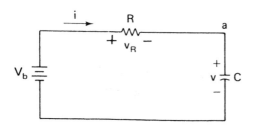

圖 12.11　有驅動 *RC* 電路

若電容器的初值電壓是

$$v(0) = 0 \qquad (12.22)$$

利用微積分可證明（12.21）式之解為

$$v = V_b(1 - e^{-t/RC}) \text{ V} \qquad (12.23)$$

且時間常數為

$$\tau = RC \qquad (12.24)$$

將（12.24）式代入（12.23）式中可得

$$v = V_b(1 - e^{-t/\tau}) \text{ V} \qquad (12.25)$$

由 v 式中看出在有驅動時，電容器電壓以指數函數增加。而在 $t = 0$ 時，得

$$v = v(0) = V_b(1 - e^0) = V_b(1 - 1) = 0$$

和初值一樣，當 t 增大，則 $e^{-t/\tau}$ 以指數下降，如圖 12.10 所示一樣。因此 $1 - e^{-t/\tau}$ 時隨時間而增大，並 t 在一大值時趨近於 1 。

一般狀況

這最後的結果可劃出函數

$$y = 1 - e^{-t/\tau} \qquad (12.26)$$

對 τ 的倍數 t 之圖形，這就是圖12.10中上昇的指數曲線，此已在12.2節提過，因此來得電壓或電流的形式為

$$y = K(1 - e^{-t/\tau}) \qquad (12.27)$$

可以從圖12.10中曲線讀出一值，再乘以 K 求得 y 值。

如果只求曲線上某些點之值，當然可用計算器求得真正的電壓或電流值。

例 12.5：在圖12.11中，若 $R = 10\,k\Omega$ ，$C = 25\,\mu F$ ，$V_b = 6$ 伏特，電容器的初值電壓 $v(0) = 0$ ，求電容器電壓 v 在時間為(a)所有的正時間 t ，(b) $t = 0.1$ 秒，$t = 5\tau$ 的值。

解：時間常數

$$\tau = RC = (10 \times 10^3)(25 \times 10^{-6}) = 0.25 \text{ s}$$

利用（12.25）式，在所有時間 t 可得

$$v = 6(1 - e^{-t/0.25}) \ \text{V} \tag{12.28}$$

或

$$v = 6(1 - e^{-4t}) \ \text{V} \tag{12.29}$$

因此，在(a)部份 v 是如圖12.10的上昇指數形式。

在(b)部份，從（12.29）式可得

$$v(0.1) = 6(1 - e^{-0.4}) = 1.98 \ \text{V}$$

在(c)部份，利用（12.28）式可得

$$v = 6(1 - e^{-5}) = 5.96 \ \text{V} \tag{12.30}$$

當電容器完全充滿電時，它將含有電池的全部電壓 6 伏特在兩端。由（12.13）式可看出實際上已完全充滿，且電路在 $t \geq 5$ 個時間常數之後已在直流穩態。

例 12.6：求例題 12.5 中電路的電流 i 在時間為(a)所有的正時間 t ，(b) $t = 0.1$ 秒 ，(c) $t = 5\tau$ 。

解：利用（12.19）式可得

$$i = \frac{V_b - v}{R} = \frac{6 - v}{10} \ \text{mA}$$

把 v 以（12.29）式代入，可得

$$i = \frac{6 - 6(1 - e^{-4t})}{10}$$

或

$$i = 0.6e^{-4t} \ \text{mA} \tag{12.31}$$

此是(a)的解，在(b)和(c)中為

$$i(0.1) = 0.6e^{-0.4} = 0.402 \ \text{mA}$$

和

$$i(5\tau) = 0.6e^{-4(5 \times 0.25)} = 0.004 \ \text{mA}$$

一般電流的狀況

可以在圖 12.11 的一般情況把（12.25）式代入（12.19）式而求電流 i ，結果為

$$i = \frac{V_b - V_b(1 - e^{-t/\tau})}{R}$$

或

$$i = \frac{V_b}{R} e^{-t/\tau} \tag{12.32}$$

因此可知沒有初始能量〔$v(0)=0$〕的驅動 *RC* 電路的電流如同無源電路電壓一樣為指數衰減形式。當達到直流穩態時，電流趨近於零。

暫態和穩態值

在（12.32）式中為有驅動 *RC* 電路的電流，及無源電路中（12.11）式的電壓 v，和電流 v/R，都是衰減的指數形式。即在短時間內呈現為短暫的函數，然後不存在。這種函數稱為暫態（transient）函數，它在電路中僅存在短暫的時間。

另一方面，暫態失去後而留下的函數稱為穩態（steady-state）函數。它可能為變化函數，如交流正弦波，或為一常數，或為直流穩態常數。可從（12.23）式中知道有驅動 *RC* 電路中電容器電壓 v，包括了暫態及穩態函數，它是

$$v = v_{\text{tr}} + v_{\text{ss}} \tag{12.33}$$

的和。其中暫態函數為

$$v_{\text{tr}} = -V_b e^{-t/RC} \tag{12.34}$$

而穩態函數為

$$v_{\text{ss}} = V_b \tag{12.35}$$

12.4　更一般性的電路（*MORE GENERAL CIRCUITS*）

在很多情況下，可能分析更一般性的 *RC* 電路，此時使用等效電阻和電容的觀念來分析。例如考慮圖12.12中更一般性的電路，包括三個電阻器和一個電容器。假設 $v(0)=30$ 伏特下，求所有正時間電容器電壓 v。

圖12.12中三個電阻，可以從電容器兩端點看入組合而成單一等效電阻 R_T。R_T 為 3 kΩ 和 6 kΩ 電阻並聯再和 8 kΩ 電阻串聯在一起，所以有

$$R_T = 8 + \frac{3 \times 6}{3 + 6} = 10 \text{ k}\Omega$$

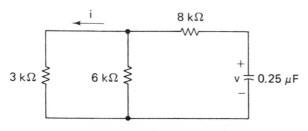

圖 12.12　具有四個電路元件的 RC 電路

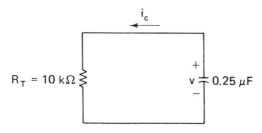

圖 12.13　圖 12.12 的等效電路

因此在圖 12.13 中在電容器端點的電路爲圖 12.12 的等效電路，是把圖 12.12 的電阻器組合以 R_T 所取代而獲得簡單的無源 RC 電路。

在圖 12.13 中電路的時間常數是

$$\tau = R_T C$$
$$= (10 \times 10^3)(0.25 \times 10^{-6})$$
$$= 0.25 \times 10^{-2} \text{ s}$$

因 $V_0 = 30$ 伏特，所以利用（12.11）式可得

$$v = 30e^{-t/(0.25 \times 10^{-2})}$$

或

$$v = 30e^{-400t} \text{ V} \tag{12.36}$$

現在已知道電容器的電壓，亦可求得其它電壓和電流。可在圖 12.12 中應用分壓定理在電容器電壓，而求出所有電阻器的電壓，並從電阻器電壓應用歐姆定律而求得電阻器的電流。

例 12.7: 圖 12.12 中 3 kΩ 電阻器，求在所有正時間情況下通過的電流 i。

解：由圖12.13，利用歐姆定律和（12.36）式去求電容器電流 i ，結果是

$$i_c = \frac{v}{R_T} = \frac{30e^{-400t}\,\mathrm{V}}{10\ \mathrm{k}\Omega} = 3e^{-400t}\,\mathrm{mA} \tag{12.37}$$

因為圖 12.13 電路等效於圖 12.12 ，從圖 12.12 可看出離開電容器正端電流為 i_c ，利用分流定理得電流 i 是

$$i = \left(\frac{6}{3+6}\right)i_c = \frac{2}{3}(3e^{-400t}) = 2e^{-400t}\,\mathrm{mA}$$

例 12.8：在圖 12.14 中，若 $v(0)=0$ ，求所有正時間的 V 。

解：此電路不能用組合電阻的等效電阻來簡化，但可把端點 $a-b$ 左方網路以它的戴維寧等效電路來取代，並求解 v 。可由12.15(a)和(b)來完成。沒有電源的電路如圖12.15(a)，由圖上可知戴維寧電阻為

$$R_{\mathrm{th}} = 3 + \frac{4\times4}{4+4} = 5\ \mathrm{k}\Omega$$

圖 12.15 (b)可求得開路電壓 v_{oc} ，由分壓定理得

$$v_{\mathrm{oc}} = \frac{4}{4+4}\cdot20 = 10\ \mathrm{V}$$

具有 $0.2\,\mu\mathrm{F}$ 的戴維寧等效電路示於圖 12.16 。就 $a-b$ 端點而言，這電

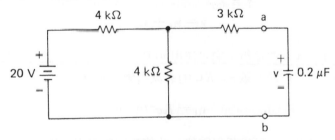

圖12.14　五個元件有驅動的 *RC* 電路

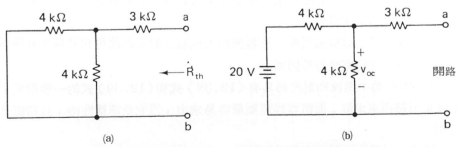

圖 12.15　用來求圖 12.14 電路的(a) R_{th} 及(b) V_{oc} 的電路

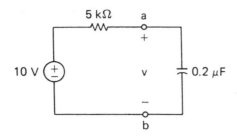

圖12.16　圖12.14的等效電路

路是圖12.14的等效電路。

由圖12.16中，時間常數為

$$\tau = (5 \times 10^3)(0.2 \times 10^{-6}) = 10^{-3} \text{ s}$$

利用（12.25）式，電壓是

$$v = 10(1 - e^{-t/10^{-3}})$$
$$= 10(1 - e^{-1000\,t}) \text{ V}$$

12.5 求解步驟的捷徑（*SHORTCUT PROCEDURE*）

　　如同在12.3節中看到，圖12.11中有驅動電路電容器電壓 v 是暫態電壓 v_{tr} 和穩態電壓 v_{ss} 之和，即

$$v = v_{\text{tr}} + v_{\text{ss}} \tag{12.38}$$

此事實可以求V步驟的捷徑，它可使用 $v(0) = 0$ 時，或所給的任何的 $v(0)$。

　　已知暫態是以時間常數 $\tau = RC$ 的衰減指數，可寫成

$$v_{\text{tr}} = Ke^{-t/\tau} \tag{12.39}$$

此處 K 為任意常數（K 可為任何數值，此值決定於電容器的起始電壓）。另外，τ 在無源電壓電路和有驅動電路中相同，可以藉著去掉電源，並由它的無源電路之結果，直接求得 τ。

　　已知 V_{ss} 是直流穩態電壓，是暫態消失後發生的。因此可在電路達到穩態時直接求解，此時電容器是開路。

　　在 RC 電路中電流和電壓都具有（12.38）式和（12.39）式的一般形式，並且可用捷徑來求解。而電容器電壓最容易求出，因它是連續性的，且初值是已知。

　　簡單的結論，可以把有驅動電路的電源去掉，從無源電路中求得時間常數

。將此時間常數用於（12.39）式求得電容器電壓的暫態項目。可在有驅動電路中，把電容器開路而求得它的 v_{ss} 電壓。此時電容器電壓是暫態項 v_{tr} 和穩態項 v_{ss} 之和，亦即有

$$v = Ke^{-t/\tau} + v_{ss} \tag{12.40}$$

或

$$v = Ke^{-t/RC} + v_{ss} \tag{12.41}$$

而常數 K 則可從初值電壓 $v(0)$ 求得。

例12.9： 在圖12.17電路中，若初值電壓 $v(0) = 20$ 伏特，求所有正時間電容器電壓 v。

解： 將電源去掉（短路），如圖12.18的無源電路，可得

$$R_T = \frac{150 \times 300}{150 + 300} = 100 \text{ k}\Omega$$

而時間常數為

$$\tau = R_T C = (100 \times 10^3)(10^{-6}) = 0.1 \text{ s}$$

因此電壓的暫態項是

$$v_{tr} = Ke^{-t/0.1} = Ke^{-10t} \text{ V} \tag{12.42}$$

為求 v 的穩態項，以一短路取代電容器，如圖12.19所示，利用分壓定理

$$v_{ss} = \frac{300}{150 + 300} \cdot 60 = 40 \text{ V} \tag{12.43}$$

由（12.42）式及（12.43）式可得

$$v = v(t) = v_{tr} + v_{ss} = Ke^{-10t} + 40 \tag{12.44}$$

已知 $v(0) = 20$ 伏特由（12.44）式，在 $t = 0$ 時可得

$$v(0) = K + 40$$

將兩式相等為

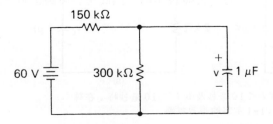

圖12.17　電阻器和電容器並聯的驅動電路

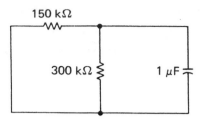

圖 12·18　把圖 12·17 電路中電源去掉的電路

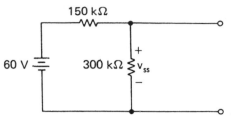

圖 12·19　圖 12·17 電路的直流穩態電路

$$K + 40 = 20$$

由上式得 $K = -20$，因（12.44）式所有正時間電容器電壓為

$$v = 40 - 20e^{-10t} \text{ V}$$

例12.10： 為說明單一電容器的充電和放電，考慮練習題 12.1-1 電路中，在 $t = 0$，$v_c = 0$ 時把開關移至位置 1，放 10 毫秒後再移至位置 2，求所有正時電壓 v_c。

解： 在 $t = 0$ 至 $t = 10$ 毫秒時電路為圖 12.20(a)的有驅動 RC 電路，時間常數為

$$\tau_1 = 10^3 \times 10^{-6} = 10^{-3} \text{ s} = 1 \text{ ms}$$

此值是去掉電源而獲得，因此暫態項為

$$v_{\text{tr}} = Ke^{-1000t} \text{ V}$$

而穩態項目是

$$v_{\text{ss}} = 10 \text{ V}$$

是把電容器開路而獲得的。因此可得

$$v_c = Ke^{-1000t} + 10 \text{ V} \tag{12.45}$$

而在 $t = 0$ 時，有

$$v_c(0) = 0 = K + 10$$

因之 $K = -10$，所以（12.45）式變成

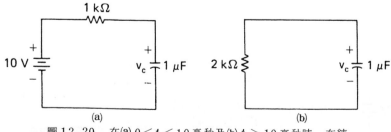

圖 12·20　在(a) $0 < t < 10$ 毫秒及(b) $t > 10$ 毫秒時，在練習題 12.1-1 電路的等效電路

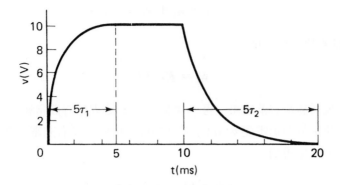

圖 12.21　練習題 12.1-1 電路的電容器電壓曲線圖

$$v_c = 10(1 - e^{-1000\,t}) \text{ V} \tag{12.46}$$

在 $t = 10$ 毫秒時，有

$$v_c(0.01) = 10(1 - e^{-10}) = 10 \text{ V}$$

所以電容器已完全充電。

在 $t > 10$ 毫秒時，開關位於位置 2，如圖 12.20(b) 的電路，而時間常數為

$$\tau_2 = (2 \times 10^3)(10^{-6}) \text{ s} = 2 \text{ ms}$$

且起始電壓（$t = 10\,\text{ms}$）是 10 伏特。因此，在起先的 10 毫秒，v_c 的上昇函數如圖 12.10，一直昇到 10 伏特的完全充電。然後 v_c 如圖 12.10 的衰減函數，但它是不同的時間常數。在衰減時（$t > 10\,\text{ms}$）電壓在五個時間常數後達到零，或 $5 \times 2 = 10$ 毫秒後。在 $0 \le t \le 20$ 毫秒 v_c 的圖形如圖 12.21 所示。

12.6　摘　要 (*SUMMARY*)

一簡單無源 RC 電路是電阻器 R 和電容器 C 的串聯電路。若電容器在起始（$t = 0$）就充電到電壓 V_0，由於電容器放電將有電流流經電阻器，電容器電壓 v 在所有正時間由下式來說明

$$v = V_0 e^{-t/\tau} \text{ V}$$

此處 τ 是 RC 時間常數。

有驅動 RC 電路是含有如電池電源的電路。電容器電壓 v 在這情況下由下式來說明

$$v = v_{\mathrm{tr}} + v_{\mathrm{ss}}$$

其 v_{tr} 是暫態電壓，所給的是

$$v_{\mathrm{tr}} = K e^{-t/\tau}$$

而 V_{ss} 是直流穩態電容器電壓。再一次提出，τ 是 RC 時間常數，K 是任一常數，其值取決定於初值電壓 $v(0)$。在 $v(0) = 0$ 時（沒有充電）和 $V_{ss} = v_b$ 時，電壓 v 以下式來說明

$$v = V_b(1 - e^{-t/\tau}) \ \mathbf{V}$$

　　解法步驟的捷徑是把電源去掉，從無源電路中求 τ 。然後求 V_{ss}，如同把電容器以開路取代後求跨於它兩端的直流穩態電壓。

　　更一般的電路可利用組合電阻器或電容器成單一等效元件，或以戴維寧定理簡化成簡單電路後再求解。

練習題

12.1-1　如圖電路開關在 1 位置，求電流 i_c 和電壓 v_c，當(a) $v_1 = 9$ 伏特，(b) $v_1 = 5$ 伏特，(c)達到直流穩態後。
　　　　圉：(a) 9 mA，1 V，(b) 5 mA，5 V，(c) 0，10 V。

12.1-2　在練習題 12.1-1 中當 $v_c = 10$ 伏特時，開關移到位置 2，求 i_R 和 v_2 在(a)起始時和(b)在直流穩態時。
　　　　圉：(a) 5 mA，10 V，(b) 0，0。

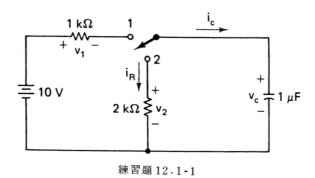

練習題 12.1-1

12.2-1　在圖 12.5 中 $R = 25 \ k\Omega$，$C = 4 \ \mu F$，初值電壓 $v(0) = V_0 = 5$ 伏特，求(a)時間常數，(b)所有正時間的電壓 v 和(c)在 $t = 3\tau$ 時的 v。
　　　　圉：(a) 0.1 秒，(b) $5 \ e^{-10t}$ 伏特，(c) 0.249 伏特。

12.2-2　圖 12.5 中電路元件和初值電壓和練習題 12.2-1 相同，求電流 i 在(a)所有正時間，(b) $t=0.3$ 秒，(c) $t=4\tau$ 。

　　　　答：(a) $0.2\,e^{-10t}$ mA，(b) 0.01 mA，(c) 0.004 mA 。

12.2-3　若 $R=2\,k\Omega$ 和 $C=0.5\,\mu$F 重覆練習題 12.2-1 的問題 。

　　　　答：(a) 1 毫秒，(b) $5\,e^{-1000t}$ 伏特，(c) 0.249 伏特

12.2-4　求 $v=12\,e^{-4t}$ 伏特的近似值（利用圖 12.10）和真實值分別在(a) $t=0.5$ 秒，(b) $t=1$ 秒，(c) $t=3\tau$ 。

　　　　答：(a) 1.68，1.62 伏特，(b) 0.24，0.22 伏特，(c) 0.6，0.597 伏特 。

12.3-1　在圖 12.11 電路中，若 $R=200\,k\Omega$，$C=1\,\mu$F，$V_b=20$ 伏特，和 $v(0)=0$ ，求所有正時間 t 電容器的電壓 v 和電流 i 。

　　　　答：$20(1-e^{-5t})$ 伏特，$0.1\,e^{-5t}$ 毫安培 。

12.3-2　練習題 12.3-1 電路在(a) $t=0.1$ 秒，(b) $t=0.5$ 秒和(c) $t=5\tau$ 時，計算 v 和 i ，並用圖 12.10 作校驗 。

　　　　答：(a) 7.87 V，0.06 mA，(b) 18.36 V，0.008 mA，(c) 19.87 V，0.0007 mA 。

12.3-3　求練習題 12.3-1 中電容器的電荷，分別在(a) $t=0.1$ 秒和(b) $t=0.5$ 秒時的數值 。

　　　　答：(a) 7.87 微庫倫，(b) 18.36 微庫倫 。

12.4-1　如圖電路，若 $v(0)=30$ 伏特，而元件 E 是 6 kΩ 電阻器，求電壓 v 在所有正時間之值 。

　　　　答：$30\,e^{-2000t}$ 伏特 。

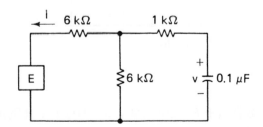

練習題 12.4-1

12.4-2　求練習題 12.4-1 電路電流 i 在所有正時間之值 。

　　　　答：$2\,e^{-2000t}$ mA 。

12.4-3　在練習題 12.4-1 電路中，若元件 E 是上端為正的 20 伏特電池，並且 $v(0)=0$ ，求所有正時間的電壓 v 。

　　　　答：$10(1-e^{-2500t})$ 伏特 。

12.5-1 若下圖電路中電容器初值電壓是 15 伏特，求所有正時間電容器電壓 v 。

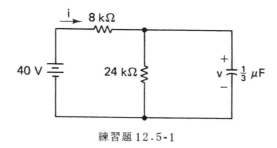

練習題 12.5-1

圖：$30-15\,e^{-500t}$ 伏特 。

12.5-2 求練習題 12.4-1 電路中，在所有正時間的 i 。（提示：使用練習題 12.5-1 的結果 。

圖：$\dfrac{1}{8}\,(\,10+15\,e^{-500t}\,)$ mA 。

12.5-3 如圖電路求 v_1 和 v_2 的穩態值 。

圖：10 伏特，40 伏特 。

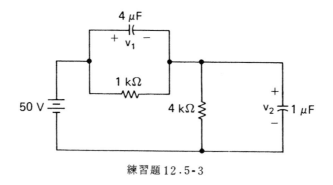

練習題 12.5-3

習 題

12.1 有一簡單無源 RC 電路具有 $R=200\,\mathrm{k\Omega}$ ，$C=10\,\mu\mathrm{F}$ ，且電容器初值電壓是 $v(0)=10$ 伏特 。求(a)時間常數，(b)所有正時間電容器電壓 V ，(c)在所有正時間離開電容器正端的電流 。

12.2 重覆習題 12.1 的問題，若 $R=40\,\mathrm{k\Omega}$ 和 $C=0.5\,\mu\mathrm{F}$ 。

12.3 簡單的無源 RC 電路有 $R=100\,\mathrm{k\Omega}$ ，$C=10\,\mu\mathrm{F}$ 的元件，且 $v(0)=20$ 伏特，此處 v 是電容器電壓 。求 v 分別在(a) $t=1$ 秒，(b) $t=2$ 秒

，(c) $t = 5\tau$ ，τ 是 RC 時間常數 。

12.4 有 $2\mu F$ 電容器和 $10\,k\Omega$ 電阻器串聯 。若 $t = 0$ 時儲存電容器的能量是 100 微焦耳 ，求電容器電壓在(a)所有正時間 ，(b)在 $t = 2$ 毫秒時 ，(c) $t = 100$ 毫秒時 。

12.5 有簡單無源 RC 電路電容器電壓是

$$v = 20\,e^{-4t} \text{ 伏特}$$

若電容是 $2\mu F$ ，求(a)時間常數 ，(b)在 $t = 0$ 時所儲存的能量 ，和(c)在 $t = 0$ 時平板上的電荷 。

12.6 如圖電路 ，在 $t = 0$ 時把開關由位置 1 移至位置 2 ，此時電路是直流穩態 ，求在所有正時間的 v 。

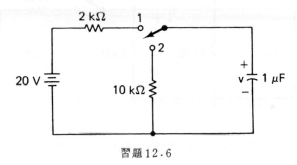

習題 12.6

12.7 重覆習題 12.6 的問題 ，若在 $t = 0$ 時開關由位置 2 移至位置 1 。

12.8 如圖電路是直流穩態電路 ，若在 $t = 0$ 時 ，開關打開 ，求 $t > 0$ 時的 v 。

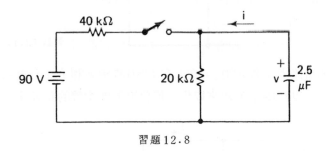

習題 12.8

12.9 在習題 12.8 之中 ，在 $t > 0$ 時的 i 。

12.10 如圖電路中 ，若 $v(0) = 12$ 伏特 ，求 $t > 0$ 時的 v 。

12.11 在習題 12.10 電路中 ，在 $t > 0$ 時求 v_1 。

12.12 在習題 12.10 電路中 ，在 $t > 0$ 時求 i 。

12.13 重覆習題 12.8 問題 ，如果開關在 $t = 0$ 時是關上的 。

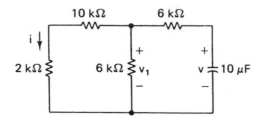

習題 12.10

12.14 如圖電路處於直流穩態，當 $t=0$ 時開關打開。求所有的正時間 v。

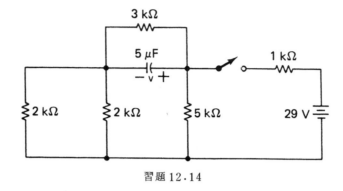

習題 12.14

12.15 如圖電路，若 $v(0)=12$ 伏特，在 $t>0$ 時求 i 。（ 提示：先求 v ）

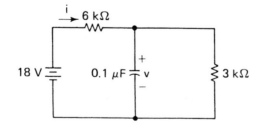

習題 12.15

12.16 如圖電路中，若 $v(0)=0$ ，在 $t>0$ 時求 v 和 i 。（ 提示：將電源和電阻器以戴維寧等效來取代，或使用解題步驟的捷徑來求解 ）

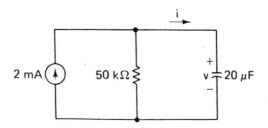

習題 12.16

第13章

磁　學

前章中已討論過重力，或重力磁，此力場把我們緊拉在地球上。以及以電場呈現的力，此力存在已充電的電容器兩平板上。這些看不見的力，其作用雖沒有物理上的接觸，但却很明顯的表現其效果及存在。這種已敍述的力，稱為力場（field forces）或場（fields）。在本節中將討論場的效應，是我們已知的磁力（magnetism）或磁場（magnetic field）和電力有十分密切的關係。

磁力是一種力，作用於磁鐵物體之間，前面已提過它與直流電錶相關連。羅盤早在西元1000年左右已被中國和地中海的航海者所使用，它是磁鐵最通俗的例子，是以指針形的小磁鐵所組成，而裝在一軸上使它自由轉動。除非有金屬在附近，指針的一方指向北方，另一端指向南方，這是因地球本身就有磁場存在。

永久磁鐵是由鐵、鋼，或磁鐵礦（天然磁礦）等材料製成，它可不需任何方法輔助而保持它的磁性。另一方面，電磁鐵是由電流產生磁性，這是本章所要討論的。這種電和磁的關係，稱為電磁。

磁學定理是由 SI 單位推演出來的，一些舊的單位也被放棄。而磁學的開拓者是英國物理家吉柏特，德國數學家高斯、英國科學家馬克士威、丹麥物理家及化學家的奧斯特。吉柏特是最早在磁學中的研究者，在1600年他證實琥珀電的吸引和天然磁鐵磁的吸引是不同的。他亦是第一位使用拉丁字elec-trum 來代替其它如同琥珀一樣的物質。高斯對電磁的數學理論有很大的貢獻。而馬克斯威完成有關電和磁的正確數學定律，而奧斯特在1819年發明了電磁。

在我們日常生活中，有很多事物用到磁。磁鐵可以在電視機、電話機、無線電收音機、電動機、發電機、變壓器、斷路器中找到。亦可使用在磁昇降機、磁式門閘、擴音機。在電子計算機中用來保存資料的磁帶和磁碟，及磁式振動器。這些是少數例，還有很多沒有提到。至少可以說，若沒有電磁，現在生活就有顯明的不同。

13.1　磁　場（*THE MAGNETIC FIELD*）

若有永久磁鐵在羅盤附近移動，則羅盤針隨之移動。如同奧斯特在1819年所證實羅盤接近帶有電流的導線，指針也會偏轉。這種效果可以假設磁場存在磁鐵週圍而獲得說明（永久磁鐵和帶有電流的導體是電磁鐵）。

北極和南極

磁鐵可想像具有北極和南極的磁極，它與電荷有相反極性一樣。磁場是假設由看不見的力線或磁通量所組成，它是由北極向南極輻射成連續環路。磁場如圖13.1所示，以力線環繞磁鐵棒四週來表示。北極以N，南極以S來標示。它的記號與圖11.3所示非常相近。

磁場可以把力線集中在小區域而加強，如圖13.2所示馬蹄形磁鐵卽是，是將磁鐵棒彎成馬蹄鐵的形狀而成。其它馬蹄形磁鐵的例子示於圖13.3和13.4中，且都有衛鐵（keeper）在圖中，是用來當不使用磁鐵時置於兩極間，以維持磁鐵的強度。

吸引力和排斥力

磁鐵如同電荷，彼此可能互相吸引和排斥。如不同磁極靠近，則磁鐵會吸引，磁場如圖13.5所示。若磁極相同，則如圖13.6所示會互相排斥。

電磁鐵

奧斯特在1819年發現導體通以電流，在它四週將有磁場環繞，如圖13.7所標示的電流 i 和磁通線，因此電流可用來產生磁鐵，這就是早期所稱

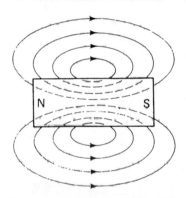

圖13.1 環繞磁鐵棒磁場的符號

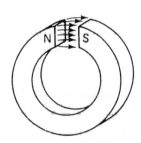

圖13.2 馬蹄形磁鐵

圖13.3 馬蹄形磁鐵

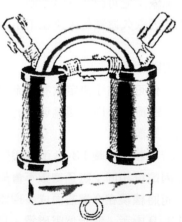

圖13.4 使用電流產生磁場的
馬蹄形磁鐵

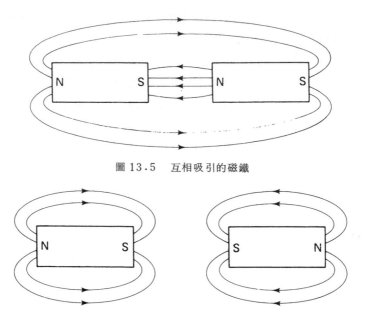

圖 13.5　互相吸引的磁鐵

圖 13.6　互相排斥的磁鐵

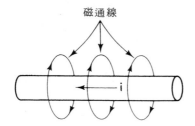

磁通線

圖 13.7　帶電流導線的磁場

的電磁鐵，它可由電流的控制而" 工作 "或" 不工作 "。這是超越永久磁鐵的
優點，因永久磁鐵是永遠在工作的 。一電磁鐵的例子是如圖13.4的馬蹄形磁
鐵 。

右手定則

我們可用右手決定載有電流導體的磁通方向，以右手握住導體，大拇指所
指的為電流的方向，環繞導體的指頭方向就是磁通方向 。右手定則可用圖
13.7 來說明 。

若導體是如圖13.8所示環狀，利用右手定則知通過環路的磁通方向都相
同 。因電流相同，磁通總數不會變，但較小的面積有較強的磁場 。

可將線繞在金屬芯而成多環路的線圈或空氣芯線圈把磁通集中在一起 。如
圖13.9所示，它是個電磁鐵，且南北極性標於圖上 。為了分別磁通及電流，
使用虛線表示磁通，右手定則應用於圖13.9中，握在芯上的手指方向為電流

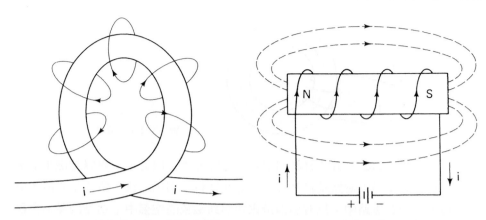

圖 13.8　具有產生磁通的環路電流　　圖 13.9　具有產生磁通的線圈電流

方向，則大拇指為磁通方向（這種右手定則的敍述與前敍是等效，可從圖 13.9 中看出）。線圈是電感器（indnctor）最一般化的形狀，將於十四章討論。

13.2　磁通量（*MAGNETIC FLUX*）

磁通量的符號是 Φ（大寫希臘字母 phi），而它在 SI 單位是韋伯（Weber 縮寫為 Wb），是紀念德國物理家韋伯而命名。一韋伯是 10^8 條磁通線，或是 10^8 馬克斯威，馬克斯威是 CGS 制的單位（公分 - 公克 - 秒）。因此韋伯是大單位，我們可用較小的微韋伯（μWb）來測量。

例 13.1：求 1 μWb 的磁力線數目為多少？

解：因 1 Wb＝10^8 線，所以有

$$1 \ \mu\text{Wb} = (1 \times 10^{-6} \text{ Wb})(10^8 \text{ lines/Wb})$$

$$= 100 \text{ lines}$$

注意韋伯已消掉，所得答案是線。

磁 路

磁場的力線是形成封閉環路。將這環路軌跡可想作是磁路（magnetic circuit），這相似於電荷流經封閉電路一樣。雖然磁通沒有流動，但它與電路中的電流或移動電荷之間有很多相似之處，這些以後將會明瞭。例如圖 13.10 中的油炸圈餅形的磁路，有存在由電流 I 所產生的磁通量 Φ。

導磁係數

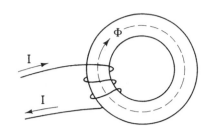

圖 13·10 磁路

在某些材料如鐵比其它材料如空氣，更容易建立磁通量，更容易磁化，例如，若在圖13.10中磁路是容易磁化的磁性材料，則由電流 I 所產生的磁通 Φ 大部份都限制在磁路中，只有小部份磁通漏到環繞的空氣中。這是因磁通會經由阻力較小的路徑流動，故在磁性材料中比非磁性的空氣更容易建立磁場。

　　量度磁通如何容易在材料中建立的數值稱爲材料的導磁係數（permeability），以 μ 爲符號（小寫希臘字母 mμ）。較高的導磁係數，將較容易磁化。因導磁係數是度量材料能允許建立磁通量程度的量。例如鐵導磁係數爲空氣的 200 倍，而高導磁合金可爲空氣的 100,000 倍。導磁係數相對於電場的容電係數，從十一章中了解，它是度量材料建立電場難易的量。

相對導磁係數

　　SI 單位中導磁係數爲韋伯／安培‐公尺（Wb/A-m），例如眞空的導磁係數標爲 $\mu = \mu_0$，其值爲

$$\mu_0 = 4\pi \times 10^{-7} \text{ Wb/Am} \tag{13.1}$$

　　材料的導磁係數 μ 與眞空的導磁係數之比值稱爲相對導磁係數（relative permeability），並以 μ_r 爲符號，因此有

$$\mu_r = \frac{\mu}{\mu_0} \tag{13.2}$$

相對導磁係數是無單位的量，因它是兩導磁係數的比值。

　　沒有導磁係數的材料，其相對導磁係數非常接近 1，這包括了稱爲順磁性的材料，如鋁、白金、錳等，其 μ_r 約稍大於 1，及反磁性材料，如銅、鋅、金、銀，其 μ_r 值約稍小於 1。且順磁性及反磁性材料被磁化電流的磁場是相反方向的。另一方面，順磁性材料的 μ_r 值遠大於 1，如鐵、鋼、鎳，和高導磁合金等鐵磁性材料就有很大的相對導磁係數，其範圍從 100 至 100,000。

例 13.2：若鐵的導磁係數是 $\mu_r = 50$ ，求它的導磁係數 μ 。

解：由（13.2）式可得

$$\mu = \mu_r \mu_0 \tag{13.3}$$

而在此種狀況是

$$\mu = (4\pi \times 10^{-7})(50)$$
$$= 2\pi \times 10^{-5} \text{ Wb/Am}$$

磁通密度

在磁通量爲 Φ 的磁場中，每單位面積的磁力線數目稱爲磁通密度（flux density），以 B 爲標記。若與磁通垂直的截面積爲 A，如圖 13.11 所示，因此磁通密度

$$B = \frac{\Phi}{A} \tag{13.4}$$

若 Φ 的單位是韋伯而 A 是平方公尺，則 B 爲韋伯／平方公尺。在 SI 中定義 1 韋伯／平方公尺等於 1 泰斯拉（Tesla，以 T 爲符號），是紀念南斯拉夫出生的美國發明家泰斯拉而命名。

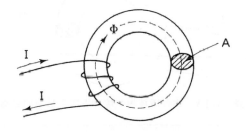

圖 13.11 截面積爲 A 的磁路

例 13.3：有一磁通量爲 10 mWb 通過面積是 4 平方公分，求以泰斯拉爲單位的磁通密度 B 。

解：以平方公尺爲單位的面積 A 是

$$A = (4 \text{ cm}^2)(0.01 \text{ m/cm})^2$$
$$= 4 \times 10^{-4} \text{ m}^2$$

利用（13.4）式可得

$$B = \frac{\Phi}{A}$$

$$= \frac{10 \times 10^{-3} \text{ Wb}}{4 \times 10^{-4} \text{ m}^2} = 25 \text{ T}$$

13.3 在磁路中的歐姆定律
(*OHM'S LAW FOR MAGNETIC CIRCUITS*)

已知在磁路中的磁通量是類比於電路中的電流。事實上，磁路和電路十分類似，將在本節中討論。除了電流和磁通外，在磁路中可以類似於電壓、電阻，甚至電路中的歐姆定律。

磁動勢

考慮圖13.12中的磁路，外力是類比於電路中的電壓，是由電流 I 所產生，此電流以磁通Φ建立了磁場。然而，如13.1節中，帶有電流的導線可以變成有N匝的線圈，如圖13.12所示。而電流 I 可以作 N 匝電流 NI 的功。此 NI 值稱爲磁動勢（ magneto motive force，mmf ），在SI單位中磁動勢單位是安匝（ ampere-turns ）縮寫爲At ，且磁動勢的符號是 $\mathscr{F}$ 。

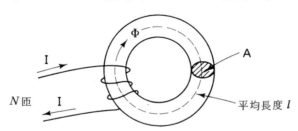

圖 13.12 由 N 匝線圈中電流所產生磁通的磁路

例 **13.4**：有 20 匝的線圈，產生 $\mathscr{F} = 500$ 安匝的磁動勢，求所需的電流 I 。
解：因爲

$$\mathscr{F} = NI$$

可以寫成

$$I = \frac{\mathscr{F}}{N} = \frac{500}{20} = 25 \text{ A}$$

注意，安匝單位除以匝數而得安培，正如我們所期望的。實際上，匝（ turn ）是無單位的數 。

磁 阻

　　如同某些材料電流通過比其它材料較困難，這亦同於某些材料磁場的建立比其它材料困難一樣。度量磁場建立的困難度稱爲材料的磁阻（reluctance）。所供給的磁動勢，若磁阻較高，則磁通較少，反之亦然。因此磁阻是反對磁通量的建立，如電路中電阻反對電流的流動一樣。

　　磁阻的標記爲草寫字體 $\mathscr{R}$，以和電阻區別。如同電阻，磁阻是正比於磁路的長度 l，而與截面積 A 成反比，這兩個量如圖13.12所示，磁阻的表示式爲

$$\mathscr{R} = \frac{l}{\mu A} \tag{13.6}$$

因 μ 的單位是韋伯／安培公尺，由（13.6）式知磁阻單位是公尺／（韋伯－平方公尺／安培－公尺）＝安培／韋伯（A/Wb），或安匝／韋伯（At/Wb）。有些作者使用 rel 爲磁阻的單位，此處 1 個 rel 定義爲 1 At/Wb。方程式（13.6）式與導磁係數的定義符合。較低的導磁係數，更困難建立磁通，而由（13.6）式知，有較高的磁阻。相反亦眞。高的導磁係數對應於低磁阻，且較少有反抗磁通。

歐姆定律

　　與電路比較，磁動勢 $\mathscr{F} = NI$ 對應於電壓，磁通 Φ 對應於電流，而磁阻 $\mathscr{R}$ 對應於電阻。磁路中的歐姆定律爲

$$\Phi = \frac{\mathscr{F}}{\mathscr{R}} \tag{13.7}$$

或

$$\Phi = \frac{NI}{\mathscr{R}} \tag{13.8}$$

和電路中的形式一樣。

例 13.5： 在圖 13.12 中，電路線圈爲 200 匝，電流 $I = 3$ A，磁性材料的導磁
　　　　係數 $\mu = 5 \times 10^{-5}$ 韋伯／安培－公尺，磁路平均長度 $l = 2$ 公尺，截
　　　　面積 A＝0.008 平方公尺，求磁通量 Φ。

解： 利用（13.6）式，磁阻是

$$\mathcal{R} = \frac{l}{\mu A} = \frac{2}{(5 \times 10^{-5})(8 \times 10^{-3})}$$

$$= 5 \times 10^6 \text{ A/Wb}$$

而磁動勢

$$\mathcal{F} = NI = 200 \times 3 = 600 \text{ At}$$

由歐姆定律求得

$$\Phi = \frac{\mathcal{F}}{\mathcal{R}} = \frac{600}{5 \times 10^6} \text{ Wb}$$

$$= 120 \ \mu\text{Wb}$$

例 13.6：有一磁路有 $NI = 300$ 安匝，$l = 0.5$ 公尺，與 $\mu = 6 \times 10^{-5}$ 安匝／韋伯，求磁通密度 B 。

解：在（13.8）式中的 R 以（13.6）式代替，可寫成

$$\Phi = \frac{NI}{\mathcal{R}}$$

$$= \frac{NI}{l/\mu A}$$

或

$$\Phi = \frac{\mu A N I}{l}$$

因 $\Phi = BA$ ，此式可寫成

$$BA = \frac{\mu A N I}{l}$$

把 A 消掉，變成

$$B = \frac{\mu N I}{l}$$

因此本題可得

$$B = \frac{(6 \times 10^{-5})(300)}{0.5} = 0.036 \text{ T}$$

13.4 磁場強度（*MAGNETIC FIELD INTENSITY*）

在磁路中磁動勢是定爲安匝，即 $\mathcal{F} = NI$ ，但是磁場強度是決定在磁路的

長度。明顯的，在同樣的磁動勢下，較長的材料比較短的強度小。明確的，磁場強度定義爲每單位長度的磁動勢。這個量以 H 爲符號，因此它是

$$H = \frac{\mathscr{F}}{l} = \frac{NI}{l} \tag{13.10}$$

H 的單位是安匝／公尺或安培／公尺。

　　另外 H 的名稱是磁場強度或磁化力（magnetizing force）。由（13.10）式中知 H 僅依賴安匝和磁路的長度，與磁性材料沒有關係。

B-H曲線

　　磁通密度 B 和磁場強度 H 可以使用我們已知的結果來表示它們之間的關係。利用（13.4）式和（13.8）式可得

$$B = \frac{\Phi}{A} = \frac{NI}{\mathscr{R}A} \tag{13.11}$$

把（13.6）式的 $\mathscr{F}$ 代入上式，可寫成

$$B = \frac{NI}{(l/\mu A)\,A} = \mu \frac{NI}{l}$$

最後，利用（13.10）式可得

$$B = \mu H \tag{13.12}$$

若導磁係數 μ 是常數，利用（13.12）式所劃出的 B 對 H 的曲線是一直線。但 μ 不僅因材料的不同而改變，且隨磁性材料中的磁場強度 H 而變。因此 B-H 曲線不是一直線，但在典型上是近似於圖13.13中的曲線。

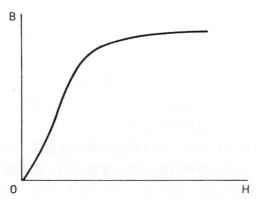

圖13.13　典型的 B-H 曲線

當 H 剛開始增加，B 增大較快或較不爲線性，但到達某特定點時 B-H 曲線變成水平。很明顯的是達到了飽和（saturation），在此時 H 的增加對 B 的影響非常小。因此導磁係數 $\mu = B/H$，當 H 增大時反而減少。

例 13.7：有一磁化力由 200 匝線圈和電流 I 獲得。磁路長度是 0.25 公尺，當 $I = 1$ 安培時磁性材料的 $\mu_r = 100$。當 $I = 4$ 安培時，$\mu_r = 80$，當 $I = 5$ 安培時，$\mu_r = 65$。求三個不同電流值的 B。

解：當 $I = 1$ A 時，磁化力 $NI = 200$ 安匝及

$$H = \frac{NI}{l} = \frac{200}{0.25} = 800 \text{ At/m}$$

此時

$$B = \mu H = (100)(4\pi \times 10^{-7})(800) = 0.1 \text{ T}$$

當 $I = 4$ A 時，$NI = 800$，$H = 800/0.25 = 3200$ 安匝／公尺，及

$$B = (80)(4\pi \times 10^{-7})(3200) = 0.322 \text{ T}$$

在 $I = 5$ A 時，$NI = 1000$ 安匝，$H = 1000/0.25 = 4000$ 安匝／公尺，及

$$B = (65)(4\pi \times 10^{-7})(4000) = 0.327 \text{ T}$$

磁 滯

如果磁性材料最初未被磁化時，且磁化電流 I 是零，則 $H = NI/l = 0$ 且 $B = 0$，如圖 13.14 中的 0 點。若材料是鐵磁性，並加逐漸上昇的電流在線圈上。當 I 增大，H 也會增大，而 B 亦隨之增大，B-H 曲線將循著 0-a 方向前進。在 a 點材料達到飽和，如再增大 H（或 I），將不會使 B 增加少許。如電流減少而把材料中的磁通減少，B-H 曲線不會循著 a-0 變化，而循著圖上所示 a-b 方向的變化。這種 B 落後 H（H 爲零但 B 不爲零）稱爲磁滯（hysteresis），且這是鐵磁性的結果。

磁通密度 B 可爲零，需在負電流（或 H）在 c 點處發生。在負方向增大 H，將使曲線在 d 點飽和，再磁化電流減少及反向，將使曲線沿著 def 線段，而在線段終點 B 再度爲零。繼續增大 H，而再度導引至 a 點，再把 H 減少，則將重覆進行。在 b 點的 B 值稱爲剩磁（residual flux density），當然在 e 點時是負值。當 H 爲零時，這磁通密度殘留在材料之中。

在圖 13.14 中的閉合路徑稱爲磁滯環路，沿環路進行損失的能量，稱爲磁滯損失（hysteresis loss），且它與環路面積有關。某些材料，如鐵磁芯，可用作計算機的記憶體，其磁滯環路近似一長方形，如圖 13.15 所示。如在計

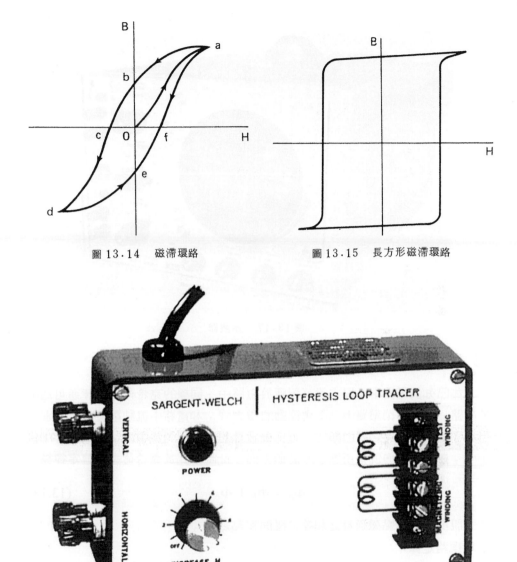

圖 13.14 磁滯環路　　　　　圖 13.15 長方形磁滯環路

圖 13.16 磁滯環路追踪器

算機中所需的記憶體，有兩個穩態，一爲飽和正 B 狀態，另一爲飽和負 B 狀態。當在任一狀態時，若 H 變化足夠大，則 B 會立即轉換另一狀態。

　　如圖13.16的裝置是磁滯環路追踪器，它可用來將所給的磁性材料樣品的磁滯環路顯示在示波器上，圖13.17所示的爲示波器。

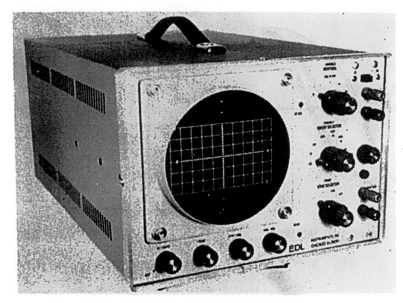

圖 13.17　示波器

13.5　簡單的磁路（*SIMPLE MAGNETIC CIRCUITS*）

　　如已知的電路中歐姆定律可對應於磁路中。同樣的克希荷夫定律亦可適用於磁路。存在封閉環路中且不會流動的磁力線，和電路中流動電荷有所差別。但為了電路和磁路之間的類比，可把磁通量想像為相對於電流，在圖13.18例子中，磁通量方向就是所標示的箭頭方向，此時類比於克希荷夫電流定律為

$$\Phi_a = \Phi_b + \Phi_c \tag{13.13}$$

此式說明進入接點磁通量之和等於離開接點之和。

安培環路定律

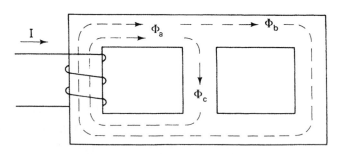

圖13.18　具有交會磁通路徑的磁路

　　若把供給磁動勢的 NI 想爲磁動勢昇（mmf rise），在靜止的磁路中需要建立磁通量的力量則視爲磁動勢降（mmf drop），這是類比於電路中的電壓昇和電壓降。因此可定義克希荷夫電壓定律的對應部份，是在 1820 年由安培所提出的，爲著名的安培環路定律，說明環繞任何封閉環路的磁路中磁動勢昇之和等於磁動勢降之和。

　　若取供給的磁動勢爲 NI ，而令環繞封閉路徑的磁動勢降分別是 $\mathcal{F}_1$ ，$\mathcal{F}_2$ ，……$\mathcal{F}_n$，安培環路定律可寫成下式

$$NI = \mathcal{F}_1 + \mathcal{F}_2 + \cdots + \mathcal{F}_n \qquad (13.14)$$

習慣上以 Hl 代替 $\mathcal{F}$，則（13.14）式變成

$$NI = H_1 l_1 + H_2 l_2 + \cdots + H_n l_n \qquad (13.15)$$

此處的 H_1，H_2，……H_n 分別是磁路中第 1，2，……n 段所需的磁場強度，而 l_1，l_2，……，l_n 爲這些段的長度。

　　如在 13.3 節中的圖 13.12 中的磁路，就是單一型式材料所組成的單一封閉路徑。因此（13.15）式在此種狀況下是

$$NI = Hl$$

因 $H = B/\mu$ ，所以可寫成

$$NI = \frac{Bl}{\mu}$$

$$= BA\frac{l}{\mu A}$$

$$= \Phi \mathcal{R}$$

因此可得

$$\Phi = \frac{NI}{\mathcal{R}}$$

　　類比於電路，圖 13.12 的磁路是一串聯磁路，這是因磁通量 Φ 在路徑中都相同。更複雜的串聯磁路如圖 13.19 所示，此處使用兩種不同材料。下一個例題就是分析這個磁路。

例 13.8：如圖 13.19 中串聯磁路的電流 I 和匝數 N 爲已知，求磁路中的磁通量 Φ，材料 1 的平均長度 l_1，而材料 2 的平均長度是 l_2，截面積是 A，而材料 1 和材料 2 的導磁係數分別爲 μ_1 和 μ_2。

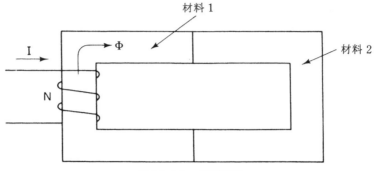

圖 13.19　串聯磁路

解：利用安培定律可得

$$NI = H_1 l_1 + H_2 l_2$$

因 $H_1 = B/\mu_1$ 及 $H_2 = B/\mu_2$，所以變成

$$NI = B\left(\frac{l_1}{\mu_1} + \frac{l_2}{\mu_2}\right)$$

（因面積 A 都相同，所以磁通密度 B 亦相同）代 $B = \Phi/A$ 並解 Φ 的結果爲

$$\Phi = \frac{ANI}{l_1/\mu_1 + l_2/\mu_2} \tag{13.16}$$

此式爲我們的解答。

串聯磁阻

可以把（13.16）式重寫如下式

$$\Phi = \frac{NI}{l_1/\mu_1 A + l_2/\mu_2 A}$$

利用磁阻表示式，上式等於

$$\Phi = \frac{NI}{\mathcal{R}_1 + \mathcal{R}_2} \tag{13.17}$$

此處

$$\mathscr{R}_1 = \frac{l_1}{\mu_1 A}$$

及

$$\mathscr{R}_2 = \frac{l_2}{\mu_2 A}$$

分別是材料 1 和材料 2 路徑的磁阻。

因此，可將（13.17）式寫爲下列形式

$$\Phi = \frac{NI}{\mathscr{R}_T} \tag{13.18}$$

此式中

$$\mathscr{R}_T = \mathscr{R}_1 + \mathscr{R}_2 \tag{13.19}$$

這說明另一類比電路中的結果。在串聯磁路中的等效磁阻是串聯磁阻的和。

例 13.9： 在圖 13.20 中的線圈是空氣芯，而它的截面積是 A，求產生磁通量 Φ 所需的安匝爲多少。

解： 利用安培定律得

$$NI = Hl + H_a l_a$$

l 爲空氣芯的長度，如圖所示，而 l_a 爲封閉磁通環路的剩餘長度（平均值）。在芯中磁通集中在相對的小面積 A，因此磁場強度 H 也相對提高。另外芯外部磁通分佈在廣大的面積，所以 H_a 非常小。因此大部份 Hl 與 $H_a l_a$ 相比較，$H_a l_a$ 項可忽略掉，可得近似值爲

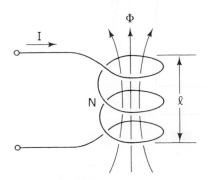

圖 13.20　具有空氣芯的線圈

$$NI = Hl$$

$$= \frac{Bl}{\mu_0}$$

或

$$NI = \frac{\Phi l}{\mu_0 A} \tag{13.21}$$

因磁芯的磁阻是

$$\mathscr{R} = \frac{l}{\mu_0 A} \tag{13.22}$$

所以有

$$NI = \Phi \mathscr{R} \tag{13.23}$$

繼電器

　　考慮圖13.21中的繼電器，這是本章最後的一個例子。繼電器（ relay ）是借著電流產生磁力來吸引金屬片移動，而使接點打開或閉合的裝置。在圖13.21中，當電流 I 流入線圈，鐵芯被磁化，吸引可移動棒而把空氣隙閉合。當電流為零時，彈簧又把間隙打開，使鐵棒回到原來位置。

　　注意在圖13.21中空氣隙的邊緣磁通，也如同電場的力線一樣。若間隙是足夠小，可把空氣隙的截面積近似鐵芯的截面積。若邊緣是可觀的，必須使用較大的空氣隙面積來計算。

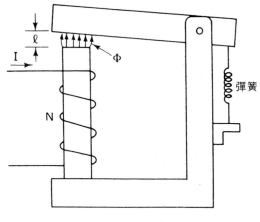

圖 13.21　繼電器

例 13.10 ：在圖13.21中的磁路若鐵的平均長度 $l_1=500$毫米，空氣隙長度是 $l=5$毫米，截面積 $A=2\times10^{-4}$平方公尺，$N=200$，且鐵的導磁係數 $\mu_r=1000$，求建立磁通量 $\Phi=10^{-4}$韋伯所需的電流 I 。

解：利用安培定律可得

$$NI = Hl + H_l l_l \qquad\qquad (13.24)$$

此式中 Hl 是空氣隙所需的力，而 $H_l l_l$ 是鐵所需要的，因此得到

$$B = \frac{\Phi}{A} = \frac{10^{-4}}{2\times10^{-4}} = 0.5 \text{ T}$$

$$H = \frac{B}{\mu_0} = \frac{0.5}{4\pi\times10^{-7}} = 3.98\times10^5 \text{ A/m}$$

及

$$H_l = \frac{B}{1000\mu_0} = 3.98\times10^2 \text{ A/m}$$

可將（13.24）式寫成下列形式

$$200I = (3.98\times10^5)(5\times10^{-3}) + (3.98\times10^2)(500\times10^{-3})$$
$$= 2189$$

因此電流

$$I = \frac{2189}{200} = 10.945 \text{ A}$$

注意在例題中，空氣隙所需 H 遠大於磁性物質所需的，這是我們所關心的典型個案。

最後須注意的，是現在我們僅考慮串聯磁路。在圖13.18中的磁路是並聯磁路，它可以使用（13.13）式的 KCL 對應定律，安培環路定律，和歐姆定律來分析。然而在十四章中，僅需使用串聯磁路定理。

13.6　摘　要（*SUMMARY*）

電流流經導體，在導體四週組成磁通量封閉路徑的磁場，爲了更集中磁場，導線可以繞在空氣芯或如鐵及鋼芯磁性材料的線圈。此時芯是電磁鐵，可以吸引另一個磁鐵。永久磁鐵是不需由電流產生外力保持它磁性的一種磁鐵。

材料的導磁係數是用來度量材料建立磁場的難易程度，例如材料的磁阻是

$$\mathcal{R} = \frac{l}{\mu A}$$

此式 l 是長度，而 A 是材料的截面積。因此具有高導磁係數，則磁阻較低。具有芯的磁路歐姆定律是

$$\Phi = \frac{NI}{\mathcal{R}}$$

此處 Φ 是磁通量，N 是導體的匝數，而 I 是導體電流。量 $NI = \mathcal{F}$ 是對應於電路中電動勢的磁動勢。

磁場強度為

$$H = \frac{NI}{l}$$

它與磁通密度關係式是由 $B = \Phi / A$ 而得

$$B = \mu H$$

這是 B - H 曲線的方程式，它追踪成封閉環路，稱為磁滯環路，這環路是當材料為鐵磁性時，電流由正到負重覆的變化而產生的。

除了應用歐姆定律在磁路中外，KCL 及 KVL 亦可類比於磁路。後者在磁路中稱為安培環路定律，說明在任何封閉路徑中，磁動勢昇 NI 的和等於 Hl 降之和。這定律允許我們分析磁路和分析電路的方法一樣。

練習題

13.2-1　有一磁場的磁通量 $\Phi = 500,000$ 條力線，求以 SI 為單位的 Φ。
　　　　图：5 毫韋伯。

13.2-2　求一材料的導磁係數為 $16\pi \times 10^{-6}$ Wb/A-m 的相對導磁係數。
　　　　图：40。

13.2-3　在練習題 13.2-1 中，截面積分別是 (a) 0.002 平方公尺和 (b) 0.25 平方時時求以泰斯拉（T）為單位的磁通密度。
　　　　图：(a) 2.5 T，(b) 31 T。

12.2-4　若磁場的磁通密度是 1.5 T，且截面積是 6 平方公分，求磁通量。
　　　　图：0.9 毫韋伯。

13.3-1 在圖13.12中材料若相對導磁係數是20，長度 l 是0.5公尺，及面積 A 是 10^{-3} 平方公尺，求磁路的磁阻。

答：2×10^{7} 安培／韋伯。

13.3-2 若圖13.12中磁路的磁阻如同練習題13.3-1一樣，求(a)如 $N=100$ 及 $I=4$ A時的磁通量 Φ ，(b)如 $\Phi=20\,\mu$ Wb 及 $N=50$ 時的電流 I 。

答：(a) 2×10^{-5} Wb ，(b) 8 A 。

13.3-3 在圖13.12中磁通密度是200微泰斯拉（ μ T ），相對導磁係數為50，及長度 $l=0.6$ 公尺，求安匝為多少？

答：1.91安匝。

13.4-1 如 $N=100$ 匝， $I=4$ 安培，磁路長度 $l=0.2$ 公尺，且 $\mu_r=100$ ，求磁路中的磁通密度 B 。

答：0.251 T 。

13.4-2 若在練習題13.4-1中的電流增加至8安培，而 μ_r 降至80，求此情況下的 B 。

答：0.427 T 。

13.5-1 如圖所示磁路中，如材料1的相對導磁係數是50，長度為200毫米，而材料2的相對導磁係數為100，長度為300毫米，其空氣際長度為2毫米，且所有材料的截面積為 2×10^{-4} 平方公尺，求此串聯磁路的等效磁阻。（提示：有三個串聯磁阻）

答：3.581×10^{7} 安匝／韋伯。

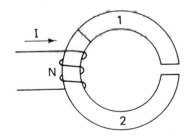

練習題 13.5-1

13.5-2 在練習題13.5-1中，如 $N=200$ ， $I=3$ 安培，求磁通量 Φ 。

答：16.76 微韋伯。

13.5-3 在圖13.20中，如 $N=400$ ， $l=10$ 公分，及 $A=2 \times 10^{-4}$ 平方公尺，求在線圈中產生20微韋伯磁通量所需的電流 I 。

答：19.9安培。

習 題

13.1 如圖磁路中，截面積 A 是 2×10^{-4} 平方公尺。若 Φ 分別是(a) 5 mWb ，(b) 200 μWb 及(c) 0.006 Wb 時的磁通密度。

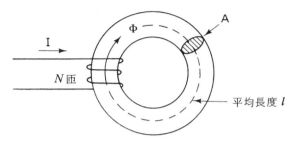

習題 13·1

13.2 在習題 13.1 中，若 $B=2$ T 及面積 A 分別是(a) 2 cm² ，(b) 0.5 平方吋，(c)半徑爲 5 毫米的圓，求磁路中的 Φ 。

13.3 在習題 13.1 中，若 $A=3 \times 10^{-4}$ 平方公尺，$l=20$ 公分，$N=500$ ，$I=4$ 安培，及相對導磁係數爲 100 ，求磁路的磁阻和磁通量爲多少。

13.4 在習題 13.1 的磁路，若內圈半徑是 14 公分，而外圈半徑是 18 公分。其它量分別爲 $A=10^{-4}$ 平方公尺，$N=200$ ，$I=4$ 安培，及 $\mu_r=1000$ ，求此磁路中的 Φ 。（提示：平均長度是內圈週長及外圈週長的平均值）

13.5 有一磁路具有 $NI=500$ 安匝，$l=0.25$ 公尺，$\mu=0.02$ 韋伯/安米，$A=0.001$ 平方公尺，求 Φ 。

13.6 求如圖所示磁路的平均長度 l 。（提示：平均長度是經由中心的虛線）

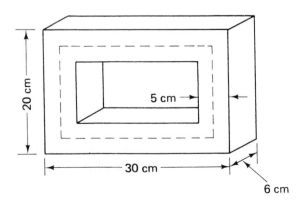

習題 13·6

13.7 若有1000安匝磁動勢供給練習題13.6中的磁路，且導磁係數爲0.008 Wb/A-m，求磁通量。（提示：取A爲5公分×6公分的長方形面積）

13.8 重覆練題13.7的問題，若磁路的外圍尺寸是從20公分×30公分變成25公分×50公分。

13.9 有一磁路長爲0.5公尺及$N=400$匝，若(a)$\mu_r=100$，電流$I=1$安培，(b)當$\mu_r=75$，$I=5$ A及(c)當$\mu_r=63$，$I=6$A，求磁路中的磁通密度。

13.10 磁路中$l=0.25$公尺，$A=10^{-3}$平方公尺，$N=200$匝以及(a)$I=2$A，$\mu_r=100$，(b)$I=4$A．$\mu_r=80$及(c)$I=6$A，$\mu_r=60$時，求此磁路中的磁通量Φ。

13.11 在圖13.19中的磁路，如$N=200$，$I=3$A，由導磁係數爲2×10^{-4} Wb/A-m的材料1平均長度是0.4公尺。而導磁係數爲3×10^{-4} Wb/A-m的材料2平均長度是0.6公尺。兩材料的截面積都是2×10^{-4}平方公尺，求磁通量Φ。

13.12 在圖13.20中磁路若是空氣芯，而截面積爲10^{-4}平方公尺，$l=20$公分，$N=100$，及$I=2$A，求磁路中的磁通量Φ。

13.13 在習題13.12中的線圈，求產生磁通量爲$1\,\mu$Wb所需的電流。

13.14 在圖13.21磁路中，若空氣隙平均長度$l=2$公分，其餘的磁路長度是50公分，相對導磁係數$\mu_r=10^4$，空氣及剩餘磁路的截面積爲10^{-4}平方公尺，及$NI=800$安匝，求此串聯磁路中的磁通量Φ。

13.15 在練習題13.5-1串聯磁路中，如材料1具有$\mu_r=100$及$l=10$公分，材料2具有$\mu_r=500$及$l=20$公分，空氣隙$l=1$公分，及這三部份磁路的截面積是$A=0.2$平方公分，求此磁路的磁阻。

13.16 習題13.15中的磁路，如$N=200$及$I=4$A，求磁通量Φ。

13.17 如圖磁路，如$N_1=200$，$I_1=3$A，$N_2=400$，$I_2=2$A，$A=10^{-4}$平方公分，及$\mu=2\times10^{-3}$ Wb/A-m，求磁通量Φ。（提示：磁動勢

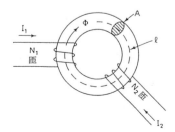

習題13.17

$\mathscr{F} = N_1 I_1 + N_2 I_2$ ，因根據右手定則，知磁動勢所產生磁通量都是同一方向。

13.18 如果在習題 13.17 中電流 I_1 是反向，求磁通量 Φ 。

第14章

電感器

目前已考慮過三種型態的元件 —— 電源，電阻器和電容器。前一章已完成磁學的討論，現在考慮的第四種電路元件，就是電感器（indnctor）。在本章中將了解電感器很多性質近似於電容器。與電容器一樣，電感器能儲存能量，所不同的是電感器能量存於磁場中，而電容器能量存於電場中。電感器的電壓 - 電流關係是基於一變數的變化率，與電容器相同。但電感器是對偶於電容器，其電壓正比於電流的變化率。

如同電容器，當電感器與電阻器組合成簡單 RL 電路時，也結合了時間常數。在 RL 電路中電壓和電流與 RC 電路形式一樣，因都以指數函數表示，只有時間常數不同。

本章將討論結合電感器的性質，其電壓和電流的關係，所儲存的能量，及它的串聯、並聯之等效。這幾個主題將由磁場的觀點來討論，如電容器基於電場一樣。

14.1　定　義（*DEFINITIONS*）

電感器是兩端元件，將導線繞成線圈的形狀而組成，如圖14.1，其匝數可從不到一匝至數百匝，而匝數由應用的不同而設計也不同。在圖中電流 i 建立在第十三章所討論的磁通量 Φ。端電壓 v 為感應電壓，是由磁場的動作而產生的。

法拉第定律

英國科學家法拉第及美國物理學家亨利，分別在幾乎同一時間發現電壓由磁場感應而產生。他們發現如圖14.1中改變磁通量 Φ，會在線圈兩端產生電壓 v。這是著名的電磁感應法拉第定律。可以下列數學式來說明

$$v = N\frac{d\Phi}{dt} \tag{14.1}$$

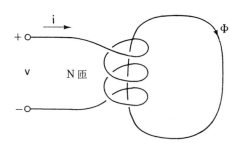

圖 14.1　電感器

N為電感器匝數，而 $d\Phi/dt$ 是磁通量的變化率。$d\Phi/dt$ 亦稱為Φ對時間 t 的導數，可由微積分方法求解。如第十一章中所討論電壓曲線的dv/dt一樣，去得知磁通曲線斜率 $d\Phi/dt$ 的變化率。

發電機的原理

法拉第定律也是發電機的原理，因交鏈線圈的磁通，可藉著移動線圈而獲得改變，其效果與改變電流一樣。因此如圖14.2單環路線圈在磁場中移動或轉動，交鏈在線圈的磁通Φ因而變化，在其兩端產生電壓。這是發電機的正確動作，而線圈是繞在電樞或轉子上面，由外部的轉動裝置而旋轉。滑環（slipring）和電刷（brush）是將所發的電接到外部負載的路徑。滑環和線圈一起旋轉而與電刷摩擦。

因此如法拉第第一次聽到奧斯特所想的一樣 " 如電流可產生磁場，磁場亦能產生電流 "。

在圖14.2中是簡化真實情況的型態。另一在圖14.3中由西屋電氣公司所製的2500馬力直流電動機的電樞。在交流發電機中，產生電壓的線圈是固定的，而產生磁場的是轉動的，其原理與圖14.2中是相同的。

楞次定律

目前只考慮感應電壓的大小，尚未考慮它的極性。而極性可由楞次定律（Lenz's law）來決定，其說明感應電壓是永遠反對令它產生感應的作用。因此線圈感應電壓時，極性產生如此的電流，且產生一磁通反對原來磁通的變化。如果不是如此，則電流產生的磁通，又產生電流，此電流又產生更多的磁通

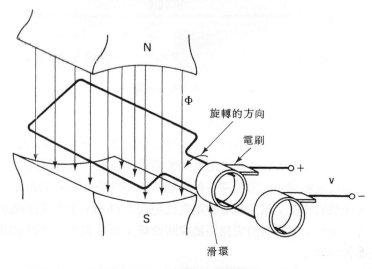

圖 14.2 發電機的簡單動作

圖 14.3　2500 馬力直流電動機的電樞

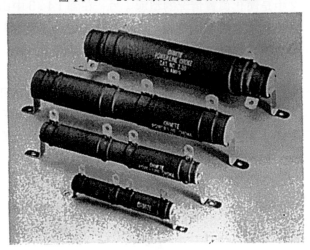

圖 14.4　電力線抗流圈

，又產生增加電流及磁通而一直繼續下去。

　　參考圖14.1可看出線圈的繞法，使用右手定律，磁場由原始電流所產生。電壓極性如圖所示，因磁通產生電流來限制或"抗拒"流入線圈電流的變化。因此線圈如同電壓源，此電源連接外部電路的極性是反對電流的流入。因"抗拒"電流改變的作用，電感器有時稱爲抗拒圈（choke）或抗流線圈。因此楞次定律的結果是，電感器的電流不能瞬間改變，而是如十一章討論電容器電壓一樣是連續函數。

　　在圖14.4中電感器，所能通過的電流從 5 至 20 安培。稱爲電力抗流圈，它是用來防止高頻電力線干擾附近的無線電接收機。

14.2 電感和電路的關係
(*INDUCTANCE AND CIRCUIT RELATIONSHIPS*)

我們定義線性電感器為磁通量 $N\Phi$ 與產生它的電流 i 成正比的電感器，即

$$N\Phi = Li \tag{14.2}$$

的關係式，L 為比例常數，以後將電感器都歸於所討論的線性電感器。

電 感

在（14.2）式中 L 稱為電感器的電感量，在 SI 中單位為亨利（H），是紀念亨利而命名。可用（14.2）式導出其它單位來取代，且可把 Φ 和 i 消掉來證明 L 僅由電感器物理上之特性來決定。為此須注意到

$$\Phi = \frac{Ni}{\mathcal{R}} = \frac{Ni\mu A}{l} \tag{14.3}$$

式中 A 為截面積，l 是長度，如圖 14.5 所示，而 μ 是芯的導磁係數，$\mathcal{R}$ 是磁路的磁阻，如例題 13.9 中的圖 13.20 所說明的一樣。

把（14.2）式代入（14.2）式為

$$\frac{N^2 i\mu A}{l} = Li$$

把 i 消掉，可得電感 L 為

$$L = \frac{N^2 \mu A}{l} \tag{14.4}$$

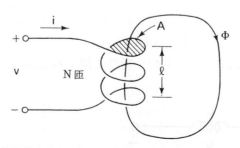

圖 14.5 指示尺寸的電感器

例14.1：在圖14.5中的線圈，若$N=50$，$l=0.05$公尺，$A=0.003\,\text{m}^2$，

而且是空氣芯，求此線圈的電感。

解：利用（14.4）式可得

$$L = \frac{(50)^2(4\pi \times 10^{-7})(0.003)}{0.05}$$

$$= 1.885 \times 10^{-4}\ \text{H}$$

$$\text{或}\ \ L = 0.1885\ \text{mH}.$$

電感量的範圍

電感量可低到數毫微亨利（nH），是由細線繞成少於一匝的線圈，且使用在超高頻中（VHF）。使用在無線電頻率的電感典型值爲微亨利（μH）至毫亨利（mH）的範圍。而有鐵芯工業電力電感器可大到1亨利至100亨利。如在圖14.4中電感量分別爲14，15，18，和110微亨利。

電壓－電流的關係

電感器的電路符號如圖14.6所示。由符號中可能告訴我們線圈的繞法，但如僅考慮電壓-電流的關係，此資料是不需要的。此關係可由（14.1）式和（14.2）式來完成。因N和L不是時間函數，$N\Phi$和Li的變化率分別是$Nd\Phi/dt$和Ldi/dt，由（14.2）式可以寫成

$$N\frac{d\Phi}{dt} = L\frac{di}{dt} \tag{14.5}$$

將此式代入（14.1）式，得電感器的電壓-電流關係爲

$$v = L\frac{di}{dt} \tag{14.6}$$

注意L和C是互爲對偶，因將（11.11）式中電容器端點關係式的C以L，v以i及i以v所取代而得出（14.6）式。

v與i極性如圖14.6所示。若任一極性改變，則必須改變（14.6）式中等式

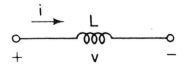

圖14.6　電感器的電路符號

任一邊的符號。

例 14.2：有 0.5 H 的電感器，通以電流變化率為 20 A/sec，求端電壓。

解：已知

$$\frac{di}{dt} = 20 \text{ A/s}$$

依據（14.6）式電壓為

$$v = (0.5)(20) = 10 \text{ V}$$

例 14.3：有 20 H 的電感器，所通過電流 i 如圖 14.7 所示，求在 $t = 2$ 秒時的端電壓。

解：i 或 v 在曲線上某一點的變化率是曲線在那點的斜率。若 di 和 dt 變化很小，由圖 14.7 中在 $t = 2$ 秒時 i 對 t 的變化是那點的切線斜率

$$\frac{di}{dt} = \frac{\text{rise}}{\text{run}} = \frac{(10 - 8) \text{ A}}{(3 - 2) \text{ s}} = 2 \text{ A/s}$$

因此 $t = 2$ 時感應電壓是

$$v = L\frac{di}{dt} = 20 \times 2 = 40 \text{ V}$$

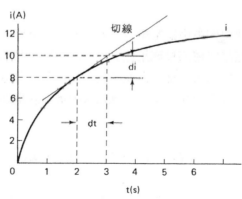

圖 14.7 電流對時間的曲線圖

能量儲存在電感器中

　　理想電感器如同理想電容器一樣，不會像電阻器消耗能量。由電流供給電感器的能量儲存在磁場中。因電流改變時，磁場的通量也隨著改變，此種改變產生了電壓。

若W_L是儲存在電感L和電流i的能量，可由微積分證明

$$w_L = \frac{1}{2} Li^2 \tag{14.7}$$

如L單位爲亨利，i是安培，W_L是焦耳（可由W_C的對偶來獲得W_L，而W_C是儲存在電容器的能量）。

例14.4：有10H電感器，所通過電流是2A，求所儲存的能量。

解：利用（14.7）式可得

$$w_L = \frac{1}{2} Li^2 = \frac{1}{2}(10)(2)^2 = 20 \text{ J}$$

14.3 串聯和並聯的電感器
(*SERIES AND PARALLEL INDUCTORS*)

與電阻器電容器一樣，電感器也可以串聯或並聯在一起，且可獲得它們的等效電路。例如，圖14.8爲串聯電路，而圖14.9爲並聯電路。各電路中分別由L_1，L_2，……，L_N等N個電感器所組成。

串聯接法：

在歐姆定律中知電阻器電壓 $v = Ri$ 與電阻值成正比。在電感器中，由（14.6）式知電壓與電感量成正比。因此電感的情況和電阻相同，且串聯電感器的組合和串聯電阻器一樣。而並聯電感器也和並聯電阻器組合相同。在圖14.8中由N個電感器串聯，從兩端看入的總等效電感 L_T 爲各別電感之總和，因此可得

$$L_T = L_1 + L_2 + \cdots + L_N \tag{14.8}$$

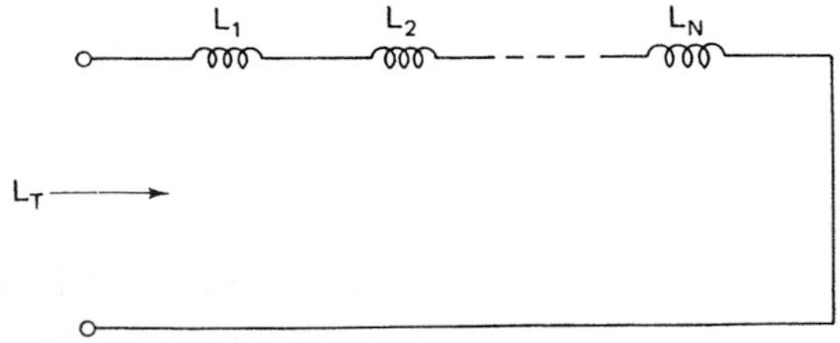

圖 14.8 串聯電感器

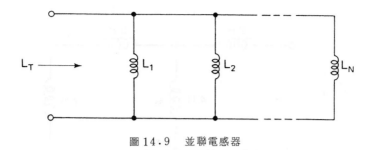

圖 14.9　並聯電感器

並聯接法

　　在圖 14.9 中並聯電感器和並聯電阻器組合是一樣。等效電感 L_T 可由下式獲得

$$\frac{1}{L_T} = \frac{1}{L_1} + \frac{1}{L_2} + \cdots + \frac{1}{L_N}$$ (14.9)

在兩並聯電感 L_1 和 L_2 時，（14.9）式變爲

$$\frac{1}{L_T} = \frac{1}{L_1} + \frac{1}{L_2} = \frac{L_1 + L_2}{L_1 L_2}$$

因此兩並聯電感器可得

$$L_T = \frac{L_1 L_2}{L_1 + L_2}$$ (14.10)

換句話說，等效電感是兩電感之乘積除以各別之和。當然這是類比於並聯電阻器。

　　方程式（14.8）式和（14.9）式亦可對應於電容器的對偶關脈而獲得，因 L 和 C 及串聯和並聯是對偶。

例 14.5：在圖 14.10 中，求等效電感 L_T 。

解：5H 和 7H 串聯，其等效電感是 5＋7＝12 H，此數再和 4H 並聯，其等效電感爲

$$\frac{12 \times 4}{12 + 4} = 3 \text{ H}$$

　　最後 3 H 又和 2 H 串聯，所以

$$L_T = 2 + 3 = 5 \text{ H}$$

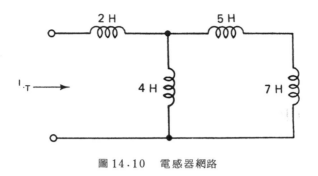

圖 14.10　電感器網路

屏　遮

　　當兩個或更多電感器連接且很靠近時，如圖 14.8 及 14.9 一樣，其磁場會互相影響而產生不須要的效應（這種效應並不是完全不需要，在二十一章的變壓器就是這種例子，將兩線圈相鄰而使用彼此互相感應的磁場）。可以使用屏遮（ shielding ）來防止一元件受另一元件的影響，或放在金屬遮蔽把各別元件包起來。良好的導磁金屬對靜磁場（永久磁鐵或直流電流所產生的磁場）有良好的遮蔽功能，其效應如同磁力線形成短磁路一樣。良好的導電金屬對變化磁場有良好的屏遮。它有一感應電流去反對感應磁場，因此在遮蔽外面的淨磁場強度非常小。

　　在兩個或以上電感器的電路，除了在二十一章變壓器外，我們假設磁場已被遮蔽了，彼此之間不會互相干擾。

14.4　電源的 *RL* 電路（*SOURCE-FREE* RL *CIRCUITS*）

　　由於 *RL* 電路近似 *RC* 電路，使用十二章的結果可以更容易分析 *RL* 電路。本節將討論無源 *RL* 電路，在 14.5 節中則討論有驅動的 *RL* 電路。

在直流時電感器為一短路：

　　如同電容器在直流是開始一樣，而電感器在直流穩態時為短路。考慮圖 14.11 (a)中有驅動的 *RL* 電路，電感器電壓為

$$v_L = L \frac{di}{dt} \tag{14.11}$$

在直流穩態時 i 不會改變，因此 $di/dt = 0$，可得 $V_L = 0$，故在直流的電感器是短路，所以圖 14.11 (b)的電路等效於圖 14.11 (a)中的電路。從圖 14.11 (b)可

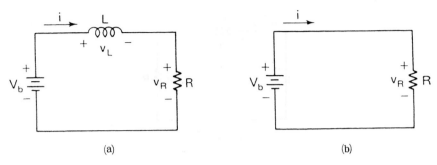

圖 14.11　(a) RL 電路及 (b) 它的直流穩態等效電路

知，電路變數的穩態值爲

$$v_R = V_b$$

$$i = \frac{v_R}{R} = \frac{V_b}{R}$$

簡單的 RL 電路

若在圖 14.11(a) 中的電池被短路所取代，結果是圖 14.12 中的無源簡單 RL 電路。爲獲得它的電路方程式，利用 KVL 可得

$$v_L + v_R = 0$$

此式由（14.11）式和歐姆定律可寫成

$$L\frac{di}{dt} + Ri = 0 \tag{14.12}$$

若初值電流是 $i = i(0) = I_0$，爲某一特定值，分析無源電路我們需解下列方程式

$$\frac{di}{dt} + \frac{R}{L}i = 0$$
$$i(0) = I_0 \tag{14.13}$$

〔第一方程式是把（14.12）式都除以 L 而得。〕

方程式（14.13）式幾乎與（12.7）式完全相同，此方程式是敍述 RC 無源電路，若把（12.7）式中的 v 以 i 來取代，RC 以 L/R，及 V_0 被 I_0 所取代，就變成與（14.13）式相同。因 RC 是 RC 電路的時間常數 τ，而（14.13）式 i 的解答與（12.7）式解答相同，在（12.11）式中把 V_0 以 I_0 所取代，結果是

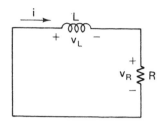

圖 14.12　無源 RL 電路

$$i = I_0 e^{-t/\tau} \qquad (14.14)$$

此處 τ 是 RL 時間常數。

$$\tau = \frac{L}{R} \text{ 秒} \qquad (14.15)$$

即解答是指數函數

$$i = I_0 e^{-Rt/L} \ \mathbf{A} \qquad (14.16)$$

這個結果亦可由 RC 電路中的（ 12.11 ）式之對偶而獲得。

$e^{-t/\tau}$ 的值在所給的 $t = 0$，τ，2τ，……，6τ 時可在表 12.1 中可查得，而此函數的圖形可在圖 12.10 中得知，這些數值和圖形供給至 RL 電路，並須把 τ 變成爲 L/R。也如同 RC 的情況，可以藉著掌上型計算器求電流曲線上的任一點。

例 14.6：在圖 14.12 的無源電路，若 $L = 2\,\mathrm{H}$，$R = 10\,\Omega$，以及 $I_0 = 3\,\mathrm{A}$，求電流 i。計算此值分別在(a) $t = 0$ 秒，(b) $t = 0.2$ 秒和(c) $t = 1$ 秒。

解：利用（ 14.16 ）式，在 $t \geq 0$ 時電流是

$$i = 3e^{-5t}\ \mathbf{A}$$

在 $t = 0$ 時有

$$i(0) = 3e^0 = 3\ \mathbf{A}$$

在 $t = 0.2$ 秒時有

$$i(0.2) = 3e^{-5(0.2)} = 3e^{-1} = 1.104\ \mathbf{A}$$

最後，在 $t = 1$ 秒時電流是

$$i(1) = 3e^{-5(1)} = 0.020\ \mathbf{A}$$

須注意時間常數爲

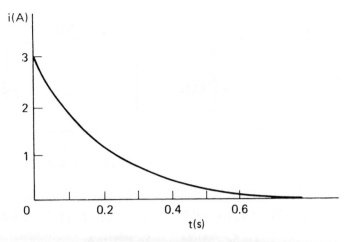

圖 14.13　例題 14.6 電路電感器電流的曲線圖

$$\tau = \frac{L}{R} = \frac{2}{10} = 0.2$$

因此，時間 $t = 1$ 秒是五個時間常數，所以如同 RC 情況一樣，響應近似於零。i 的圖形是繪於圖 14.13 中。

例 14.7：在圖 14.14 電路中開關位置 1 是直流穩態。若 $t = 0$ 時開關是移至位置 2，在 $t > 0$ 時求 v 和 i。

解：可把三個電阻器以等效電阻所取代。

$$R_T = \frac{6(8+4)}{6+(8+4)} = 4 \text{ k}\Omega$$

並畫出 $t < 0$ 及 $t > 0$ 時的等效電路。在 $t < 0$ 時，開關在位置 1 是直流穩態，電感器形同一短路，此情況如圖 14.15(a) 所示，由此圖可看出

$$i = I_0 = \frac{20 \text{ V}}{4 \text{ k}\Omega} = 5 \text{ mA}$$

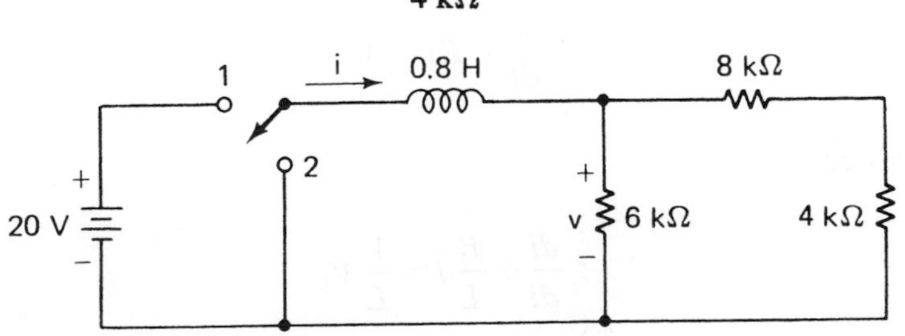

圖 14.14　RL 電路

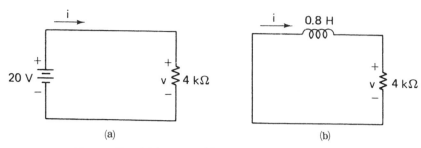

圖 14.15　在(a) $t < 0$ 及(b) $t > 0$ 時圖 14.14 的電路

$t > 0$ 時開關是位於位置 2 ，而沒有連接電池，因此結果如圖14.15(b)中的無源電路。利用（14.16）式及（14.7）式在 $t > 0$ 時的電流是

$$i = 5e^{-4000\,t/0.8} = 5e^{-5000\,t}\,\text{mA}$$

在 $t > 0$ 時的電壓，利用歐姆定律是

$$v = 4000i = 20e^{-5000\,t}\,\text{V}$$

注意電流和電壓都有相同的指數形式，且有相同的時間常數。在 RC 電路中，亦是如此。

14.5　有驅動的 *RL* 電路（*DRIVEN* RL *CIRCUITS*）

有驅動的 RL 電路與有驅動的 RC 電路一樣，包含有電源或驅動器。其例子如圖14.16的例子，電路中的驅動器是端電壓為V_b的電池。

電路方程式

利用KVL，在圖 14.16 中的電路方程式為

$$v_L + v_R = V_b$$

此式利用（14.11）式及歐姆定律可以改寫成

$$L\frac{di}{dt} + Ri = V_b$$

或等效於

$$\frac{di}{dt} + \frac{R}{L}\,i = \frac{1}{L}\,V_b \tag{14.18}$$

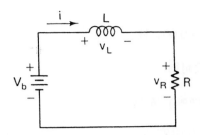

圖 14.16　有驅動的 RL 電路

電感器電流

方程式（14.18）幾乎與它對應的有驅動 RC 電路方程式（12.21）式完全相同的形式。若初值電流是

$$i(0) = 0 \tag{14.19}$$

（14.18）式可用微積分來證明而得解答為

$$i = \frac{V_b}{R}(1 - e^{-Rt/L}) \tag{14.20}$$

此式與（12.23）式中的電容器電壓的形式非常類似。

如果時間常數為

$$\tau = \frac{L}{R} \tag{14.21}$$

則（14.20）式可變為下列形式

$$i = \frac{V_b}{R}(1 - e^{-t/\tau}) \text{ A} \tag{14.22}$$

除了 V_b/R 外，這式和 RC 電路電壓方程式的函數完全相同，此函數劃於圖 12.10 中。從這圖可看出在（14.22）式中電感器電流從零開始，以指數的形式上昇而達到穩態值 V_b/R。這些結果是對應於 RC 狀況的對偶。

例 14.8: 在圖 14.16 中求電感器電流 i 分別在(a)所有正時間 t，(b) $t = 2$ 毫秒及(c) $t = 5\tau$，如電路中的 $R = 200\,\Omega$，$L = 0.2\,H$，$V_b = 6$ 伏特，及 $i(0) = 0$。

解：時間常數

$$\tau = \frac{L}{R} = \frac{0.2}{200} = 0.001 \text{ 秒}$$

或 $\tau = 1$ 毫秒，因此由（14.22）式可得

$$i = \frac{6}{200}(1 - e^{-t/0.001}) \text{ 安培}$$

$$\text{或} \quad i = 30(1 - e^{-1000\,t}) \text{ 毫安培} \tag{14.23}$$

在 $t = 2$ 毫秒 $= 0.002$ 秒時，（14.23）式變成

$$i = 30(1 - e^{-2}) = 25.94 \text{ 毫安培}$$

在 $t = 5\tau = 0.005$ 秒時可得

$$i = 30(1 - e^{-5}) = 29.8 \text{ 毫安培}$$

這個結果驗證了經過五個時間常數之後，其響應已真正達到穩態值，其值為 30 毫安培。

解法步驟的捷徑

如在第十二章電容器電壓一樣，（14.22）式電感器電流是暫態部份

$$i_{\text{tr}} = -\frac{V_b}{R} e^{-t/\tau}$$

和穩態部份

$$i_{\text{ss}} = \frac{V_b}{R}$$

兩部份之和。在一般狀況，有一定電源及任意的初值電流 $i(0)$，結果為

$$i = i_{\text{tr}} + i_{\text{ss}} \tag{14.24}$$

此處

$$i_{\text{tr}} = Ke^{-t/\tau} \tag{14.25}$$

其 K 為任意常數，而 i_{ss} 是暫態不存在時所剩下的直流穩態電流。因此，可應用在 12.5 節中所討論的 RC 電路，簡化步驟的解法先計算 τ，再從（14.25）式獲得 i_{tr}，及直接從 RL 電路中獲得 i_{ss}。且無源及有驅動電路的 τ 都相同，可把電源去掉而解得 τ，與 RC 電路一樣，舉下例說明之。

例 14.9：在圖 14.17 中，初值電流是 $i(0)=6$ 安培，求所有正時間電感器的電流 i 。

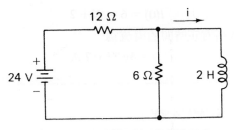

圖 14.17　有兩個電阻器的驅動電路

解：為求時間常數，首先去掉電源（短路），如圖 14.18(a)所示的電路。由圖可知等效電阻為兩電阻並聯為

$$R_T = \frac{12 \times 6}{12 + 6} = 4 \ \Omega$$

因時間常數

$$\tau = \frac{L}{R_T} = \frac{2}{4} = \frac{1}{2} \ \text{s}$$

而暫態部份為

$$i_{tr} = Ke^{-2t} \tag{14.26}$$

穩態部份 i_{ss} 是從圖 14.18(b)中獲得，它是原電路的穩態，電感為短路，且 6 Ω 電阻也短路，得

$$i_{ss} = \frac{24}{12} = 2 \ \text{A} \tag{14.27}$$

因此電感器電流是

$$i = i_{tr} + i_{ss}$$

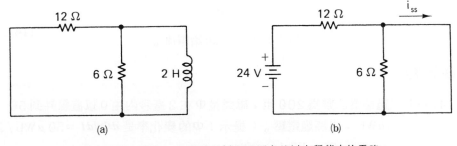

圖 14.18　圖 14.17 電路的(a)把電源去掉(b)在穩態中的電路

或

$$i = Ke^{-2t} + 2$$

因初值電流為 6 安培，可得

$$i(0) = 6 = K + 2$$

所以 $K = 4$，故所有正時間的電流為

$$i = 4e^{-2t} + 2 \text{ A}$$

14.6　摘　要（ *SUMMARY* ）

電感器是兩端點元件，它是把導線繞在空氣芯或磁性材料的芯上形成線圈而成。其電感量是決定在線圈的匝數、長度、截面積，及芯的導磁係數。電感單位是亨利，並且是測量電感器儲存能量在磁場中的能力。

電感器的電壓與電流變化率成正比。儲存在電感器中的能量與電流平方成正比，而在電壓和能量中，電感是一比例常數。

電感器可像電阻器一樣組合成串聯或並聯。串聯電感的等效電感為各別的總和。而並聯電感的等效電感倒數為所有各別電感導數之和。

簡單的無源 RL 電路是含有單一電阻 R 與電感 L 串聯的電路。如電感器有一初值電流 I_0，在所有正時間 i 是

$$i = I_0 e^{-t/\tau} \text{ A}$$

此處 $\tau = L/R$ 是時間常數。

有驅動 RL 電路包含了如電池的電源。在此情況電感器電流為

$$i = i_{\text{tr}} + i_{\text{ss}}$$

此處 i_{tr} 是暫態電流為

$$i_{\text{tr}} = Ke^{-t/\tau}$$

而 i_{ss} 是直流穩態電流。常數 K 是取決於起始電流。

練習題

14.1-1　電感器匝數為 200 匝，磁通量 Φ 在 2 毫秒內由 0 以直線昇到 50 μWb，求感應電壓。（提示：Φ 的變化率是 $d\Phi/dt = 50\ \mu\text{Wb}/2\ \text{msec} = 25\ \text{mWb/sec}$）

答：5伏特 。

14.1-2 重覆練習題14.1-1中的問題，若 Φ 是 $40\,\mu$Wb 的定值 。

答：0伏特 。

14.2-1 如圖線圈，若磁通路徑平均長度 0.1 公尺，截面積是 10^{-4} 平方公尺，匝數爲500匝，芯的導磁係數爲 1.2 mWb/A-m ，求線圈的電感 。

答：0.3亨利 。

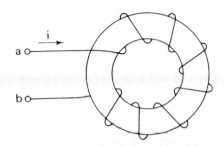

練習題14.2-1

14.2-2 在練習題14.2-1中若線圈電流 $i=2$ 安培，求在磁芯的磁通量 。

答：1.2 mWb 。

14.2-3 若在練習題14.2-1的線圈電流變化率是 $di/dt=200$ A/sec ，求 (a) $a-b$ 兩端的電壓 ，和(b)正端是那一端點 。

答：(a) 60 伏特 ，(b) a 端點 。

14.2-4 有 5 mH電感器儲存 40 毫焦耳的能量，求它的電流 。

答：4安培 。

14.2-5 有 $a-b$ 端爲 0.1 亨利的電感器，進入 a 端點的電流 i 如所給的圖形 。求端電壓 V_{ab} 分別在時間(a) $t=1$秒 ，(b) $t=3$秒 ，(c) $t=5$秒時的值 。

答：(a) 0.5 伏特 ，(b) 0 ，(c) -0.5 伏特 。

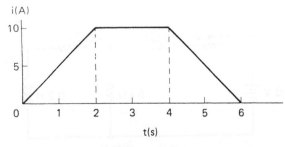

練習題 14.2-5

14.2-6 從（14.4）式證明導磁係數的單位是韋伯／安培－公尺，亦是亨利／公尺，且它的對偶介電係數的單位為法拉／公尺。

14.3-1 求五個 10 mH 電感串聯的等效電感。

圕：50 mH 。

14.3-2 求五個都是 10 mH 電感器並聯的等效電感。

圕：2 mH 。

14.4-1 在圖 14.12 電路中 $L=2$ H ，$R=200\,\Omega$ ，初值電流 $i(0)=4$ A ，求(a)時間常數 τ ，(b)在所有正時間的電流 i ，和(c)在 $t=3\tau$ 時的電流 i 。

圕：(a) 0.01 秒 ，(b) $4\,e^{-1000t}$ ，(c) 0.199 安培 。

14.4-2 在圖 14.12 中若 $L=0.1$ H ，$R=2$ kΩ ，$i(0)=10$ mA ，求電壓 v_L 和 v_R 。

圕：$-20\,e^{-20\,000t}$ 伏特 ，$20\,e^{-20\,000t}$ 伏特 。

14.4-3 如圖電路，當開關在 $t=0$ 時由位置 1 移到位置 2 時，電路是在直流穩態。求在 $t>0$ 時的 v 。〔提示：$t>0$ 時，$\tau=0.2/(40+20)$〕

圕：$20\,e^{-300t}$ 伏特 。

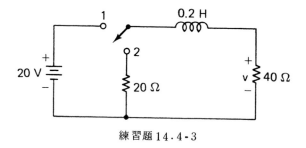

練習題 14.4-3

14.5-1 如圖所示電路中求 i_1 和 i_2 的穩態值。（提示：電感器為短路）

圕：3 mA ，2 mA 。

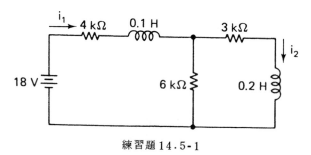

練習題 14.5-1

14.5-2　在圖14.16中，若 $L=0.5$ H，$R=1$ kΩ，$V_b=6$ 伏特，$i(0)=0$，求在所有正時間之 i，v_R，及 v_L 之值。

圖：$6-6e^{-2000t}$ mA，$6-6e^{-2000t}$ 伏特，$6e^{-2000t}$ 伏特。

14.5-3　如圖電路，若 $i(0)=0$，求在所有正時間之 i 和 v。〔提示：在電感器上端使用KVL可得 $v=20(2-i)$〕

圖：$2(1-e^{-200t})$ 安培，$40e^{-200t}$ 伏特。

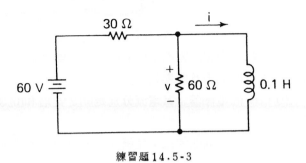

練習題14.5-3

習　題

14.1　有一電感器的匝數為400匝，且端電壓為10伏特，則它的磁通變化有多快？

14.2　有一電感器匝數為100匝，若磁通在4毫秒內從0至100微韋伯作線性改變，求電感器的感應電壓。

14.3　有一電感器的匝數是500匝，若磁通的變化率是

$$\frac{d\Phi}{dt}=6e^{-1000t} \text{ 毫韋伯／秒}$$

求電感器的感應電壓。

14.4　在習題14.3中若時間在(a) $t=2$ 毫秒，(b) $t=5$ 毫秒及(c) $t=3\tau$ 時求電壓值。〔提示：時間常數 $\tau=1/1000$ 秒〕

14.5　在圖14.5的線圈，若 $N=500$，$l=0.25$ 公尺，$A=10^{-3}$ 平方公尺，且為空氣芯，求線圈的電感。

14.6　在圖14.5中，若 $l=0.1$ 公尺，$A=4\times10^{-3}$ 平方公尺，磁芯為空氣，則使線圈電感至少為1毫亨利的最少匝數。

14.7　如圖線圈，若內圈半徑是8公分，外圈半徑是12公分，磁通路徑截面積是 10^{-3} 平方公尺，匝數為100，而磁芯的相對導磁係數是1000，求線圈的電感量。

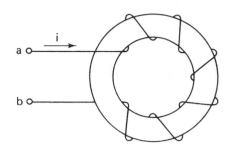

習題 14.7 習題

14.8　若在習題 14.7 中線圈電流 $i = 4$ 安培，且變化率爲 100 安培／秒，求磁芯磁通量的大小及電壓 V_{ab} 。

14.9　有一 20 mH 的電感器，其電流分別是 (a) 2 安培和 (b) 3 毫安培，求所儲存的能量。

14.10　有一線圈通有 4 安培的電流，並儲存 24 毫焦耳的能量，求它的電感量。

14.11　有 $a - b$ 端點 10 mH 的電感器，有如圖電流 i 流入 a 點。求在時間分別爲 (a) $t = 2$ 毫秒及 (b) $t = 5$ 毫秒時的電壓 v_{ab} ，以所儲存的能量。

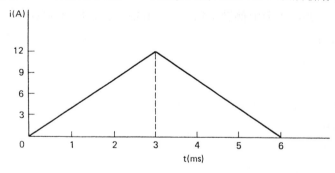

習題 14·11

14.12　求四個 12 mH 電感器分別連成 (a) 串聯及 (b) 並聯的等效電感。

14.13　求如圖電路中的 L_T 。

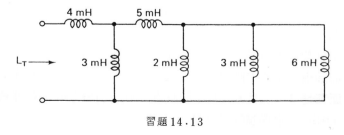

習題 14·13

14.14 有一簡單無源 RL 電路，$R=50\,\Omega$，$L=0.1$ 亨利，電感電流初值爲 $i(0)=2$ 安培。求 i 分別在(a)所有正時間，(b) $t=4$ 毫秒，和(c) $t=5\tau$ 時的值。（τ 爲時間常數）

14.15 有 10 mH 電感器和 1 kΩ 電阻串聯在一起。若電感在 $t=0$ 時儲存能量爲 2 微焦耳，求所有正時間的電感器電流。

14.16 如圖電路，若 $i(0)=3$ 安培，求在所有正時間電流 i 。

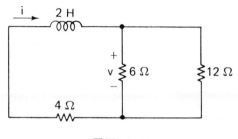

習題 14.16

14.17 解習題 14.16，如果 4Ω 電阻器被 2 亨利電感所取代。

14.18 在習題 14.16 中所有的正時間 t，求 v 。

14.19 解在 14.4 節中例題 14.7，若 6 kΩ 電阻被 2400 Ω 電阻所取代。

14.20 在圖 14.7 中若 $i(0)=0$，且 12Ω 電阻變爲 3Ω，求在所有正時間電流 i 。

14.21 解習題 14.20，若 $i(0)=4$ 安培。

14.22 在練習題 14.5-3 中，若 60Ω 電阻器變成 30Ω，求在所有正時間下的 i 和 v 。

國家圖書館出版品預行編目資料

基本電學 / David E.Johnson, Johnny R.
　　Johnson 原著；余政光‧黃國軒編譯 . -- 初版
　　-- 臺北市：全華，民 83
　　　面；　　公分
　　　譯自：Introductory electric circuit
analysis

　　ISBN　957-21-0455-1(一套；平裝). -- ISBN
957-21-0456-X (上冊；平裝). -- ISBN 957-21
-0457-8(下冊；平裝)

　　1. 電學

448.62　　　　　　　　　　　　　　82006420

基本電學(上)
Introductory Electric Circuit Analysis

原　　　著	David E. Johnson & Johnny R. Johnson
編　　譯	余政光、黃國軒
發 行 人	陳本源
出 版 者	全華圖書股份有限公司
地　　址	236 台北縣土城市忠義路 21 號
電　　話	(02) 2262-5666　(總機)
傳　　眞	(02) 2262-8333
郵政帳號	0100836-1 號
印 刷 者	宏懋打字印刷股份有限公司
圖書編號	02482
初版十刷	2007 年 11 月
定　　價	新台幣 280 元
I S B N	978-957-21-0456-9

全華圖書
www.chwa.com.tw
book@ms1.chwa.com.tw

全華科技網 OpenTech
www.opentech.com.tw

有著作權‧侵害必究

版權聲明

親愛的讀者：

感謝您對全華圖書的支持與愛護，雖然我們很慎重的處理每一本書，但恐仍有疏漏之處，若您發現本書有任何錯誤，請填寫於勘誤表內寄回，我們將於再版時修正，您的批評與指教是我們進步的原動力，謝謝！

全華圖書　敬上

勘誤表

書號	頁數	行數	書名	作者
			錯誤或不當之詞句	建議修改之詞句

我有話要說：（其它之批評與建議，如封面、編排、內容、印刷品質等．．．）